JN192409

DER ZOO DER ANDEREN

Jan Mohnhaupt

Als die Stasi ihr Herz für Brillenbären entdeckte &
Helmut Schmidt mit Pandas nachrüstete

東西ベルリン動物園大戦争

ヤン・モーンハウプト 著

黒鳥英俊 監修　赤坂桃子 訳

CCCメディアハウス

Der Zoo der Anderen

Als die Stasi ihr Herz für Brillenbären entdeckte &
Helmut Schmidt mit Pandas nachrüstete

by

Jan Mohnhaupt

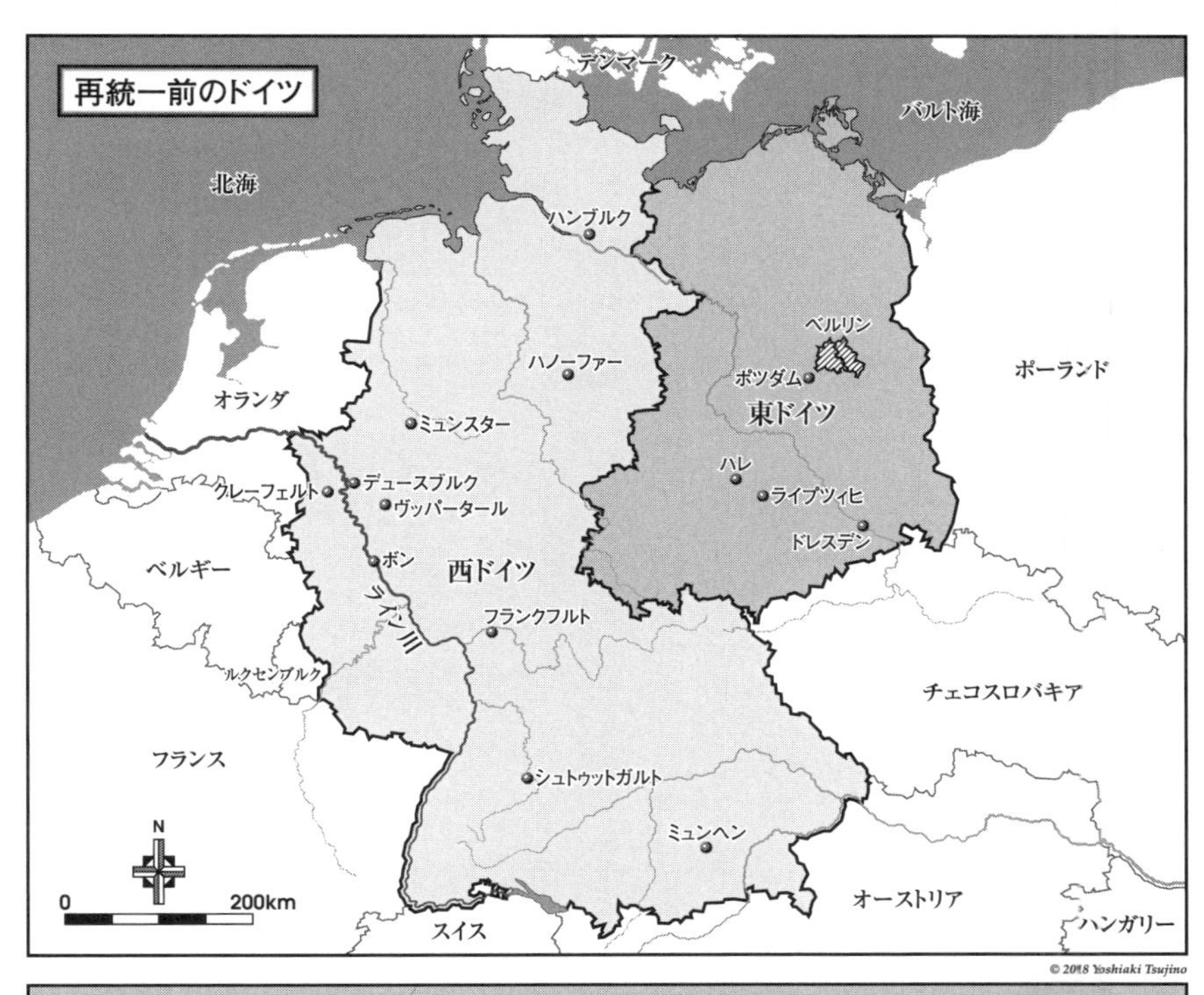
再統一前のドイツ
デンマーク
バルト海
北海
ハンブルク
ベルリン
ハノーファー
ポツダム
ポーランド
オランダ
東ドイツ
ミュンスター
ハレ
デュースブルク
クレーフェルト
ライプツィヒ
ヴッパータール
ドレスデン
ベルギー
ボン
西ドイツ
ライン川
フランクフルト
ルクセンブルク
チェコスロバキア
フランス
シュトゥットガルト
N
ミュンヘン
0
200km
オーストリア
スイス
ハンガリー

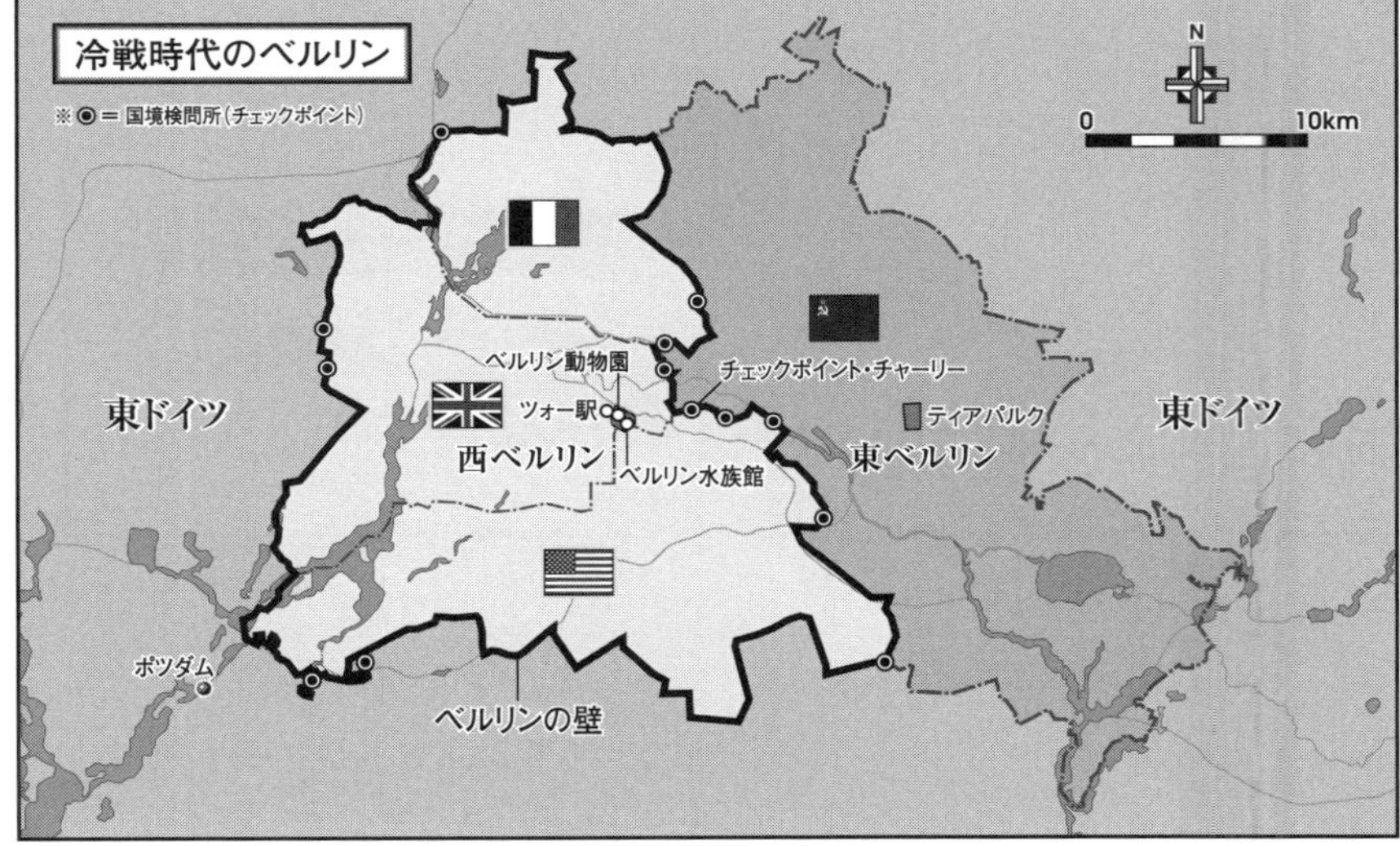
冷戦時代のベルリン
※ ◉ = 国境検問所（チェックポイント）
N
0
10km
ベルリン動物園
チェックポイント・チャーリー
東ドイツ
ツォー駅
ティアパルク
東ドイツ
西ベルリン
東ベルリン
ベルリン水族館
ポツダム
ベルリンの壁

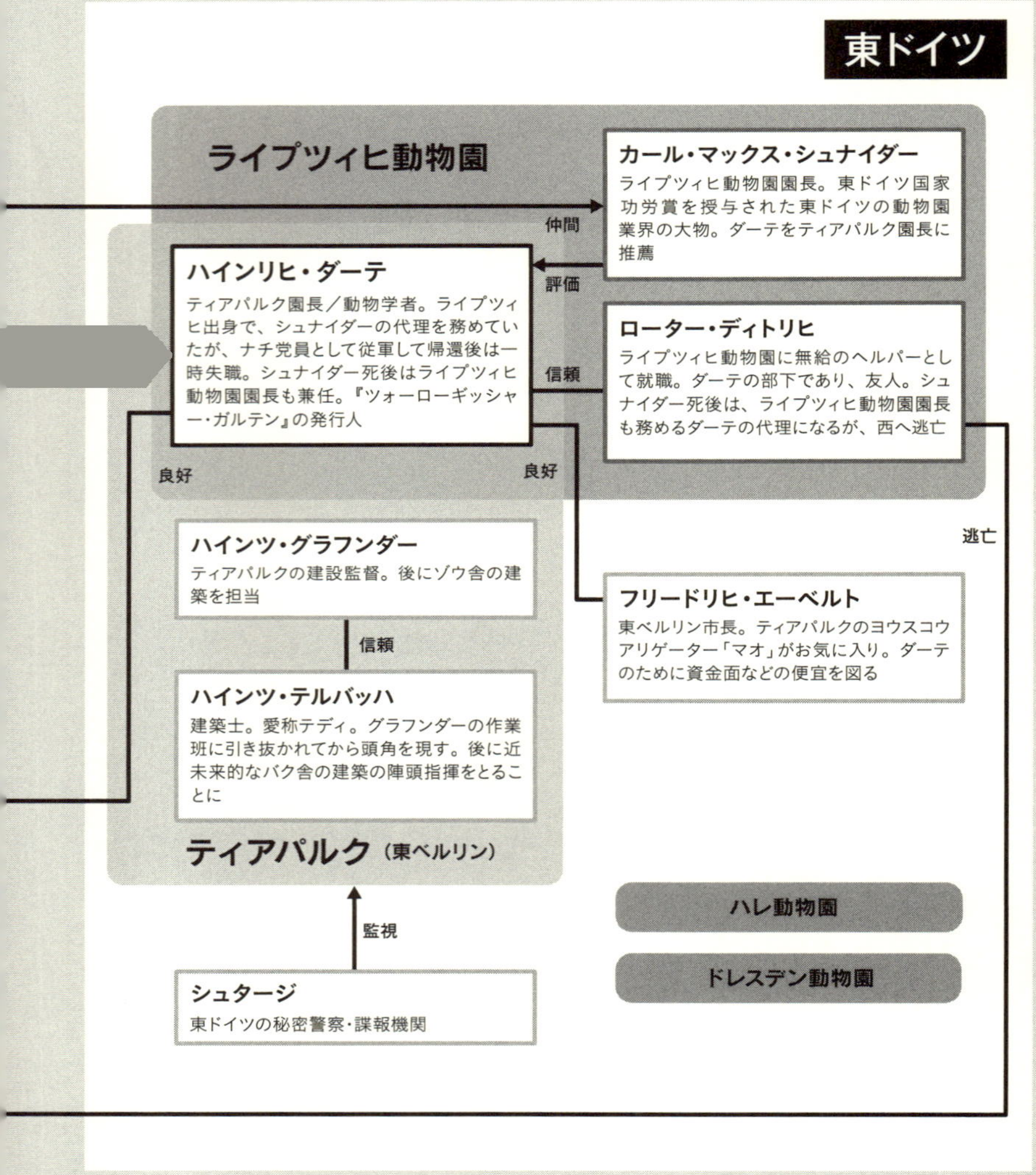

東ドイツ

ライプツィヒ動物園

カール・マックス・シュナイダー
ライプツィヒ動物園園長。東ドイツ国家功労賞を授与された東ドイツの動物園業界の大物。ダーテをティアパルク園長に推薦

ローター・ディトリヒ
ライプツィヒ動物園に無給のヘルパーとして就職。ダーテの部下であり、友人。シュナイダー死後は、ライプツィヒ動物園園長も務めるダーテの代理になるが、西へ逃亡

ハインリヒ・ダーテ
ティアパルク園長／動物学者。ライプツィヒ出身で、シュナイダーの代理を務めていたが、ナチ党員として従軍して帰還後は一時失職。シュナイダー死後はライプツィヒ動物園園長も兼任。『ツォーローギッシャー・ガルテン』の発行人

仲間
評価
信頼
良好
良好
逃亡

ティアパルク（東ベルリン）

ハインツ・グラフンダー
ティアパルクの建設監督。後にゾウ舎の建築を担当

信頼

ハインツ・テルバッハ
建築士。愛称テディ。グラフンダーの作業班に引き抜かれてから頭角を現す。後に近未来的なバク舎の建築の陣頭指揮をとることに

フリードリヒ・エーベルト
東ベルリン市長。ティアパルクのヨウスコウアリゲーター「マオ」がお気に入り。ダーテのために資金面などの便宜を図る

監視

シュタージ
東ドイツの秘密警察・諜報機関

ハレ動物園

ドレスデン動物園

主な登場人物

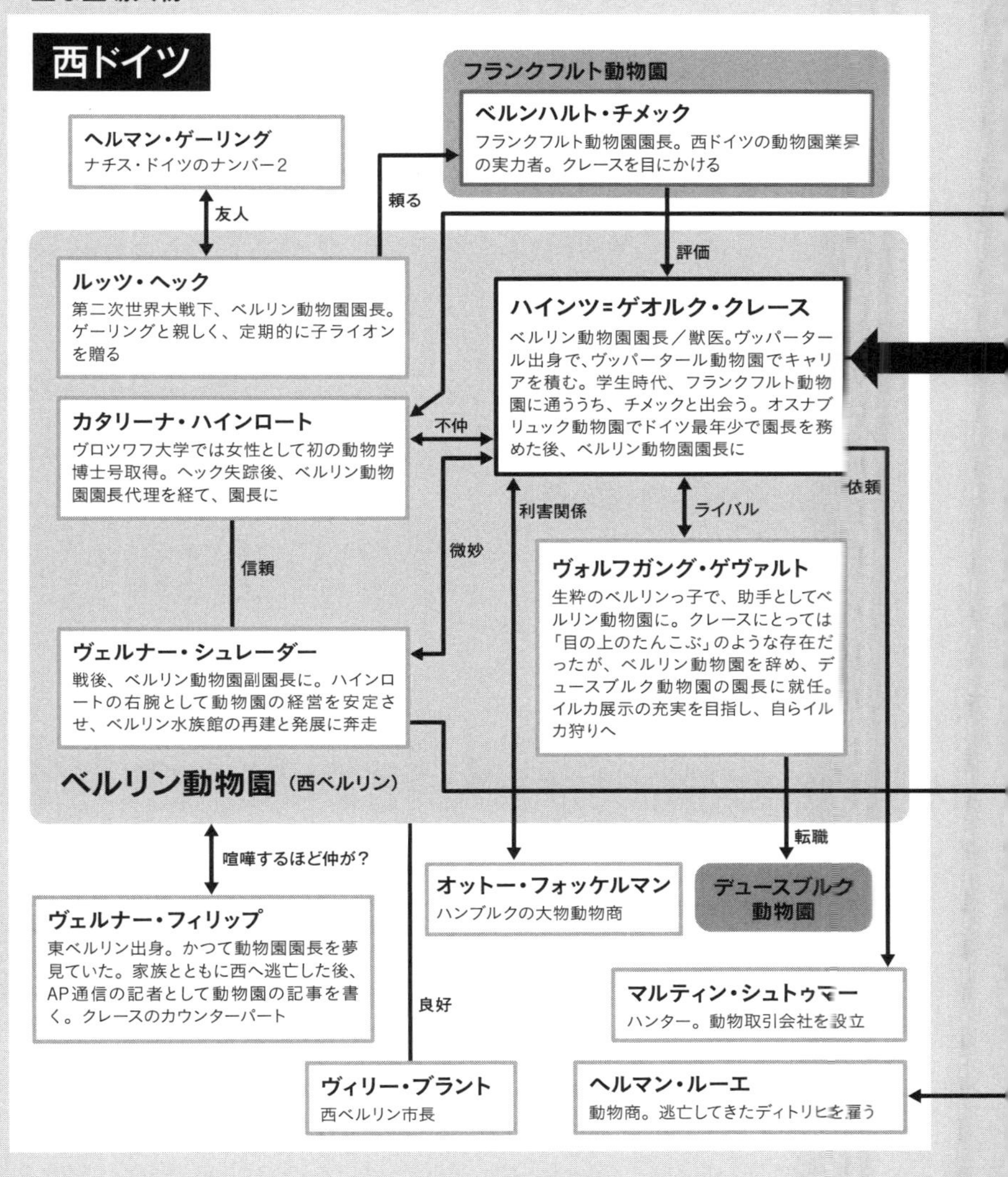
西ドイツ
フランクフルト動物園
ベルンハルト・チメック
フランクフルト動物園園長。西ドイツの動物園業界の実力者。クレースを目にかける
ヘルマン・ゲーリング
ナチス・ドイツのナンバー2
友人
頼る
評価
ルッツ・ヘック
第二次世界大戦下、ベルリン動物園園長。ゲーリングと親しく、定期的に子ライオンを贈る
ハインツ=ゲオルク・クレース
ベルリン動物園園長／獣医。ヴッパータール出身で、ヴッパータール動物園でキャリアを積む。学生時代、フランクフルト動物園に通ううち、チメックと出会う。オスナブリュック動物園でドイツ最年少で園長を務めた後、ベルリン動物園園長に
カタリーナ・ハインロート
ヴロツワフ大学では女性として初の動物学博士号取得。ヘック失踪後、ベルリン動物園園長代理を経て、園長に
不仲
依頼
利害関係
ライバル
微妙
信頼
ヴォルフガング・ゲヴァルト
生粋のベルリンっ子で、助手としてベルリン動物園に。クレースにとっては「目の上のたんこぶ」のような存在だったが、ベルリン動物園を辞め、デュースブルク動物園の園長に就任。イルカ展示の充実を目指し、自らイルカ狩りへ
ヴェルナー・シュレーダー
戦後、ベルリン動物園副園長に。ハインロートの右腕として動物園の経営を安定させ、ベルリン水族館の再建と発展に奔走
ベルリン動物園（西ベルリン）
喧嘩するほど仲が？
転職
オットー・フォッケルマン
ハンブルクの大物動物商
デュースブルク動物園
ヴェルナー・フィリップ
東ベルリン出身。かつて動物園園長を夢見ていた。家族とともに西へ逃亡した後、AP通信の記者として動物園の記事を書く。クレースのカウンターパート
マルティン・シュトゥマー
ハンター。動物取引会社を設立
良好
ヴィリー・ブラント
西ベルリン市長
ヘルマン・ルーエ
動物商。逃亡してきたディトリヒを雇う

ユリアーネへ

目次

第5章　狩猟家と収集家　171

第6章　大きな計画、小さな魚　223

プロローグ――動物園人

大都会の人はだいたいそうですが、特にベルリン市民は人間なんかより動物を愛しているんです。

ヴォルフガング・ゲヴァルト（一九六六年、『ツァイト』紙の取材に答えて）

話は一九八〇年代の終わりにさかのぼる。世界は、ふたたび破滅の淵に立つことを想定し、備えていた。ベルリンの壁はまだ少なくともあと百年は存在すると思われていたこの時代は、西ベルリン動物園と東ベルリン・ティアパルク〔訳注　ティアパルクもドイツ語で「動物園」を意味する名詞だが、本書では「ティアパルク」と表記して、西ベルリンの動物園と区別する〕の両動物園は、人びとにもっとも愛されているリクリエーション施設というだけでなく、二つの異なる社会体制のステイタスシンボルでもあった。ベルリンはすでに約三〇年も分断されており、見解の一致を見ていたのは両動物園の園長ぐらいだった。もっとも、お互いに反感を抱いているという点で一致していた、という意味だ。意図的なのか、そうなってしまったのか、どっちが先にちょっかいを出したのかはもうわからないけれど、いずれにしても彼らは毎度毎度どっちのほうが多いか競争していた――ゾウの頭数の話だが。

ベルリン動物園では、ゾウの飼育舎を拡張したばかりで、ハインツ＝ゲオルク・クレース園長はそれを機に新しいゾウを購入して披露した。クレースは非常に熱心な動物収集家で、ベルリン動物園は世界中の動物園でもっとも多くの種が揃っていた。彼はどうしても東ベルリンのライバル動物園よりたくさんのゾウが欲しかった。動物園の世界では、ゾウは格上の特別な存在だったからだ。クレースにとって、ゾウの頭数が多いことは、「戦いに勝った」ことを意味していた。これは彼だけの功績ではなかった。すでに一九六〇年代に、当時の西ベルリン市長だったヴィリー・ブラントは、ティアパルクとその園長に負けたくないというだけの理由で、市の財務大臣の頭越しに、新しいゾウを入手するのに必要な財源を工面した。少なくともクレースの記憶では、そういうことになっている。

礼儀上、披露の席にはティアパルク園長のハインリヒ・ダーテも招待された。彼の出席は、クレースにとってまたとないチャンスだった。どれほど自分がえらいかを見せつけられるからだ。なにしろ壁の向こうからきたダーテは、もう一〇年以上にもわたって新しいゾウ舎を建設するために、「不足の経済」〔訳注　社会主義経済下での慢性的なモノ不足の状態を指す用語〕という風車に向かってドン・キホーテよろしく無駄な戦いを挑んできたのだから。

だがダーテはクレースをはなから問題にしていなかった。専門分野でもそうなのだから、まして人間的な興味はまったくなかった。一六歳も年長の彼は、そのことを若いクレースにあるときは無意識に、あるときはわざと思い知らせた。たとえばティアパルクで会議があったときに、食事に「クレースヒェン」〔訳注　「クレースヒェン」はスープの浮き実や肉料理の添え物にする小さなジャガイモ団子で、「クロース」（団子）の縮小形でもある〕を出したのなどは、明らかに小柄なクレースに引っ掛けたのだろう。

ダーテは新しいゾウが「少し貧相に見える」とけちをつけた。そう言われればクレースも黙ってはいられない。こうしていい歳した二人の小男は——二人とも身長が一メートル七〇センチあるかなしかだった——ゾウの間に立って、言葉の応酬をつづけたのだった。

壁で隔てられたボスジカ二頭

振り返ってみると、二人の動物園園長が張り合っていたのは、彼らが似ていたからなのか、ちがっていたからなのかわからなくなる。両者が東西に分割されたベルリンにやってきたのは一九五〇年代だ。ハインリヒ・ダーテは一九五四年にライプツィヒからドイツ民主共和国〔訳注　以下「東ドイツ」と略称〕の首都東ベルリンに出てきた。世界でもっとも近代的で、もっとも大きな動物園をつくるためだ。三年後、オスナブリュックからきたクレースの目的は、西ベルリンにあるドイツでもっとも長い歴史をもつ動物園に、さらに箔をつけることだった。動物園の仕事は彼らにとってのライフワークで、二人の園長の間に激しい競争が生まれるのは時間の問題だった。ベルリン水族館館長〔訳注　ベルリン動物園はベルリン水族館を併設している〕を長年にわたって務め、その後、動物園園長になったユルゲン・ランゲは、二人の関係をこう述べている。「どっちかがミニチュアロバを手に入れると、もう片方はポワトゥーロバを購入するといった感じでしたよ」

国民に動物について教える教育者の役割も果たしていたダーテは、小太りで、丸顔にべっ甲縁のメガネをかけ、髪の毛の生え際はかなり早くから後退していて、まだ残っている髪を後頭部から櫛で持ってきてカバーしていた。ザクセン地方出身なのを隠しもせず、「カカドゥス（オウム）」を「ガガドゥス」、「カメーレ（ラクダ）」を「ガメーレ」と、ザクセン訛り丸出しで話した。彼は人びとから愛されただけでなく、国際的にも有名だった。専門知識が豊富な上、東欧圏から西欧圏へ動物輸送する際の中央検疫所を統括していたからだ。さらに動物園に関する学術雑誌『ツォーローギッシャー・ガルテン』の発行人でもあった。つまり、彼を避けて通ることは不可能だったのである。

誰もが彼のところにきて、彼に何かを要求した。壁の反対側のクレースは、ドイツ連邦共和国〔訳注　以下「西ドイツ」と略称。東西ドイツ再統一後の文脈では「ドイツ」とする〕でもっとも豊かでもっとも有名な動物園を率い、多様な飼育動物は人びとを驚嘆させた。だが彼はダーテのパーソナリティには太刀打ちできなかった。ダーテは見たところ、なんでもやすやすとこなしているのに対し、クレースはいつも汗水たらしてがんばっているわりには報われないような印象を与えた。

それでもクレースはすべてに首を突っこもうとした。どこかに新しい組織ができたと聞くと、自分も一枚噛もうとする。

クレースの弱みは、彼が「単なる」獣医だったことだ。動物園園長の間では、獣医は動物学者に比べると伝統的に軽く見られる傾向があった（19頁：動物園の歩き方①「どんな人が園長になっているの?」参照）。今日では信じられないことだが、当時はそれが一種の不名誉のように見られることすらあり、ダーテもそう考えていた節がある。こうした背景をクレースは自らの努力で乗り越えなければならなかった。だがその一方で、彼には組織力があり、マネージャーとしてはピカイチで、政界や財界のボスの財布から巧みにお金を引っぱり出すことができた。当時の西ベルリンでは「パーティーでクレースのとなりにぜったい座るな。身ぐるみはがされるぞ」と言われていた。クレースは歩いている人間の靴下を脱がせることだってできる、と噂されたぐらいだ。まして自分の動物園のためとあれば、手段を選ばない。クレースはベルリン動物園のもつ経済的・政治的意味合いを強化し、国家とのパイプをつねに保とうとした。歴代の大統領が任期中に少なくとも一度はベルリン動物園を公式訪問するように仕向けたのも、彼の功績である。動物嫌いで有名なグスタフ・ハイネマンも含め、すべての大統領が動物園を訪問した。ハインリヒ・ダーテの親しい友人で、ハノーファー動物園園長を長年務めたローター・ディトリヒは、「西ではそれが必須だったんです」と言っている。「東側ではそんな心配はあまりなかったでしょうが」

それに対して東側のダーテにとって重要だったのは、自分とティアパルクのため、東ドイツの国境を越えて行き来する自由を確保することだった。そのためには、市当局や共産党政治局の役人たちとうまくやっていかなければならない。フリードリヒ・エーベルト〔訳注　政治家。一九六七年まで東ベルリン市長〕やギュンター・シャボフスキー〔訳注　ドイツ社会主義統一党の東ベルリン地区第一書記〕のような動物愛好家なら、なおいい。「ダーテは西側ではうまくいかなかっただろうし、クレースも東側ではだめだったでしょう」とディトリヒは述べている。「彼らはどっちも最強のボスジカでした——適材適所のね」。反対側の世界では、二人はまったく役に立たなかっただろう。

壁は双方の縄張りを隔てる防護壁のようなもので、そうした環境で二人は競争せずに支配者として君臨できた。おのおの一つの動物園が必要だという考え方が、彼らの存在を正当化してくれたのである。ドイツの分割とベルリンの特殊事情のもとでのみ、彼らはあのように力をつけ、園長としての立場にものを言わせることができた。二つの動物園は町のシンボルであり、それぞれの体制を体現していた。多様な種を誇るベルリン動物園は、西ベルリンという陸の孤島の宝だったが、園内のどこに行っても、壁に囲まれた都市ならではの窮屈さが感じられた。鉄のカーテンの向こう側にあるティアパルクは、おおらかさと広さが売りだった。机上のプランはできあがっていても、すぐには実行されず、着工してもいつまでも完成しない。社会主義のユートピアはつねに道半ばだった。

二人の動物園園長が東西に分かれた都市のそれぞれの縄張りで発揮した政治的・社会的影響力は、冷戦下のベルリンだからこそ可能だった。だがベルリン市民と動物園の特殊な関係も見逃せない。なにしろベルリン市民に動物愛好家どころか、動物フリークなのだから。世界のどの都市を見ても、動物たちがこれほど町全体の個性を代表しているところはないだろう。一九二〇年代の終わりにゴリラとしてははじめて動物園で飼育された「ボビー」(19頁:動物園の歩き方①「ゴリラのボビー」参照)も、第二次世界大戦を生き抜いた数少ない動物のカバの「クナウチュケ」もそうだし、ホッキョクグマの「クヌート」もそうだ。「クヌート」が突然死亡したあと、動物園の正面入口には、ダイアナ妃が事故死したときのロンドンのバッキンガム宮殿と同じくらいの量の花束とカードとぬいぐるみが手向けられた。

カッセル大学で人と動物の関係を研究している歴史学者ミーケ・ロッシャーの見解によれば、「ベルリンは孤立していたために、独自の文化的特徴が特にはっきりとあらわれた」。たしかに似たような人気者の動物がいる動物園は世界各国にあり、その多くは都市の動物園だ。だが、分断された東西ベルリンはとりわけ際立っていた。なぜならここでは「国境に取り囲まれていると、いたるところで感じられた」からだ。「西ベルリンも東ベルリンも、ある意味では町自体が二つの動物園だった」。当時の動物園は、今日と比べると逃避場所としての意味合いが大きく、入園者に完全な世界というものを垣間見せてくれる場でもあった。しかしこの「ユートピア」も、実際には硬直化した階層構造に支配されていた。その内幕を知っていた者たちは、市役所や裁判所や病院と同じようなものさ、と言っている。

がっちり目を合わすティアパルク園長ハインリヒ・ダーテ（左）とベルリン動物園園長ハインツ＝ゲオルク・クレース。1984年、フリードリヒスフェルデで会議が行われた日。後列で顔を見せるのは左からルドルフ・ラインハルト（ベルリン動物園の鳥類キュレーター）、ファルク・ダーテ（ティアパルクの爬虫類キュレーター）、長年ベルリン動物園でクレースに次ぐナンバー２だったハンス・フレートリヒ。

政治の舞台になった動物園

ダーテとクレースはおのおのの体制内で巧みに有力者たちと渡り合っていたようだが、この二人は政治的にナイーブな面があった。ダーテは東ドイツの終焉まで、自分がシュタージ〔訳注　東ドイツ国家保安省の通称。秘密警察・諜報機関〕に監視されているとそれほど感じていなかった。同じようにクレースにも無頓着な面があり、筋金入りのナチで、ヘルマン・ゲーリングの親友だった元園長ルッツ・ヘックを一九七〇年代にドイツ動物園園長連盟の名誉会員に推薦している。

彼らは、自分たちの動物に関係があ

るときだけ、政治に興味を示した。ダーテとクレースは、いわゆる「動物園人」（20頁：動物園の歩き方①「動物園人とは？」参照）だったのだ。これは動物園やサーカスの関係者がよく使う表現で、人よりも動物相手のほうがうまくやっていけるタイプの人間を指す。

　クレースもダーテもそうだが、真っ先に考えるのは動物園のことで、その他のすべては二の次だった。自分の家族も例外ではない。厳密に言えば、動物園が家族で、妻と子どもはおまけみたいなものだった。「動物園園長」は、朝にはじまって夜に終わる職業であるばかりでなく、一生を捧げる使命でもあった――そんな時代だったのである。クレースにもダーテにもアフターファイブはなかった。彼らの生活には動物のための場所しかなかったである。

動物園の歩き方①　本コーナーは、監修者・黒鳥英俊氏による本書をより理解するためのガイドです。

どんな人が園長になっているの？（15頁）　ベルリンの二人の園長は獣医と動物学者でしたが、ドイツの園長はどのような人がなっているのでしょうか。以前、2009年欧州動物園水族館協会がヨーロッパの大小80の動物園を調査した結果、男女別では7：1で男性が大半で、職業別でみると動物学者が35名、獣医が18名、経営者が16名、その他が11名という結果でした。日本の場合、公立の動物園が多く、採用職種も動物園によってまちまちで一様に比べられませんが、地方の動物園を中心に獣医の園長がとても多く、動物学者が多いドイツとは違っているのが特徴です。

ゴリラのボビー（17頁）　とても有名なオスのゴリラでベルリン市民から愛されていました。いままでもゾウ門から入って左側にある類人猿舎のいちばん目立つ場所にドーンと立っています。第二次世界大戦前の1928年3月30日に動物園に来園しています。当時はまだ日本にはゴリラは入っておらず、飼育がとても難しい動物の一つでした。「ボビー」は来園7年後の1935年8月1日に死亡しています。そのときの体重は262キロにまでなっていました。いまではどこの動物園でもゴリラもダイエットに気をつけて、200キロを超えるゴリラは少なくなってきています。上野動物園で1996年に「ゴリラのすむ森」を作ったときもこの「ボビー」の像を参考にさせてもらいました。私もベルリン動物園に行ったときはかならず訪れています。［写真：ボビーの像］

動物園人とは？（19頁） 最近あまり聞かなくなりましたが、日本の動物園で一般に使われている「動物園人」という言葉があります。これは動物園やその関係者のことですが、動物園に対する独自の考え方をもっている園長をはじめ、動物や動物園のことを心から愛し、常に探究心と誇りをもって一生懸命動物（動物園）のために努力している人たちを指します。飼育担当者ではその道一筋の人などが多くいます。また管理職の園長や飼育課長なども他の部署から一時的に配属された上司ではなく、ずっと動物園にかかわってきた人がそう呼ばれています。むかしは私のまわりの先輩たちも家族のことは二の次でいつも動物（動物園）のことを第一に考えていた人が大多数でした。動物園をサポートする市民ZOOネットワークという団体がありますが、そこには「飼育・動物園人賞」という動物や動物園に貢献のあった人に賞を与えることも行っています。

第1章

戦争とワニの尻尾のスープ

Krieg und Krokodilschwanzsuppe

本章の時代（1943～1952年頃）

1943年【独】「スターリングラードの戦い」でソ連に敗戦
1943年【独】連合国による「ベルリン空襲」が激化し、英国空軍が夜間爆撃を行う
1945年【独】赤軍がベルリン占領を目指し、郊外での戦いを経て、「ベルリン市街戦」に発展／ヒトラー自決／5月8日：ドイツ無条件降伏
1948年【独】6月24日：「ベルリン封鎖」はじまる
1949年【独】東西に分断し、ドイツ連邦共和国（西ドイツ）、ドイツ民主共和国（東ドイツ）成立
1952年【ベ】ベルリン水族館リニューアル

本章の主要な登場人物

◉**ルッツ・ヘック：【ベ】**戦中の園長。ゲーリングと親しい[→7章]
◉**ヘルマン・ゲーリング：【独】**第三帝国、ナンバー2。ヘックに贈られた子ライオンを飼っている
◉**ハインツ・ヘック【独・ヘラブルン】**園長。ルッツの弟
◉**ルートヴィヒ・ヘック：【ベ】**ルッツの父。ベルリン動物園を有名にした。枢密顧問官で古くからのナチ
◉**オスカー・ハインロート：【ベ】**水族館館長／鳥類学者。ユダヤ人学者とも付き合うため、ヘックと折り合いが悪い
◉**カタリーナ・ハインロート：【ベ】**オスカーの妻。戦後、園長代理に[→2章]
◉**ハンス・アモン：【ベ】**動物園総支配人。ヘック失踪後の陣頭指揮に立とうとした元党員
◉**レストランの臨時雇い：【ベ】**戦後、動物園の管理を任されたと主張
◉**ヴェルナー・シュレーダー：【ベ】**戦後、ハインロートの右腕として、支配人兼副園長に[→3章]
◉**「クナウチュケ」（カバ）：【ベ】**終戦直前の爆撃で母カバを失った赤ちゃん[→7章]
◉**カール・マックス・シュナイダー：【東・ライプツィヒ】**園長。第一次大戦に従軍。元社会民主主義者で、圧力によりナチ入党[→2章]
◉**「グレーテ」「オルガ」（カバ）：【東・ライプツィヒ】**2頭のメス。「クナウチュケ」の元へ嫁入り
◉**「シャンティ」（ゾウ）：【ベ】**インドのネール首相により寄贈されたメスのゾウ
◉**ベルンハルト・チメック：【西・フランクフルト】**園長。戦後にフランクフルト動物園を再建[→2章]
◉**リヒャルト・ミュラー：【西・ヴッパータール】**園長
◉**オットー・ラトケ：【ベ】**ビジネスマン／動物園株主代表。ルッツ・ヘックの友人。ハインロートを辞めさせようと画策し…

※【独】＝東西分割以前のドイツ／【西】＝西ドイツ／【東】＝東ドイツ／【ベ】＝ベルリン動物園／【テ】＝ティアパルク／【】の都市名＝動物園名 を示しています

今日では霧はめったに発生しなくなった。しかし一九四三年一一月二二日は夕方になって霧が立ちこめ、厚い雲がベルリンの上空を覆い隠していた。こんな日に空襲警報が鳴ろうとは、誰も思わなかった。この気象条件で、敵機のパイロットはどうやって攻撃目標を見つけるのか？　動物園は暗く、静まりかえっていた。入園者はとうに帰り、入口も閉じられている。ここ数ヶ月でベルリンではイギリス空軍による攻撃が増えていたが、二年前に爆弾六発が命中する被害があった以外、動物園はこれまでどうにか無事だった。

だがルッツ・ヘック園長は準備を怠ってはいなかった。何回も訓練を行い、職員たちは動物園が空爆されたら何をすべきかを心得ていた。動物たちが逃げ出したときのために、口径一一ミリのゾウ撃ち銃二挺も調達してあった。あらかじめ猛獣を射殺した動物園もあったのだが、ヘックはそこまではしていなかった。

それができたのは、最高レベルの政治家とのパイプがあったせいもある。ヘックは一九三三年からナチ親衛隊の賛助会員となり、一九三七年以降はナチ党に入党し、ドイツ軍のエースパイロットだった、ヘルマン・ゲーリングとも非常に親しかった。第三帝国のナンバー2として知られるゲーリングは、ベルリン近郊のショルフハイデにある豪邸「カリンハル」で、ヘックが動物園から連れてきたおとなしい子ライオンを飼っていた。子ライオンが大きくなって個人の家で飼うには危険な状態になると、ヘックはそれを引き取り、すぐに後釜の子ライオンと交換する。

動物学者の間では、ヘックはそれほど評価されていなかった。彼は、ミュンヘンのヘラブルン動物園の園長をしている弟のハインツ・ヘックと協力して、絶滅した古代ヨーロッパの野生のウシ「オーロックス」を復元しようと試みた〔54頁：動物園の歩き方②「家畜牛の先祖オーロックス」参照〕。兄弟は多種多様な家畜のウシの交配をくりかえし、ようやく野生種のオーロックスに似た若い個体をつくりだした。しかし動物学者の多くはこれを非科学的だと批判し、オーロックスのドイツ語名「ウル」〔訳注 この語は接頭辞として使うと「原始の」という意味がある〕をもじってヘック兄弟を「原始職人」と呼んでからかった。しかしルッツ・ヘックは、いざとなれば狩猟長官でもあるゲーリングの威光を借りて、自分の敵の口封じをすることができることを知っていた。ゲーリングは、趣味の狩猟にぴったりの目新しい獲物ができると考え、この飼育プロジェクトに入れこんでいた。感謝のしるしとして、彼は一九三八年にルッツ・ヘックを森林庁の自然保護課の課長に任命し、ヒトラー総統の誕生日に当たる四月二〇日に教授の称号を与えた。またゲーリングはその数年前にも、動物園の北側にかなりの用地を取得できるように取り計らってくれた。その場所には「ドイツ動物園」がつくられ、マース川からメーメル川までのドイツ帝国由来の動物だけが展示された。飼育用の囲いはオークの木で縁取られ、動物解説板には小さな鉤十字が添えられていた。

ヘックは一九三一年にベルリン動物園園長になった。この動物園はそのへんの動物園とはわけがちがう。一八四四年に創設されたドイツでもっとも歴史ある動物園だというばかりでなく、一四〇〇種四〇〇〇頭を展示する、世界でもっとも多様な種を誇る動物園でもあった。さらに株式会社でもあり、全株式のうち四〇〇〇株はベルリン市民が所有していた。株主とその家族は、配当金の代わりに無料入園券がもらえた。つまり動物園は入園者の所有物だったわけだ。少なくとも株式を買う余裕のある人、その株式を相続した人にとっては、そういうことになる。

ルッツ・ヘックは父親から職務を引き継いだ。枢密顧問官ルートヴィヒ・ヘックは、この動物園を有名にした人物であり、まだそんな呼び名がなかった頃からナチ党員だった。息子も動物園をナチズムの基準に照らして運営した。まず目をつけられたのがユダヤ人株主だ。彼らは一九三八年七月から持株を明らかに実質価値より下回る額で動物園に売るように迫られた。動物園はその株をそれより高い額で転売した。一九三八年末以降、ユダヤ人は動物園への入場を禁じられた。

ヘックはドイツのすべての動物園を自分の支配下に収めようとしたが、おびただしい数の役職を兼務することはさすがに認められなかった。それでもヘック一家がナチスと近かったことは、ドイツの他の動物園にも有利に働いた。戦時中は飼料が十分に手に入らないこともしばしばだったが、ルッツ・ヘックは最短の手順を踏んで手早く問題を解決する術を知っていた。おかげでかなりの数の飼育動物が餓死してしまった第一次世界大戦中のような事態には至らなかった。しかし戦争でいちばんいい目をみたのは、やはり彼自身の動物園だった。ヘックは強制労働者を動員し、独ソ戦の戦利品として東欧の動物園の動物を手に入れることにも成功した。

しかし一九四三年一一月の時点では、ドイツの領土拡大はとうに終わり、戦争はドイツ国内でくりひろげられるようになっていた。「自分たちは逃げ切れるのだろうか?」――動物を不安げに眺める飼育員たちの表情からは、そうした疑念が見てとれた。念のためにヘックは飼育動物の一部(二五〇種、約七五〇頭)を他の動物園に疎開させた。タスマニアデビル一頭はフランクフルトに、キリン一頭はウィーンに、水族館のガーパイク類はライプツィヒに、アフリカノロバとライオンはヴロツワフに疎開した(54頁:動物園の歩き方②「かわいそうなぞう」参照)。さらにヘックは動物園内にのぞき穴のついた鋼鉄製の箱を設置させ、土で覆ってカムフラージュした。外見は特大サイズのモグラの盛り土のようだ。空襲のときには、飼育員は危険が去るまでここに避難する手はずになっていた。またブダペスト通り沿いの入口あたりにバンカー(掩蔽壕〔えんぺいごう〕)がつくられた。この鉄筋コンクリートの巨大な高射砲よけバンカーは、その立地から「動物園バンカー」とも呼ばれていたが、本来は周辺地域にいる兵士と住民が、空襲時に避難するための施設だ。だがヘックは、このバンカーが英国軍や米軍の爆撃機のわかりやすい攻撃目標になってしまうことを恐れていた。動物園も巻き添えになるかもしれない。致命的な被害を受けるかもしれない。そのうちにヘックは、「自分たちは逃げ切れるのだろうか?」という疑問を自分でも抱くようになっていた。

しかし少なくとも戦争真っ盛りのこの月曜日だけは、大きな事件もなく終わるように見えた。動物園の敷地の端にある官舎では、飼育員たちが仲間の誕生日を祝って、ビールを飲んでいた。動物園の外では、この晩も人びとが戦争の日常を忘れて気晴らしをしようとしていた。カント通りの歌劇場にも多くの人が詰めかけていた。プログラムにには空襲警報が鳴ったときの注意点が書いてあったが、観客たちはそれほど注意を払っていなかった。近くの映画館で『ミュンヒハウゼン』を観ている人もいた。ハンス・アルバースが大砲の上にのって吹っ飛ぶ場面が有名な新作カラー映画だ。『大都会のメロディ』も上映されていた。後年この映画は、破壊され尽くす前の華やかなベルリンが登場する最後の映画だったと言われることになる。しかし霧にすっぽりおおわれた一九四三年一一月の夜七時すぎには、そのことをまだ誰一人として知らなかった。

七時二五分、動物園の守衛詰め所の電話がけたたましい音を立てた。空襲警報本部からだ。「ハノーファー方向から戦闘機の大編隊が東方に向け飛行中。複数の編隊がこれにつづいている」。守衛はすぐに情報を伝達し、数分後には園内の全エリアに情報が行き渡った。飼育員は隣接する二万人を収容できる五階建ての「動物園バンカー」に妻子を避難させ、自分たちは例の「モグラ塚」に入った。「今夜はたいしたことはないさ」と彼らは口々に言い合った。「こんなに霧が深くちゃ、無理だって！」

三〇分後に最初の編隊がベルリン上空に達した。それから二〇分後に第一波の空爆が終わったとき、イギリス爆撃機七五三機は、積載していた二五〇〇トンの爆弾をベルリンに投下していた。この晩、動物園の二一ヶ所で大規模火災が発生した。パゴダ風のゾウ舎は天井が崩れ落ち、シロサイ一頭とゾウ七頭が圧死した。一頭は屋根の梁の下に埋もれるようにして死亡し、内臓が巻いたマットレスのようにその腹部から垂れ下がっていた。生き残ったのはオスゾウの「シャ

瓦礫の山。ベルリン空爆で水族館は跡形もなくなってしまった。外壁の恐竜のレリーフの残りがかろうじてわかる。瓦礫シュートを使って大きな瓦礫は片づけられたが、水族館がリニューアルオープンするまでにほぼ10年かかった。

ム」だけだった。動物園に残っていた二〇〇〇頭のうち、七〇〇〇頭が死亡した。

その翌日、徹夜で疲れ果てた飼育員たちは、煤で真っ黒になった顔で、戦争捕虜たちとともに後始末に追われた。消火し、瓦礫を片づけるその作業の最中も、瓦礫の下から次々と動物の死体が発見される。翌晩にまた波状の空爆に襲われ、シャルロッテンブルクとハンザフィアテル〔訳注　ベルリン動物園の西と北に隣接する地区〕は、二時間で焦土と化した。

博士号をもつ「瓦礫の女」

空襲が終わると、動物園の飼育員と職員は避難所から出て消火にあたった。あちこちの水道管が爆撃で破壊されたために、ほとんどの場所で消火用水をたらいやバケツで運ばなければならない。作業は総出で行われた。カタリーナ・ハインロートも赤れんがのカバ舎の前に立ち、穴だらけのホースで燃えている屋根を消火していた。屋外飼育場にいる彼女の近くのプールでは、カバがおちつかない様子で目を大きく見開いてうろうろしている。その中には六ヶ月の子カバ「クナウチュケ」もいた。母カバはそのそばから離れようとしない。カタリーナは屋根に向かって放水しつづけ、早朝になってようやく鎮火した。いくぶんおちつきを取り戻したカバの背中に、炭化した天井の梁から、ぽつんぽつんと水滴が垂れていた。

カタリーナ・ハインロートは一八九七年にヴロツワフで生まれた。旧姓はカタリーナ・ベルガー。水族館館長オスカー・ハインロートの再婚相手だ。彼女は一九三二年にオスカーの秘書になり、彼の著書『中央ヨーロッパの鳥類』の原稿のタイピングを手伝うようになった。二人はいずれも離婚経験者だった。水族館の建設に貢献し、世界的な名声を獲得したとはいえ、オスカー・ハインロートの本分は鳥類研究にあり、事実彼は当時もっとも有名な鳥類学者だった。研究を通して二人は親しくなり、一九三三年に結婚した。水族館の上にある官舎の屋上で、二人は伝書バトを飼い、その帰巣本能について共同研究もしていた。カタリーナは輝かしい経歴の持ち主だ。将来仕事に就く見込みがなかったにもかかわらず、彼女は一九一九年からヴロツワフで動物学、植物学、古生物学、地質学、地理学を学んだ。私生活でも他の若い女性とはちがっていた。専攻分野とほぼ同じ数の四人の求婚者がいたために、博士論文の指導教授は「男性の消費が激しすぎる」と心配し、研究時間が足りなくなるのではと気を揉んだほどだ。それでも四年後に彼女はヴロツワフ大学で最初の女性として、動物学博士号を「最優秀」の成績で獲得した。その後は、夜は自分でミツバチとトビムシ（腐敗した植物から栄養を摂取する体長数ミリほどの体節動物）の研究をし、昼は秘書や司書や助手の仕事で稼いで生活していた。この時代の女性が、これほど多くのことをこなせたのは驚きだ。

空襲後、ベルリン市民の間で、動物園から動物が逃げ出したという噂がささやかれるようになった。ゾウがクーダム〔訳注　ベルリンの繁華街クーアフュルステンダムの略称〕をうろつき回り、ライオンがカイザー・ヴィルヘルム記念教会の廃墟を徘徊しているというのである。トラがポツダム広場にあらわれ、爆撃で破壊されたカフェ・ヨスティでアーモンド入りケーキをむさぼり食ってから息絶えたという話まであった。しかし実際には、動物園内で大惨事に見舞われた動物は、恐怖のために逃げ出すことなどできず、廃墟にうずくまるばかりだった。ハゲタカやワシも、檻は完全に破壊されてしまっているのに、枝にとまったまま飛び立とうとしなかった。サイと同じ奇蹄類の熱帯産のバクは、ブタと似た習性があり、囲いの柵にぴったり体を押しつけ、柵の近くでまだくすぶっているコークスの山で暖をとろうとしていた。大空襲の翌朝、ブダペスト通りに面した水族館の入口にワニが横たわっていた。爆発の衝撃波で熱帯館から投げ飛ばされたのだ。ワニはしばらくは生きていたが、夜の厳しい寒気にやられて凍死してしまった。寒さのために肉は新鮮なままだったので、それからしばらくはワニの尻尾のスープが動物園の腹ぺこの職員にふるまわれた。当時は肉類の配給量が限られていたから、彼らが喜んで食べたのは言うまでもない。

空爆は激しさを増していった。昼間は米軍が、夜はイギリス軍がベルリンの町を爆撃した。さらに東方からは赤軍〔訳注　ソ連陸軍の旧称。正式には「労農赤軍」〕がじりじりとドイツの首都ベルリンに迫っていた。

一九四五年のイースターが近づく頃、オスカー・ハインロートは肺炎の回復期にあった。冷え込む地下防空壕に長くいたために、ひどく衰弱してしまった。治療の際に看護師が注射針で誤って神経を痛めてしまったことが原因で、彼の右脚は麻痺していた。それまで夫の研究を支援していたカタリーナは、今度は彼の健康管理をすることになった。飢餓浮腫〔訳注　慢性の栄養不足によるむくみ〕の症状が夫に出てくると、彼女はヘック園長に毎日ヤギの乳を特別に配給してくれるようにと頼みこんだ。しかし食糧は不足していた上、ヘックはハインロートのハトの研究を快く思っていなかった。彼がユダヤ人や反政府分子の学者とコンタクトしていたことも、ヘックにはとうてい許せなかった。

「ハインロート氏には本来の職務である水族館の仕事に集中してもらいたかったですね」と彼は強い口調で言った。「将来的には、各自の研究計画は私が指示します」

カタリーナにしてみれば、そんな計画を押しつけられることなど言語道断だし、強制されるつもりもなかった。いずれにしても黙って引き下がるのは彼女の流儀ではない。しかも彼女の夫は、今まさに死と闘っているのだ。「そんなことじゃ、これからは新しい着想など生まれないでしょうね」と彼女はヘックに言い返した。「官僚主義からは天才的なアイディアなんて、ぜったいに生まれません！」

しばらくの間はこんな応酬がつづき、結局ヘックは折れて彼女の夫に特別配給を認めた。「誰かと議論するなんて長いことなかったから」と、彼は感じ入ったように言った。ヘックは反論されることに慣れていなかったし、ましてや女性に盾突かれるとは思ってもいなかったのだ。

動物園の塹壕

ルッツ・ヘックが言っていた「将来」は到来しないことがだんだんはっきりしてきた。「究極の勝利」をまだ信じている一握りの人間は、侵攻してくる赤軍を、動物園バンカーから対空火器で牽制しようとした。地上防空壕の巨大な塔は、格好の攻撃目標になってしまうからだ。それでもこの塔をめがけて無数の砲弾が撃ちこまれ、隣接する動物園で爆発した。すでに赤軍の装甲車は、動物園の塀のところまで迫っていた。ルッツ・ヘックは妻子を西方に疎開させた。カタリーナも夫とともに安全な場所に移ろうと考えたが、オスカーは衰弱しきって歩けない状態だった。たとえ逃げられる体調だったとしても、動物園と自分の水族館から脱出することなど、彼の頭には思い浮かばなかっただろう。三〇年以上も館長を務めた水族館が、すっかり破壊されてそこにある。「ここに残ろう」彼は妻に小さな声で言った。「できればここで皆と一緒に果てたい」

四月末、ベルリン市街戦がくりひろげられ、動物園そのものが東部戦線になった。残っていた飼育員は国民突撃隊〔訳注　ナチ政権の末期、一六歳から六〇歳までの男子で結成された軍事組織〕になるように命じられ、動物園の敷地に塹壕を掘らされた。彼らは戦闘のあいまにまだ生きている少数の動物の世話をした。

一九四五年四月三〇日の夜遅くには、すべての状況から判断して、赤軍が動物園内に突入するのは時間の問題となった。ルッツ・ヘックはその直前に逃亡した。彼は自分がどうなるか予感していたのである。ロシア人兵士は、東欧の動物園から動物を押収した彼を探すはずだ。それに彼はウクライナからも野生馬の群れを連れてきていた。

動く車はもうなかったので、ヘックは自転車に乗って逃げた。完全に包囲されていたベルリンからうまく脱出し、気づかれずにライプツィヒまでたどり着いたのである。彼はライプツィヒ動物園にあるカール・マックス・シュナイダー園長の家をめざした。

自宅の扉を開け、自分の前に立っている男を見たシュナイダーはかなり驚いた。くわしい説明は抜きにして、ヘックは彼に言った。「同じ園長のよしみでお願いします。一晩だけ私を置いてください」

五八歳のシュナイダーは、第一次世界大戦中は少尉として兵役につき、左下腿部を戦闘で失った。もともと社会民主主義者だった彼は、一九三八年になって上からの圧力に負けてようやくナチ党に入党した。シュナイダーはうさんくさそうに自分より五歳年下のヘックをじろじろ見ていたが、ようやくズボンのポケットから鍵束を出した。「これが私の住宅の鍵だ。だが私はあなたと同じ屋根の下で寝るつもりはない。明日朝六時に戻ってくるから、それまでに出て行ってくれ」。シュナイダーはそのまま家を出て、知り合いの家に泊まった。彼が翌朝戻ってみると、ヘックの姿はすでになかった。その後もかなりの間、彼は消息を絶ったままだった。

ベルリン動物園の周辺にある家々は爆撃で破壊され、町の上空は煙でおおわれていた。鈍い爆発音が鳴りやみ、もうもうたる煙が次第に消えていくと、動物園の敷地は瓦礫しかなかった。無言の番人のようにブダペスト通りの入口にゾウの彫像二体が立っていた。正門はすっかり破壊され、ゾウの支柱の上にかかっていた屋根は砲撃で粉みじんになって、細長い部材がわずかに残るのみだった。ムーア様式のアンテロープ舎も瓦礫の山と化し、そこからミナレット〔訳注　イスラム教寺院の祈りの塔〕二本と煙突がつきだしていた。モグラ塚はとうに空だった。子ウマが崩れたれんがの間にほんの少しでも緑の草がないかと探している。弱りはてたオオカミが剥き出しになった飼育場からその姿を見ていたが、ウマを追いかける体力はもはや残っていないらしい。

ルッツ・ヘック園長が我が身の破滅を目前にして逃亡したあとも、カタリーナ・ハインロートは動物園内の地下防空壕で、すでに死の床に伏している夫と、負傷した近くの住民と動物園職員の世話をしていた。防空壕の入口には、戦闘行為の巻き添えにならないように、赤い十字を描いた白い布をさげた。オスカーはベッドに横たわったまま、弾傷の治療法や包帯の巻き方を妻に指示した。数時間ほどで最初の赤軍兵士が園内になだれ込んできた。オスカー・ハインロートは精も根も尽き果て、妻に最後の願いをささやいた。「毒薬のカプセルを持ってきてくれないか。もうこれ以上は無理だ」。だがカプセルがあるのは爆破された自宅だ。オスカーの仕事部屋の引き出しの中である。どうやってそこまで行けばいい？　いたるところに兵士がうろうろしているし、夫を一人きりで残してはいけない。そこで彼女は夫をなだめ、「きっとなんとか乗り切れるわよ」とやさしく言うしかなかった。夫はがっかりしてため息をついた。

翌朝、兵士は人びとを地下防空壕から出した。カタリーナは重体の夫を引きずって、水族館の地下の静かで乾燥した一角に寝かせた。だがそこでもそっとしておいてはもらえなかった。毎日入れ替わり立ち替わり別の部隊が破壊された外壁から入ってきて、食べられるものや酒類を探しまわり、ドイツ人たちに今は誰が実権を握っているかを見せつけた。彼らに従わず、取り入ろうとせず、女たちを守ろうとした男は射殺された。そして女たちはレイプされた。カタリーナは崩れ落ちた建物の一つの階から他の階へと夫を連れて何度も移動した。だがそのたびに探し出される。「Raboti, raboti!（仕事だ、仕事だ！）」――ロシア兵はカタリーナを見るとそう叫んだ。だが彼女はすぐに、それは本来の「仕事」の意味ではないと察知した。兵士らは彼女をつかんで放さず、レイプした。

二回ほど失敗したあとで、カタリーナはついに夫を水族館から外に出すことに成功した。一人では夫を支えられないので、彼女は夫を手押し車に乗せ、隠れ場所を探した。しかし周辺の地下室はどこも満杯で、彼らは数日すると別の場所に移動しなければならなかった。

ソビエトの部隊が動物園から出て行ってから、カタリーナはようやく戻り、自宅だった場所にとりあえず間に合わせの部屋をしつらえた。それから飼育員二名の助けを借りて、夫を隠れ場所から自宅に戻したのである。

一九四五年五月三一日にオスカー・ハインロートは息を引き取った。カタリーナは完全に一人きりになってしまった。爆破された建物のドアを使って、彼女は動物園の建具屋に棺桶をつくってもらい、夫を火葬場で火葬した。ようやくオスカーを動物園の敷地内に埋葬できたのは、八月一五日だった。

それでもやはり先に進まなければならない。カタリーナはヴロツワフで博士論文を指導してくれた教授の言葉を思い出した。「何かしなさい。そうすれば少し元気になれるから」。彼女はいつもその言葉を思い出した。それは過酷な運命や人生の暗い時期を克服する助けになっていた。動物園の残った職員とともに彼女は立ち上がった。片付け作業を進めていくと、瓦礫と塹壕の中から八二体の遺体が見つかった。彼らはその前に死んだ動物たちと同様に、共同墓穴に埋葬された。

戦争を生き抜いた動物は九一頭だけだった。トナカイ、珍しい日本のコウノトリ、ハシビロコウ(ナイルの湿地が原産のツルほどの大きさの灰色の羽根の鳥で、その嘴の形は木靴に似ている）〔訳注　ハシビロコウのドイツ語名は直訳すると「靴の嘴」〕、オスゾウの「シャム」、そして子カバの「クナウチュケ」らだ。終戦を目前にしてカバ舎の屋外プールは爆撃をうけ、クナウチュケの母カバは重傷を負い、それが原因で死亡した。飼育員は「クナウチュケ」に一日何回も水をかけ、皮膚が乾燥しないようにした。その後まもなく、残っていたはずの動物のうち数頭が姿を消した。飢えたベルリン市民が捕まえて食用にしてしまったのだ。残った動物には臨時の飼育場があてがわれた。ハシビロコウは、被害を受けなかった数少ない動物園の浴室で飼育された。戦時中に疎開したキリンの「リーケ」は、ウィーンからベルリンに戻ってきた。

ヘックが失踪したために動物園には園長がいなくなってしまった。当初は前に総支配人をしていたハンス・アモンが陣頭指揮に立ったが、動物園の元運転手に党員だったことを密告され、追放された。この運転手はソビエト軍司令部から瓦礫の除去作業の責任者に任命され、二〇〇名もの女性を組織して作業に当たった。彼女たちは「瓦礫の女」と呼ばれた。こうした作業のおかげで、動物園は一九四五年七月一日に早くも再開した。ところがその数週間後、前に動物園のレストランで臨時雇いのボーイをしていた男が忽然とあらわれ、動物園の管理を任されたと主張した。電話も郵便もまだ使えなかったから、占領軍は動物園の状況を把握できなかった。何週間にもわたって、封建領主のようにふるまう二人の「園長」の言い争う声が動物園中に響きわたった。彼らはカタリーナ・ハインロートを瓦礫の女の一人として働かせた。専門家としての彼女に許されたのは、せいぜいのところ飼育場の説明板の製作ぐらいだった。

占領国のソビエトがようやく動物園幹部の混乱を聞き知り、新設された大ベルリン市参事会に状況を調査させた。ほどなくカタリーナ・ハインロートは市参事会から招聘を受け、八月三日にパロヒアル通りの旧市役所にくるように伝えられた。用件は書面からはわからなかった。

ヴェルナー・シュレーダーも市参事会から手紙を受け取り、八月三日の朝、ベルリン＝ヴィルマースドルフの自宅から八キロほど離れた市の中心部に向かった。国民教育局にくるように言われたのだ。彼もなぜ招待状を受け取ったのか、よくわからなかった。

ヴェルナー・シュレーダーは大学で動物学を専攻していたときにオスカー・ハインロートと知り合った。カタリーナのことはその時点ではまだ知らなかった。この日、二人は初対面だった。市参事会文化局のヨーゼフ・ナースから、ハインロートは動物園の園長代理に、ヴェルナー・シュレーダーは支配人兼副園長になるようにと申し渡された。

このようなチャンスが与えられたのは、当時の特殊事情によるものだとハインロートはよく理解していた。このポストにうってつけで、政治的に瑕疵（かし）のない男性はあまりいなかったのだ。後年、彼女は親しい友人に自分が園長に任命されたときのことを振り返り、「彼らは私を市役所に呼び出したとき、きっとオスカーがくると思っていたのよ」と冗談めかして言っている。

カタリーナ・ハインロートとヴェルナー・シュレーダーは協力して動物園の再建を行った。外塀が破壊されたままだったので、当初に敷地を亘だ往来して道路がわりになっていた。夜になると略奪者の一群がやってくる。飼育員たちはホイッスルを鳴らして彼らを追い払おうとした。それでもギンギツネ一頭、イノシシ一頭、ノロジカ一頭が犠牲になってしまった。

リニューアルオープン後の最初の一年は、まだ再建のメドが立たず、とりあえず下水道と電力供給網の整備に費やした。飼料の不足も深刻だった。休閑地に野菜畑をつくり、タバコも栽培された。タバコは物々交換のために不可欠だったのだ。さらにハインロートは案内標識を設置し、爆撃されてめちゃめちゃのケージと飼育場のどこに生きている動物が展示されているか、入園者がわかるようにした。ある日、彼女は壊れた動物舎の木材を持っていこうとしている男を捕まえた。問い詰める彼女に対して、その泥棒は「おれだって動物園の株主なんだから、権利はあるだろ！」と言い返した。

一九四五年九月末に彼女は正式に園長に任命された。連合軍司令部が動物園の文化的価値を公式に認めるまでに一ヶ月以上もかかったというわけだ。だがそれで動物園は救われた。少なくとも当分の間は。一九四六年一月にＡＰ通信は動物園についてこう報じている——「人びとから愛され、かつては華やかだった施設も今は荒れ果てた廃墟と化し、残っている動物は二〇〇頭にすぎない」

それでも前年より進歩があった。多くのベルリン市民が自分たちのペット、特にオウムを動物園に持ち込んだのだ。ここのほうがきちんと世話をしてもらえるだろうと考えたのである。新しい動物を購入する財源はなかった。せめて数頭でいいから買えないかと、職員全員が給料の一部を出して集めた資金で、ハインロートはペンギンを購入した。彼女は市民の相談窓口も設けた。オウムが自分の羽根を引き抜いて困るとか、イヌが命令に従わないといった飼い主の相談にのったのである。

「クナウチュケ」のキャベツ

一九四七年八月末、動物園はまた爆発の振動に見舞われた。イギリスのパイオニア兵団が隣接する動物園バンカーの爆破を試みたのである。二〇トンの爆薬がバンカー内部にしかけられた。その当時すでに六四九頭になっていた動物は、事前に木箱に入れ、動物園から運び出された。だがバンカーはあまりにも堅牢で、爆破は失敗に終わり、一年後にふたたび同じ騒動がくりかえされた。

西ベルリンの約一年におよぶ封鎖は、動物園に新しい問題を突きつけた。一九四八年六月、米・英・仏の西側列強は自分たちの占領地区で通貨改革を実施し、ソビエトだけが排除された。以前から占領国は統一ドイツ通貨をめぐって争っていたのだが、ついに西側各国がベルリンの三つの西側占領地区にも新しいドイツマルクを導入すると宣言したのである。ソビエトはただちに反応した。一九四八年六月二四日、町の西側で照明が消えた。電力供給が停止し、すべての道路と水路は赤軍によって遮断された。町の外部からの供給に依存していた「ベルリン島」は、航空を除いて外界から切り離されてしまった。連合諸国はベルリンの二〇〇万の市民に空から食料を補給した。

動物園でも変化が起きていた。ティアガルテン地区の担当になった新しいイギリス軍司令官が、カタリーナ・ハインロートに命令を出したのだ。すべての木を伐採してその場所でホウレンソウを栽培し、動物は手放して、そのかわりにニワトリ小屋を建設するようにというのである。ハインロートは驚いた。もっとも古いものは樹齢四〇〇年にもなる巨大なオークの木が次々に倒される光景が目に浮かぶ。しかもそれは動物園の閉園を意味していた。一度閉園してしまえば、ふたたびオープンできる見込みはほとんどない。デュッセルドルフの一件はまだ記憶に新しかった（55頁：動物園の歩き方②「デュッセルドルフの一件とその後」参照）。一八七六年に創設されたその動物園は、第二次世界大戦中に一時的に閉鎖された。しかしその入場門が開く日は二度とこなかった。彼女はそういうことが自分とオスカーの動物園に起こってほしくなかったのである。

ハインロートは必死に時間をかせぎ、命令に抵抗した。一方で彼女はイギリス軍本部とベルリン緑地計画局に訴え出た。司令官はそんなことになるとは予想していなかったが、結局譲歩し、もう一度動物園を訪れてハインロートと面会した。彼は、今度は園内の立ち木の数を記入した地図を持っていた。どうしても残したい樹木に印をつけろというのだ。樹木の多くは戦争で被害を受け、樹冠がそぎ落とされていた。それでも彼女はすべての木に印をつけた。例外なしだ。すると司令官は脅してきた。法律を盾にとって威嚇したのである。だがハインロートは譲らなかった。彼女はこれまでも多くの修羅場を経験してきたのだ。それからしばらくたって、本部の一将校が彼女のところにきた。「木の話は忘れてください」――彼はそれだけ言って帰っていった。

結局、木は一本も切り倒されなかった。

「クナウチュケ」の周辺でも動きがあった。封鎖中、ベルリン市民は、自分たちが食べる分を切り詰めて、彼らの動物のアイドルにキャベツを提供してきた（55頁：動物園の歩き方②「戦後のエサ調達」参照）。その「クナウチュケ」がメスカバの訪問を受けたのである。彼女は東側からやってきた。戦後、カバはヨーロッパの動物園では貴重だった。ハインロートには「クナウチュケ」がいて、ライプツィヒ動物園園長カール・マックス・シュナイダーにはメスカバの「グレーテ」と「オルガ」がいた。シュナイダーとハインロートはすでにかなり前から動物の交換をしていた。両動物園が一九四九年からは二つの国、しかも敵対関係の国にあることも、彼らは頓着しなかった。政治的な境界線など問題ではない。種の保存という大問題がかかっているのだから！　こうして彼らはカバをハネムーン旅行に旅立たせた。ルールは昔から伝わる農家の伝統と同じだ。つまりメスがオスのところへ行き、最初に生まれたオスは、メスの所有者がもらう。

メスの「グレーテ」と「オルガ」は貨車に乗って何回も西ベルリンにきて、急ごしらえのカバ舎に入れられた。カバ舎は仮設の施設で間に合わせの屋根がかけてあるだけだった。イギリス軍の兵士はこれを「公衆便所」と呼んでいたが、カバにはそれで十分だった。

シュレーダーは依然としてよくない財政状況を改善しようと必死だった。動物園は、飼育員に給料を払い、飼料を買うのに十分なだけの収益がなかった。どうしても入園客を増やさなければならない。それにはいいアイディアが必要だった。そこで思いついたのが、彼が好きなスポーツだった。シュレーダーはボクシングを愛してやまなかった。学生時代に二回もドイツチャンピオンになったほどだ。そこで彼は動物園内の小さなアリーナでボクシングや格闘技の試合を開催した。それ以外にも動物見本市を開き、サーカス会社の「アストラ」と「ブッシュ・エアロス」にアンテロープ舎の近くの空き地で興行をしてもらうことにも成功した。それ以外の収入源として、彼はオクトーバーフェスト〔訳注　十月祭のこと。ミュンヘンのビール祭が有名〕を開こうとした。もっともカタリーナ・ハインロートは、この計画には難色を示した。

「動物はどうするの？　騒音やすごい人出で動物にストレスがかかるでしょ」

シュレーダーもその点は自信がなかったが、動物園の収支状況はもっと深刻だった。

「すごい窮地に追い込まれているんです

戦後の動物園の再建を担ったカタリーナ・ハインロート園長。1956年5月、新しいカバ舎の定礎の日。

よ」彼は真剣な顔で言った。その目のふちの隈が多くを物語っている。「あらゆる方法を試さないと」

ベルリン市民は、動物園の新しい宣伝ポスターを見て少し面食らった。ビールのジョッキを持ち、首にハート形のレープクーヘン〔訳注　蜂蜜と香辛料をきかせた焼き菓子〕をさげた二頭のカバが、にこやかに乾杯している。「グレーテ」が片方に、「クナウチュケ」がもう一方にいて、二頭の上には「動物園でオクトーバーフェスト」とでかでかと書かれている。トナカイやオウムやクマの飼育場の間に射的小屋やメリーゴーラウンドができるっていうのか？　だがそんな驚きの声があがったのも当初だけで、お祭りは大成功だった。四週間で五〇万人以上の客がきて、多額の臨時収入によって動物園の存続が確実になった。ハインロートの心配とは裏腹に、動物たちは騒ぎを気にしている様子もなかった。

動物園の宣伝に使われた二頭のアイドルにも特に影響はなかった。一九五〇年五月にオスのカバ「シュヴァッベル」が生まれた。このカバは約束通り、ライプツィヒに引き取られた。一九五二年四月に「クナウチュケ」の新しいパートナーになる「ブレッテ」が生まれた。近親交配の問題はひとまず棚上げされた。カバは集客のマグネットとして貴重だったので、あまりあれこれ口出しするのも憚られたのだ。

この時期、動物園に新しいアトラクションが増えた。動物園には四年間もゾウがいなかった。爆撃に耐えて生き延びたオスゾウの「シャム」が、一九四七年に死亡してしまったからだ。ハイ

家庭の事情——カバの「クナウチュケ」（右）と「ブレッテ」からたくさんの子孫が生まれた。ベルリン動物園の入園者も、２頭が実の父子だということをあまり気にしなかった。

ンロートにとって、ゾウがいない動物園は動物園ではなかった。だが新しいゾウを買う資金はない。そんな折、彼女は新聞でインドのパンディト・ネール首相が外国の動物園に若いゾウを寄贈したという記事を読んだ（56頁：動物園の歩き方②「ゾウのインディラ」参照）。彼女はすぐにアメリカ軍占領地区放送局（ＲＩＡＳ）の学校放送担当係に連絡した。ベルリンの子どもたちがネール首相に手紙を書けば、彼女自身が願い出るよりも成功のチャンスが大きいと踏んだのだ。ハインロートのプランは実を結び、ほどなく若いメスゾウが手に入った。三歳で一メートル六〇センチの「ダトリ」である。このゾウはのちに「シャンティ」と改名された。

当初、「シャンティ」はヨシ葺き屋根の

木造の奇蹄類舎に、ウマやシマウマと一緒に入れられた。ゾウ舎がなかったからだ。だがどうやらこれが「シャンティ」によくなかったらしい。毎朝、放飼場に出されても「シャンティ」はぐったりと砂の上に横たわり、一日中眠っていた。ハインロートはそんなふうになるとは思ってもいなかった。入園者は、いつも寝そべっているゾウを見るために動物園にくるのではない。そこで「シャンティ」の飼育員は、夜間に見回りをして、「シャンティ」が夜寝られない原因を調べようとした。ネズミか、近くにいる他の動物のせいではないだろうか？　だが彼はなにも発見できなかった。

あるときハインロートは、ボンベイからもらった写真のことを思い出した。「シャンティ」は鎖でつながれていたのではなかろうか？　はたして「シャンティ」の二本の脚は鎖で木につながれていた。彼女はほっとした。これで問題が解決するかもしれない。夜、鎖をつけてみると、「シャンティ」はよく眠り、昼間は元気に動き回るようになった。

動物園のいじめ

動物園の経営は多少安定し、ヴェルナー・シュレーダーはついに数年前からあたためていたプロジェクトに着手できるようになった。破壊された水族館の再建である。シュレーダーは這ったり泳いだりする動物がいちばん好きだった。子どもの頃から彼はヴィルマースドルフの湿地でカエルやイモリ、カブトムシ、魚を捕まえ、家で漬け物用の瓶に入れて飼っていた。母親は辛抱強く息子を見守っていたが、父親は息子の「ゲテモノ好き」をたたき直そうとして、彼をむりやり威風堂々たる軍事パレードに連れていってみたが、なんの効果もなかった。

学生時代のシュレーダーは水族館に通い、ギリシャや北アフリカに旅しては爬虫類を持ち帰っていた。戦後は、仕事が終わると、木々がふたたび生えてきた廃墟に立ち、夜空を眺めてよく物思いにふけっていた。

一九五二年九月、二年におよぶ工事が終わって、展示生物が一〇〇〇点にのぼるベルリン水族館がリニューアルオープンした。こうした運びになったのも、毎年開催され、財政的に大成功を収めたオクトーバーフェストの貢献が大きかった。その後の二五年間は、この水族館に新たな栄光を与え、同種の施設としてはヨーロッパでもっとも有名な水族館にすることが、シュレーダーの人生の課題となった。

シュレーダーは水族館を再建する一方で、動物園の戦後最初の新築工事に着手しなければならなかった。新しいゾウ舎である。だがハインロートは、批判的な人々が自分の失敗を固唾をのんで待ち受けていることを感じていた。これは彼女にとって最初の大プロジェクトだ。これまでは歴史的建築のアンテロープ舎の補修や数多くの応急施設の改善作業が中心だった。そこで彼女はまず計画をライプツィヒの友人カール・マックス・シュナイダーに見せた。文句のつけようがない、というのが彼の感想だった。

二年の工事期間をへて、ゾウ舎は一九五四年にオープンした。「シャンティ」と他のゾウ二頭ばかりでなく、すでに一一年も動物園にいるサイ一頭、バク一頭、ナマケモノ一頭が、細長く、前面が上までガラス張りで内側はグリーンのタイル張りの建物に入った。

何年間も動物園の再建のために二人で働いてきて、カタリーナ・ハインロートとヴェルナー・シュレーダーは互いに補い合える関係だということがはっきりした。たとえば彼女が園内に木を植えようとがんばっているとき、あるいは飼育員をしかりとばしているときには、シュレーダーはうしろに引っこんでいる。「彼女の好きにやればいいさ」と思って、ほほえむだけだ。穏やかな役回りを演じるのは、いつも彼だった。飼育員はなにか問題があると攻撃的なハインロートよりも物静かなシュレーダーに悩みを打ち明ける。男性中心の世界で女としてやっていくには、ハインロートなりの苦労があったのだ。それに対してシュレーダーの信念は、「必要なら上の者を踏みつけてもいいが、下の者はけっして踏みつけてはならない」だった。二人はお互いを信頼し、好意も抱いていた。カタリーナ・ハインロートは、ひょろりと痩せてきまじめで、目のふちに黒い隈がある同僚のシュレーダーに惚れこんでいたのでは、と言う者も少なくなかった。

カタリーナ・ハインロートは、ヴェルナー・シュレーダーと協力して戦後の動物園をうまく切り回していたのにもかかわらず、彼女を敵視する人物は多かった。すでに終戦直後の早い時期に、監査役会は会議で話し合われた内容を彼女に書簡で伝えている。動物園の元総支配人で動物園に舞い戻ることに失敗したハンス・アニンが、彼女の解任を要求してきたのだ。「彼女に識見がないからといって、それを責めるつもりはありません。しかしこのポストは男性にこそふさわしいと言えましょう」とそこには書かれていた。

一九四九年に彼女が病気のためにしばらく入院を余儀なくされると、その留守に監査役会のメンバーがヴェルナー・シュレーダーに詰め寄った。なかなか本題を切り出さなかったが、要は彼らが言いたかったのは、動物園の経営は長期的に見て女性にはきつすぎるのではないかということだった。園長の健康状態を見ても明らかじゃないか、と。シュレーダーは彼らが自分に何を求めているかわかったが、直接打診される前に、こう言って会話を打ち切った。「私たちはいいコンビなんですよ。それぞれの性格を補い合って、動物園の繁栄のために尽力できますしね。それに私は水族館に専念したいんです」

一方、専門家の間ではハインロートは非常に評判がよかった。一九五〇年にドイツの四人の動物園園長が、ふたたび国際動物園園長連盟に受け入れられた。選ばれたのは、彼女とライプツィヒのカール・マックス・シュナイダー、戦後にフランクフルト動物園を再建したベルンハルト・チメック、ヴッパータールのリヒャルト・ミュラーだった。

物質的な面ではかなり苦しかったが、ハインロートは動物園の再建に打ち込む日々を楽しんでいた。動物園の北東にある鰭脚類（ききゃくるい）〔訳注　アシカやアザラシなどヒレアシ類のこと〕舎の近くには、新しいカバ舎が建設された。破壊されたままの町にも文化的な生活が次第に戻ってきた。再建された動物園のレストランとホールでは、会議やダンスパーティーが開催されるようになった。だが戦後一〇年以上たつと、人びとの要求もきびしくなってきた。ベルリンはもう全ドイツの首都ではないが、それでもかつての栄光をとどめるべきだというのである。西ベルリンは奇跡的な経済復興の時期を迎えていた。特に町の西部の建築用地は人気が高かった。ハルデンベルク広場とブダペスト通りの角にも高さ五七メートルの一六階建てのオフィスビルを建設するという。ハインロートは計画を聞いて慎重にならざるを得なかった。そんな建物ができれば、動物園の大部分が日陰になってしまうからだ。

ハインロートは建築家のパウル・シュヴェーベスと会う約束をした。この交渉には、新しい監査役も出席していた。以前にヴィルマースドルフ区の区長をしていたヴァルター・リークだ。ハインロートが高層ビルを東西方向ではなく南北方向に建設し、動物園が日陰にならないようにしてほしいと言うと、リークが話をさえぎった。「ご存じでしょうが、町の利益が優先ですよ。この件では、動物園は二の次です」。ハインロートはさっと振り返って彼を見て、どなった。「そんなこと言って、あなた、動物園の味方じゃなかったの⁉」

結局、ハインロートの希望は聞き入れられ、ビルは当初の計画から九〇度回転させた位置に建設された。しかし彼女はこの件で、監査役会にまた敵をつくってしまった。そうこうするうちに、戦後は息をひそめてそっと隠れていた男たちが発言をはじめた。たとえば元園長のルッツ・ヘックだ。彼はヴィースバーデンに住んでいたが、西ベルリンの日刊紙『ターゲスシュピーゲル』紙上で動物園で起きた出来事を紹介し、戦争で灰燼に帰した動物園を救うのがいかに大変だったかを書いた。これを読んだハインロートは激怒した。とうてい見過ごしにできないので、彼女は新聞に投書した。一九五四年五月末の同紙の「デモクラティック・フォーラム」欄に、西ドイツの難民に関する投書と、ドイツ語における外来語に関する投書と並んで、次のような文章が掲載された。

「終戦時の顛末に関するヘック氏の説明には思い違いがある。彼は五月二日ではなく、四月三〇日の深夜に動物園から出ていった。ロシア軍兵士がなだれ込み、その晩のうちに動物園内のすべての男性を連れ去った数時間前のことだ。ヘックとともに男性助手二名と女性助手一名、それに当時の支配人も姿を消した。この支配人は数日後に動物園の陣頭指揮をとろうと申し出たが、その間に戻っていた飼育員や職員に阻止された。その後、職員の間で運営をめぐって政治的な駆け引きがはじまった。数名の職員が元支配人の支持に回ったが、数日後に政治的な理由により動物園から排除された。最終的に新たに創設された国民教育局がこの騒動に介入し、私に動物園園長代理に就任することを依頼した。動物園にとってもっとも困難だった時期は、ヘック氏が述べているように終戦直後の数ヶ月ではなく、最初の年の秋と冬（一九四五年から四六年にかけて）と通貨改革後のベルリン封鎖の時期であった」

しかし過去に何をなし遂げたかは、それほど評価されなかった。ベルリンという町の再建に貢献した女たちは、瓦礫の女も、市長も、動物園園長も表舞台から引きずり下ろされた。数年前までベルリン市長の任にあり、ハインロートと非常に親しかったルイーゼ・シュレーダーは、動物園の監査役会を辞めていた。動物園界隈では、ハインロートを辞めさせようという動きがたえずあった。一九五四年六月に雑誌『シュピーゲル』は、「今月末までに、ドイツでただ一人の女性動物園園長ケーテ〔訳注　ケーテはカタリーナの愛称〕・ハインロート博士をベルリン動物園園長に留任させるかどうかの決定が下される」と報じている。

この記事は、ベルリンのビジネスマンで、動物園の株主代表、しかも「偶然にも」ルッツ・ヘックの旧友であるオットー・ラトケの働きかけによって出た。次の株主総会のために彼は重点計画を打ち出した。経営陣の免責を拒否する、監査役会を新規に選出する、園長をきびしく糾弾するという三点である。すでにその前からラトケは動物園の運営は「国際的な名声のある男性の手に委ねられるだろう」と宣言していた。彼はハインロートのことを「熟練した養蜂家にすぎない」と切って捨てた。それを読んだ彼女は怒り狂った。こうした非難に対して彼女は告訴しようとしたが、監査役会のメンバーの法律家がそれを阻止し、「疑わしい場合には、私たちがあなたの後ろ楯になります」と請け負った。

カタリーナ・ハインロートは博士号をもつ動物学者であるにもかかわらず、年輩のお偉方からは、いまだに腕のいい秘書、オスカー・ハインロートの寡婦としか見られていなかったのだ。急場しのぎのピンチヒッターである。

一週間もたたないうちに『ターゲスシュピーゲル』紙は、株主たちの「反対意見」を報じた。「ベルリン動物園は戦後九年もたつのに、いまだに『垢抜けない』」としてハインロートを非難する内容だ。

この時期、ベルリン外からきた入園者で由緒正しい動物園の評判を記憶している人びとは、外国産の動物が少ないことに失望するようになっていた。新築されたゾウ舎とカバの「クナウチュケ」以外には、これといった魅力はなく、ベルリンにわざわざ出かける価値はないというわけだ。

「ただしここで考えなければならないのは」――と『ターゲスシュピーゲル』紙はつづけている。「一九四五年以降、ベルリン動物園ほど、経済力のある後背地を欠く動物園はなかったということだ」

しかしハインロートの敵対者たちにとって、そんなことは関係なかった。だからといって攻撃の手を緩めるつもりなどなかったのである。彼女がシュレーダーと協力してベルリン動物園を窮地から救い、徐々に再建の歩みを確実なものにしていったにもかかわらず、かつてはドイツの頂点に君臨していたベルリン動物園の経営をいいかげんに男に任せろという声は高まるばかりだった。

動物園の歩き方②

家畜牛の先祖オーロックス（24頁）　よくバイソンと間違われることもありますが、ウシ科ウシ属に属するウシの一種で、家畜牛の先祖にあたります。しかし現存しておらず、1627年にポーランドで最後の1頭が死んでしまいました。オーロックスはヨーロッパから北アフリカ、アジアにかけて広く分布していたのですが、開発や乱獲により絶滅してしまいました。いまから約2万年前の大昔に「ラスコーの洞窟」の壁画にこのオーロックスが描かれているのでご存じの方も多いかもしれません。ベルリンの動物園でもこのオーロックスを復元しようと、現存種からオーロックスに似た特徴をもつものを交配し、十数年後にはオーロックスに近い姿をつくり出すことに成功しました。それら似た個体の子孫はいまでもドイツの動物園で飼育展示されています。交配を行った動物園園長の「ルッツ・ヘック」の名前をとって「ルッツキャトル」と名づけられました。

かわいそうなぞう（26頁）　大きな戦争は時に多くの動物たちの命もうばいました。動物園においても敗戦国のドイツや日本、さらに連合国であったイギリスの一部の動物園で多くの動物たちの命が失われました。特に空襲の激しかったベルリンでは動物園にいた動物の被害が大きく、事前に殺処分は行われなかったものの、多くの動物が戦火に消えてしまいました。空襲が激しくなった1943年には一部のゾウやライオンなどが死亡し、11月頃からベルリン動物園の動物たちは疎開しました。この少し前の1943年夏、日本でも同様に戦争が激化し、動物を疎開させる代わりに戦時猛獣処分というかたちがとられま

した。東京・上野動物園では東京都長官が猛獣殺処分を発令し、ゾウや猛獣や毒ヘビなど危険な動物が毒殺や餓死により亡くなりました。特にゾウは「かわいそうなぞう」としていまでも多くの人に語り継がれていますが、毒のエサを食べず、8月9日（ジョン、オス、24歳）、9月11日（ワンディ、メス、26歳）、9月22日（トンキー、オス、22歳）が餓死させられました。このようにして東京だけではなく、名古屋、大阪、京都、宝塚、福岡、仙台と多くの動物園で動物たちが犠牲となりました。

［写真：上野動物園の動物慰霊碑］

デュッセルドルフの一件とその後（41頁）　いま日本人がとても多いデュッセルドルフには、かつて、りっぱな動物園がありました。ハインロートの脳裏に浮かんだ「デュッセルドルフの一件」とは、１８７６年に創設された動物園が、第二次世界大戦中の１９４３年に一時的に閉鎖され、その後開園することがなく終わってしまったことを指します。開園当初は２００頭もの動物を飼育していましたが、１９４４年、戦争で動物園近くの貨物駅が爆破されて、動物園のほとんどが破壊されてしまいました。その後は、レーベッケのアクアツォー（水族館動物園）博物館として引き継がれています。私も新装した１９８９年ごろに一度訪ねました。環境学習ができるこじんまりした水族館になっていました。いまは市内に大きな動物園がないので、近くにあるクレーフェルト動物園に多くの人が訪れます。デュッセルドルフの日本人も多く訪れるので動物名のラベルには日本語名も表記されています。

戦後のエサ調達（42頁）　空襲で吹き飛ばされたベルリン動物園のワニをみんなで食べたという話や、戦後、自分の食糧をカバの「クナウチュケ」に分けたという話がありました。東京でも戦中から戦後にかけて、食糧難は深刻でした。上野動物園の記録では、上野公園の東京国立博物館前の噴水がある広場は、戦後、人の食糧用にイモ畑になっていたそうです。動物のエサ集めもたいへんで、東京大学の学生食堂や、松坂屋上野店の食堂に残飯を受け取りにいったそうです。また、進駐軍が放出する冷凍トウモロコシを受け取りに馬車で月島まで、魚類は築地まで調達に通ったそうです。そのころは、2合で大人一人、1合で子ども一人が入園できるようにして、エサとして乾燥したカボチャの種を集めていました。本来トラやライオンがいる場所にはブタが、クマ舎にもイノシシなどが飼われていました。

ゾウのインディラ（45頁） 戦後の上野動物園は、ゾウやライオンのいない動物園でした。かつてのゾウ舎にはブタが飼われている状態でした。そんな時期に、上野動物園にゾウが欲しいと、東京都台東区の子どもたちが想像で描いたゾウの絵や手紙をインドのパンディト・ネール首相に送りました。子どもたちに心動かされたネール首相は上野動物園にゾウを寄贈しました（1949年10月1日）。まだ、戦争の傷跡が残り、食糧難のころでしたが、当時の子どもたちにとってはとても明るいニュースとなりました。そのときインドから来たメスのゾウは「インディラ」という名で多くの国民に愛されました（1983年没）。1960年のインドの大飢饉のときには、成長した当時の地元の子どもたちが、今度はインドに恩返ししたことが温かいニュースとなりました。

第2章
動物園フィーバー
Tierparkfieber

本章の時代（1953～1955年頃）

1953年【東】6月17日：東ベルリン暴動
1954年【テ】ティアパルクの建設を正式決定
1955年【テ】7月2日：開園 **【東】**10月：ライプツィヒ動物園園長カール・マックス・シュナイダー死去

本章の主要な登場人物

◉**カール・マックス・シュナイダー：【東・ライプツィヒ】**園長。東ドイツ国家功労賞を授与された際に、ティアパルク建設計画を知る
◉**ハインリヒ・ダーテ：【東・ライプツィヒ】**戦前からシュナイダー園長の代理を務める。ナチ党員として従軍したせいで失職するが、1950年に復職［→3章］
◉**ヘルベルト・フェヒナー：【東】**東ベルリン市長。ティアパルク建設計画をシュナイダーに打診
◉**ローター・ディトリヒ：【東・ライプツィヒ】**無給のヘルパーを経て、ダーテの部下に［→4章］
◉**エリザベート：【東】**ダーテの妻
◉**ハインツ・グラフンダー：【テ】**建築家でティアパルク設計責任者［→6章］
◉**ハインツ・テルバッハ：【テ】**グラフンダーに引き抜かれた若い建築家。ダーテに気に入られている［→6章］
◉**イレーネ・エンゲルマン：【テ】**ダーテの秘書
◉**ヴィルヘルム・ピーク：【東】**東ドイツ大統領
◉**フリードリヒ・エーベルト：【東】**ティアパルク開園時の東ベルリン市長［→5章］
◉**ヴェルナー・フィリップ：【東】**東ベルリン市民。子どもの頃から動物園園長になる夢を持つ［→3章］
◉**カタリーナ・ハインロート：【ベ】**ベルリン動物園園長。戦後、動物園の復興と再建に尽力している［→3章］

列車はゆっくりとトレプトウ公園駅に滑り込み、舗装されたプラットフォームに停車した。世間で言われているように、この駅は地区境界線の手前の「最後の駅」で、その先はアメリカ占領地区西ベルリンだ。

ドイツは一九四九年以降二つの国に分割されたが、ベルリンだけは四ヶ国に統治されていた。占領地区の境界線は、地図上にだけ存在した。ベルリン市民の多くは、この境界線を認めなかったが、避けもしなかった。しかし東ベルリン市民が資本主義の西側に移動することを、政権は歓迎しなかった。

何人かが乗り降りして、列車はふたたび動き出した。これでもう検査はないから大丈夫などと思ったら、とんでもない間違いだ。数メートル進んだだけで列車は長い木製デッキの脇でまた停止させられる。ここでは誰も下車しない。列車の窓越しに、ヴェルナー・フィリップは外で人民警察官〔訳注　「ドイツ人民警察」は東ドイツの警察機関〕が待機しているのを見た。長い焦げ茶色の革製コートの男たちもいる。人民警察官は列車に乗り込んできてゆっくり通路を巡回し、コートの男は立ったまま見守っている。

フィリップはこの「ゲーム」をすでに知っていた。行き先を質問されたら、喫茶店に行くか映画を見るためにクーダムに行きたいと答える。すると人民警察官は学校の先生のような口調で、「映画やケーキは東ベルリンにもあるじゃないか」と言うだろう。だがフィリップは、彼らをどうやったら出し抜けるか知っていた。少し前に、彼は壁の向こうで新しい印刷機を買ったことがある。東側で税理士をしている父親のためだ。彼はその件で人民警察官に捕まったり、不必要な質問をされたりするのはぜったいに避けたかった。危険だからだ。そこでフィリップはあらかじめ最新号の党新聞『ノイエス・ドイッチュラント』を買い、列車のコンパートメントでは輸送用の木箱を自分の横のテーブルの下に押しやり、これ見よがしにヴァルター・ウルブリヒト〔訳注 東ドイツの政治家。ドイツ社会主義統一党の第一書記、国家評議会議長を歴任〕の演説が載っているページをその上に広げておいたのだ。乗車中、何事もなかった。

ところが今回は一人の警察官が彼の真ん前に立ち、「どこに行くんですか?」と質問した。

「いえ、動物園に行こうと思いまして」とフィリップは答えた。

警察官は鼻にしわを寄せた。彼はそれに対しては何も言い返せなかった。なぜなら動物園だけは東ドイツの首都になかったからである。

ヴェルナー・フィリップは幼い頃からひんぱんに動物園に通い、動物園で何足も靴をすり減らしたほどだった。子ども時代の彼は病気がちでよく熱を出した。だが父親はウィークデイでも少し時間がとれそうになると「明日は動物園に行けるかもしれないな」と言い出す。すると彼の熱はたちまち下がってしまうのだった。一九三〇年代の終わりには、動物園はまだ市民にとって魅力的な文化の中心地だった。家族連れは週末になると日曜日用の晴れ着を着て、動物園にピクニック気分でくり出す。「動物園はほうきで掃く必要がないね。すてきなご婦人方が、長いドレスで道のほこりをきれいにしてくれるんだから」と人びとが冗談を言ったほどだ。ヴェルナー・フィリップはセーラー服を着て、ぞっとするほど足がかゆくなるハイソックスを履かされた。それでも彼はがまんした。動物園に行けるのならなんでもする。当時フィリップ家はフランクフルト通りに近いベルリン＝フリードリヒスハイン地区に住んでいた。市電がツォー駅に近づくと、かなり遠くからゾウのパゴダが見える。インドの寺院を思い起こさせるどっしりとした建物だ。赤と金で装飾された塔を見ただけで、もうわくわくと嬉しくてたまらなくなる。だからたまに両親がその駅で下車せずに、そのまま通りすぎるときは悲しかった。動物園じゃなく、ポツダムに行くのか！　彼はがっかりしてパゴダを見つめ、二本の塔が建物の陰に隠れて見えなくなるまでその姿勢のままでいた。翌日は病気がぶり返すのがつねだった。

すでに当時からヴェルナー・フィリップの夢はたった一つ——動物園の園長になることだった。やがて彼は一九歳になったが、両親には息子を大学にやるほどの財力がなかった。それに一九五三年春にはもっと深刻な事件が起こった。

建国から三年半がすぎた東ドイツは、早くも最初の経済危機に突入していた。スターリンを手本にして大急ぎで「社会主義建設」をめざしていたこの国は、特に重工業に力を入れていた。だがその一方で食料品と消費財は不足していた。「労働者と農民の国家」と自称している東ドイツは、農業を強制的に集団化し、建設現場ではノルマを一〇パーセント増やすことでこれに対応しようとした。ほんとうの「敵」は、中産階級にいるとされ、企業家や小売商人、卸売商人は、財産を没収され、税が引き上げられた。

ヴェルナー・フィリップの父親もその対象になった。少し前に税務署は悪名高き「企業会計査察」を開始し、彼は前年分として一〇〇万マルクを追徴課税されることになった。だが毎年の売上は九万マルクほどにすぎず、しかもそれで三人の簿記係の給料を支払わなければならない。通常でも彼と家族に残るのは、約二万五〇〇〇マルクだ。これでは倒産してしまう。しかし税務署は彼に「経済犯罪」の罪を着せ、シュタージと結託して懲役三年の刑を科すと脅した。そこで家族はなにもかも放り出し、一九五三年春に同じ境遇の多くの人がそうしたように、必要最低限のものだけ持って別々のルートで西に逃げた。さしあたってこんな心配事を抱えていたヴェルナー・フィリップだったが、動物園への情熱が冷めたわけではなかった。彼にはのちほどまた登場してもらうとしよう。

ベルリン動物園のライバル

毎日たくさんの人が東ドイツを去り、前年からすでに三〇万人が国境を越えて逃亡していた。モスクワの当局は、復興計画の荷が重すぎて、国民はみるみるうちに落後している東ドイツの状況を見抜いていた。そこでソビエト連邦は、ドイツ社会主義統一党〔訳注　東ドイツで一九四六年に共産党と社会民主党が合併してできた政党〕に政策変更を要求した。党は六月はじめに「若干の誤り」を犯したことを発表した。財産の強制収用は取り消され、所有物は返還され、「経済犯罪」による拘禁と判決が見直され、食料の供給が改善された。だが党執行部はきびしい仕事のノルマを依然として課していたので、六月中旬に国の威信がかかっている重要な工事現場の建設作業員が暴動を起こした〔訳注　一九五三年六月一六日から一七日にかけて東ベルリン暴動が起きた〕。首都の豪華な大通り、スターリン通り〔訳注　現在のカール・マルクス通り〕の現場である。警察と国はなすすべもなく見ているだけだった。政府はソビエト占領軍の本部に助けを求め、占領軍はついに装甲車と兵士を出して暴動を力ずくで鎮圧した。

徐々に東ベルリンの党政治局も、このままではよくないと考えるようになった。計画達成基準を引き上げるだけではなく、人びとに何かを与えることもしなければだめだ。

一九五三年一〇月、ライプツィヒ動物園園長カール・マックス・シュナイダーは、ベルリンで東ドイツ国家功労賞を授与された。「学術分野における卓越した創造的業績」に与えられた賞である。式典でオットー・グローテヴォール閣僚会議議長とソビエト大使ミハイル・ペルヴーヒンは彼をわきへ連れ出し、最新の計画をそっと教えた。東ベルリンにまもなくりっぱな動物園が建設されるというのである。

ベルリン市当局は、東ベルリン市民が動物園を訪問するためにイギリス占領地区に入るのを快く思っていなかった。西側と接触し、資本主義体制にわざわざお金を落としてくるなんて。それに東ドイツの国家公務員は内務省から訪問許可をもらわなければならなかった。東に自分たちの動物園ができたら、こうした問題も一挙に解決する、と二人はシュナイダーに説明した。

ライプツィヒに戻った彼は、助手のハインリヒ・ダーテにこの計画を話した。シュナイダーもダーテも、もう一つの動物園の計画をどう解釈していいのかよくわからなかった。二人は東ドイツ全体として見ると、すでにある三つの動物園で十分ではないかと考えた。ザーレ川沿いのハレ動物園は、戦災をさほど被らずにすんだのに対し、ライプツィヒ動物園はまだ多くの飼育場と建物が仮設のままだった。ほぼ一〇〇年の歴史をもつ東ドイツ最古のドレスデン動物園は言うまでもない。ドレスデンは一九四五年二月にイギリス軍の激しい爆撃で町全体が破壊されたため、ようやく動物園が再開したのは一年後であった。だがベルリンで聞かされた話がほんとうであるなら、二人にとってそれが何を意味するかは明らかだった。専門性の観点から、このポストの適任者は一人しかいなかったからだ。シュナイダーの右腕、ハインリヒ・ダーテである。

四三歳のダーテは非常に熱心な動物学者で、子どもの頃から故郷のザクセン地方フォークトラントで、鳥類を観察するために双眼鏡を片手にあちこち歩きまわっていた。一二歳のときには、学校の作文で、もしも僕が金持ちだったら、大きな建物を建てて、そこで「ヘビとトカゲとハチドリと昆虫とナマケモノとサルとオオコウモリ」を飼うと書いている。伝統的な動物園を、当時から彼は「人間が動物を閉じ込めている監獄」だととらえていた。

一三歳で彼は両親とライプツィヒに引っ越した。父親が事務長のポストを得たためだ。ハインリヒ・ダーテは高校卒業資格試験を受けて合格し、一九三〇年代のはじめにライプツィヒ大学で動物学、植物学、地質学の研究をはじめた。動物をスケッチするために、彼はしばしば動物園に行った。こうして大学在学中からライプツィヒ動物園で助手として働くようになり、たちまちシュナイダー園長の代理の地位にまで昇進した。人生の青写真はすでにできあがっているかのようだったが、ここにきて風向きが変わってきた。

彼自身は、ライプツィヒの町と動物園に別れを告げることを一度も考えていなかった。そもそも戦後はライプツィヒに戻ることすら叶わなかったのだから。彼が動物園でまた働けるようになったのは、一九五〇年になってからである。ドイツの過去と彼自身の過去によって、危うく彼の人生はだめになるところだった。

鳥類研究家から飼育員に

二一歳だった一九三二年にハインリヒ・ダーテはナチ党に入党した。当時のライプツィヒ大学は国粋的な雰囲気が支配していて、ナチズムのスローガンが大きな共感をもって迎えられていた。しかも多くの教授がナチ党員だった。ダーテは一九二〇年代の申し子だ。彼はヴェルサイユ条約（彼はこの条約を、大方の人と同じように強要されたものと見なしていた）の帰結とインフレやそれにつづく世界恐慌を経験していた。だからこそ、ドイツという国がふたたび過去の名声を取り戻せるよう、自分の専門分野で貢献したいと決意したのだ。だができるだけ早くお金のかかる学業を終えて自分でかせぎたいという強い思いがあったために、彼は政治活動に積極的に参い。

加することはできなかった。三〇年代半ばまで、鳥好きのダーテは飼育員として働いていた。飼育員はナチ党の序列ではもっとも下のクラスで、割りふられた仕事は党の会費の徴収だった。後日、彼の隣人が当局に供述したところによれば、ダーテはけっこう気さくな徴収員だったらしい。

開戦の二日後に彼は国防軍に召集され、西部前線に送られた。一九四〇年には北フランスで右腕に重傷を負っている。野戦病院で、のちに妻となるフォークトラント出身の看護師、エリザベートと知り合いになる。彼は、喉を震わせて発音する彼女の「r」音の美しさがとても好きだった。故郷で長い療養生活を送っている間に、娘のアルムートが生まれたが、一九四五年にふたたび前線に送られた。今度はイタリアだ。そこで彼は終戦直前にアメリカ軍の捕虜となり、さらにイギリス軍の収容所を転々とさせられた。収容生活中も彼は「外出許可取得者」として他の捕虜たちの前で動物学の講義を行い、鳥の観察もつづけた。

解放されると、間髪置かずに彼のもとに西ドイツのいくつもの動物園から仕事のオファーがあった。だがライプツィヒの自宅では、妻と三歳の娘と、彼が捕虜になっている間に生まれた二歳の息子ホルガーが待っている。仕事の誘いをうけて悪い気はしなかったが、ライプツィヒの町とそこの動物園に戻ること以外、彼の頭にはなかった。だが実際に戻ってみると、彼がいなくてもすべてはうまく回っていることを思い知らされた。彼の子どもたちは、「パパ」と名乗るしつけにきびしい未知の人が早くいなくなったらいいと思っていた。ダーテは党員だったために不在の間に動物園からも解雇されていた。毛皮加工職人の職業学校の教師に応募したときも、同じ理由から拒否された。家族をなんとか養っていくために、彼はとりあえずラジオ局の原稿審査係と鳥の声の物まね係として働きはじめた。誰かに頼みごとをするどころか、道をたずねるのさえ嫌いな彼にとって、買収することを「交渉する」と言い、盗むことを「蓄える」と言い換えるようなこの時期は、苦痛の連続だった。昔の上司だったカール・マックス・シュナイダーも最初は助けてくれなかった。彼自身も動物園をくびになっていたからである。ダーテの職業人生は、軌道に乗る前に終わってしまったも同然だった。

シュナイダーの後継者二名がいずれも無能な人物だったため、シュナイダー本人が動物園に呼び戻されてから、ようやく希望が見えてきた。「新任の元園長」は、昔の職員をふたたび集めようとした。誰もが必要な人材だったが、特に必要だったのがかつての彼の右腕だ。長い目で見れば、かつて党員だった人物全員を排除するというわけにはいかない。そこで、筋金入りのナチだったかどうかを調べるために、ダーテは第三者の評価を受けることになった。ある出版業者と戦時中の彼を知る人物が、彼の人間的・学術的な資質を証明し、ハインツ・カイルに最終的な判断が委ねられた。カイルは動物園の総務部長で、強制収容所の生き残りだった。ダーテの政治的な活動について判断しなければならなかったカイルは、何回も面接を行い、ついにダーテはナチのイデオロギーと完全に一体化してはいないと結論し、思想的に問題はないと保証した。こうしてダーテが動物園に戻ることを阻む要因はなくなり、彼は一九五〇年七月に研究助手として仕事を再開した。

この経験からダーテは今後はどんな政党にも所属しないと決意した。自分のキャリアをふいにするわけにはいかない。職業上の業績は彼にとってなによりも大切だった。

それから九ヶ月ほどして、首都に新しい動物園をつくるという大それた計画がまた浮上した。ヘルベルト・フェヒナー市長からカール・マックス・シュナイダーのもとに、新設に関する話し合いをするという知らせが届いた。だがシュナイダーはその時期にはコペンハーゲンで行われる動物園園長会議に出席する予定だったので、代理を差し向けるしかなかった。

ハインリヒ・ダーテは一九五四年六月二一日の早朝、しぶしぶライプツィヒ中央駅に向かった。この月曜日は朝からうっとうしい天気で、しかもベルリン行きの列車は超満員だった。それに生まれてはじめて列車に乗るような旅慣れない客ばかりだ。誰もベルリンに二つめの動物園なんか必要としていない。彼自身ももちろんそう思っていた。

動物園の候補地は三ヶ所あった。プレンターヴァルトは湿地の多い森林地域で、南東部がトレプトウ公園に接している。それ以外の候補はケーペニックのヴールハイデ市民公園、リヒテンベルクにあるフリードリヒスフェルデ城の庭園だった（91頁：動物園の歩き方③「園内にあるお墓」参照）。この庭園は今ではすっかり荒れ果てていた。一同はまずフリードリヒスフェルデに向かった。ここはのちに唯一の候補地となり、その運命はハインリヒ・ダーテの肩にかかることとなる。だがこの時点ではまだ誰もそれを知らず、まして彼自身はつゆほどもそう思っていなかった。

車はスターリン通りを東に向かった。ダーテはサイドウィンドウから新しい「労働者の宮殿」〔訳注　東ドイツが巨額の資金を投じて建設した高級団地のこと〕を眺めていた。高さ五メートルのスターリンのブロンズ像が高い台座の上から遠くを見てほほえんでいる。ここは一年前にはソ連軍の戦車が攻撃をしかけ、石が飛び、死者が出て騒然としていた。足場の上の建設現場の作業員がアリのように見える。建設作業はとうに再開されていた。まるで六月一七日が存在しなかったように、あの暴動を思い起こさせるものはなかった。

だんだんと家がまばらになってきた。古い家に代わって家庭菜園の小屋が道路沿いに建ち並んでいる。プロイセンの造園家カール・レンネは、一八二一年に貴族トレスコフ家の城のまわりに庭園を設計した。城は第二次世界大戦ではわずかに損傷した程度ですんだが、そののちに国有化され、庭園とともに放置されていた。ダーテは最初こそ半信半疑だったが、車が荒廃した庭園の敷地を走り出すと、否定的だった気持ちが徐々に高揚感に変わっていった。後日、彼はこの瞬間について日記に書いている。「プラタナスの並木道を通って古い城へと車が進むにつれ、厳粛な気分になった」。一同は一時間ほど敷地を歩いた。ダーテは、かつての庭園に繁茂(はんも)している木々や下生えに潜む、多種多様な鳥の気配に耳を澄ました。敷地の奥深くに入っていけばいくほど、当初の疑念は消え、かわりに新しい感情がこみ上げてきた。「ここなら何かできるんじゃないか」と考えたのだ。心の目には、すでに木々の間に飼育用の囲いが見えていた。彼は確信した。

ここなら自分のイメージ通りに動物園を計画し、建設できる。「人生でまたとないチャンスだ」と彼は自分に言い聞かせた。「こんな機会は、二度とこない！」

　それまではベルリンにもう一つの動物園は必要ないと思っていたのに、彼はその動物園をここで建設しようと決意した。だがこれをその場に居あわせた関係者にすぐに言ったりしたら、ハインリヒ・ダーテはハインリヒ・ダーテではない。とうに腹は決まっていたのに、フェヒナー市長に意見を求められると、しばらく考える時間をいただきたいと彼は答えた。

　だが他の者たちも、広大な敷地を見ていた彼の鋭い視線を見逃さなかった。この日、他の二つの現場の視察は中止になった。後日この二ヶ所はどのみち選択肢とはなり得ないことがわかった。プレンターヴァルトは湿地が多すぎて、干拓するのに非常に手間がかかることがわかった。ヴールハイデは町はずれで、交通の便があまりにも悪すぎた。

　だがそんなことはハインリヒ・ダーテにはどうでもよかった。彼はこの荒れ放題の庭園のことしか頭になかったのだ。夜中の一時に戻った彼は、最初に妻を起こした。彼女にはすぐに自分の心境の変化を説明しなければならなかったからだ。彼女は寝ぼけたまま話を聞いたが、いずれにせよ彼の気持ちを変えさせることなど、もはや無理だった。結局朝四時まで彼は妻にフリードリヒスフェルデについて夢中になってまくし立てた。数時間だけ寝てから彼はコペンハーゲンにいる上司にテレグラムを送った。「ベルリンに出張。思わぬ収穫あり。ダーテ」。これ以外は、彼はひとまず誰にも自分の決意を明かさなかった。もし自分がベルリンに行けば、ライプツィヒ動物園と自分を支援してくれた人たちを裏切るような気がして、良心のやましさを感じたのだ。だが戻ってきたシュナイダーに決意を伝えると、シュナイダーの反応はダーテの予想とはちがっていた。彼は「動物園」の今後だけを心配していた。ライプツィヒ動物園のことではない、ダーテが発行人をしていた学術雑誌『ツォーローギッシャー・ガルテン〔訳注　ドイツ語で「動物園」を意味する〕』のことだ。ダーテはノーとは言えず、ベルリンでも編集作業をつづけるとシュナイダーに約束した。こうしてダーテはやる気満々でベルリンでの新しい使命に身を投じた。

「第二の動物園」構想

ほどなくベルリンで次の会合が行われ、フェヒナー市長、シュナイダー、ダーテが集まった。その席でシュナイダーはフェヒナーに条件を出した。「報道機関が嗅ぎつける前に、ハインロート博士に私から話をさせてください」。なぜなら新しい動物園が町の西側にある歴史ある動物園と競合関係になっては困るからだ。フェヒナーは同意した。ベルリン動物園と対立すれば、まだ不確実なプロジェクトに悪影響がおよぶからだ。

その日の午後のうちに、シュナイダーとダーテはベルリン動物園のカタリーナ・ハインロートの執務室を訪問した。彼女のデスクのうしろの壁には、カラフルな巨大チョウのデザインをあしらった週間予定表がかかっていて、びっしりと予定が書き込まれている。その横のゴリラ「ボビー」の頭部像も目立っていた。「ボビー」は一九二〇年代の終わりにはベルリンの人気者だった。デスクの横には大きな鳥用ケージがあり、黒いキュウカンチョウがぴょんぴょん跳び歩きながら「どうぞ」と言っている。カタリーナ・ハインロートは、いつもの癖で少し猫背気味の姿勢でデスクに左肘をついて座っていた。まわりは秩序ある無秩序とでも言おうか、開封した手紙の山、書きかけの原稿の山、専門書の山が並んでいる。

シュナイダーはまず事務的な話を少ししてから、本題に入った。「もう一つ、言っておくことがあるんだが」と彼は最後に言った。「東ベルリンに動物園ができることになってね」

ベルリン動物園の再建にほぼ一〇年を捧げてきたハインロートは、ちょっとやそっとのことでは驚かない。真剣に取り組まなければならない問題を、今でも嫌というほど抱えている。そこで彼女は頭を少しかしげ、左の手のひらに顎を押しつけるようにして「そう」と言った。彼女の眉がゆっくりとつり上がっていく。「その話は今までも何回も出ていましたよね」。事実、ベルリンに二つ目の動物園をつくる計画は過去にもあった。一九〇九年にハンブルクで野生動物の売買をしていたカール・ハーゲンベックは北のシャルロッテンブルクに市民動物園を作ろうとしていた。その二年前、彼はハンブルク郊外のシュテリンゲンに、野外施設やりっぱな岩山を備えた無柵式動物園をつくって注目を浴びていた。これまでそんな動物園はなかった。同様の動物園を彼はベルリンにも計画していた。すでに皇帝も味方につけていたが、計画が具体化する前の一九一三年にハーゲンベックは死去した。その翌年に第一次世界大戦が勃発し、計画自体が頓挫してしまった。一九二〇年代の終わりには、ファシストを避けローマから逃げてきた動物園園長のテオドール・クノットネルス＝マイヤーが市民動物園のアイディアをふたたび持ち出した。このときはルッツ・ヘックが反対した。ベルリン動物園が、市街地にあった古いハンブルク動物園と同じようにならないかと心配したのだ。ハンブルク動物園は、ハーゲンベック動物園がオープンしたために入園者を奪われ、一九一三年に閉園に追い込まれたのだ。それにヘックは親友の国家元帥ヘルマン・ゲーリングとともに、町はずれに広大な付属動物園をつくろうとしていた。

カタリーナ・ハインロートも一九四五年の終戦後に、二人のソ連の獣医から、トレプトウ公園に動物園をつくらないかと声をかけられていた。だがハインロートは「私の動物園の仕事をするだけで手一杯です」と言って断っていた。

それほど人を見る目があるわけではないカール・マックス・シュナイダーだったが、さすがに長年のつきあいから彼女の考えていることぐらいわかる。彼はいたずらっぽくにやりと笑い、「でも今度はほんとなんだよ」と言った。

「でもね」――けっしてこき下ろすような口調ではなかったが、ハインロートは言った。「戦時中にすっかり破壊されたとはいえ、私たちは五〇年分、先を行っているわ」

シュナイダーはこの当てこすりには応じず、すぐに畳みかけた。「園長はダーテだ」

それにはハインロートも心底驚いたらしく、まっすぐ座りなおし、「そんな。それなら私のところにくればいい」と言った。「彼だったら助手になってほしかったのに」

だがハインリヒ・ダーテはすでにあまりにも長くナンバー2のポストに甘んじていた。

しばらくして市民にも動物園新設計画が発表された。一九五四年六月はじめ、市当局は国民議会の臨時会議で、「ベルリンをすみやかに新路線に乗せる」基本政策の実施について提案した。具体的に提案されたのは、住宅建設の促進、トレプトウ総合病院の新設、西ドイツからの訪問者向けの市内観光、すべての区に自然動物園を設置すること、そして東ベルリンに動物園を建設することだった。西ベルリンの動物園では、「今後さらに大規模になり美化される首都の要請」に応えきれないからというのが理由だった。

建設計画のために、東ドイツ政府公認建築家ヘルマン・ヘンゼルマンがダーテに推薦した若手がハインツ・グラフンダーだった。ベルリン市は一九五四年八月二七日、正式にティアパルクの建設を決めた。そのことをまったく知らなかったのは、将来の園長ただ一人だった。グラフンダーへの一九五四年九月四日の手紙に、ダーテは「正直に言いますと、私はこの間の経緯に失望しています」と書いている。計画の進捗は彼の目には遅すぎた。依然としてベルリン当局からティアパルクの件がどうなっているのか、連絡もない。わかっていたのは、監督機関と助成協会ができたことだけだ。「何もわかっていないのに、余計な口出しをすることに熱心な烏合の衆ばかりで、当然すべきことが二の次になっている」と彼は腹を立てた。

ティアパルクをどんな手段でどうやって建設するのかが、この期に及んでもはっきりしていなかった。翌年の建設計画はすでにすべて決まっていた。だが資金も資材も、それどころか労働力も確保されていない。市民からさらに資金と支援を得なければ、どうしようもないことはダーテにもわかっていた。遅々として進まない計画に彼はいらだった。まもなく故郷の町を去り、「家が海のように広がる巨大都市ベルリン」に転居しなければならないことも不安だった。いっそすべてかなぐり捨て、やはりライプツィヒに残ることにしようかとまで彼は思い詰めた。

それからわずか一週間後にフェヒナー市長がやってきて、ダーテは自分が新設されるベルリン・ティアパルクの園長に正式に任命されたことを知った。こうなるともう引き返せない。ベルリンに行くしかない。ハインツ・グラフンダーにも東ベルリン市当局からようやく連絡が入り、幹部と協力してフリードリヒスフェルデ城の庭園に、新しいティアパルクを設計する任務を命じられた。敷地面積は一六〇ヘクタール〔訳注　一六〇万平方メートル〕。西ベルリン動物園の五倍以上の広さだ。

次の週、ダーテはベルリンにおもむいた。その前日にはコットブスに寄り、新しい郷土動物園が建設されている公園を視察した。この時期には数ヶ所でこうした工事が行われていた。そのほとんどは簡単な柵で仕切って地元の野生動物を展示するものであった。動物はその土地の森林から捕獲されたものが多く、職業学校のグループや動物愛好家が自発的につくった動物園だった。

ベルリンでは彼にとってこれまでまったくちがう使命、おそらく彼にとって最難関の課題が待っていた。彼はベルリン市民にティアパルクの意味を納得してもらわなければならなかったのだ。ベルリン市民は新しいこと、未知のことに対してはつねに好奇心を示したが、それだけに好きになった伝統と別れるときには非常にかたくなだった。西側にはすでに動物園がある。それに東ベルリン市民は壁の向こうでは、東ドイツマルクとドイツマルクの実勢為替相場によって四対一の割合で大きな値引きを享受できた。彼らは第二の動物園を必要としていなかったのである。しかもザクセン出身の園長など、とんでもない話だ。

九月のその晩、フリードリヒスハインのリューダードルフ通りにある学校の会場には、約二〇〇人が集まった。ダーテがホールに入っていっても、彼に注意を払う者は一人もいなかった。出席者たちは小さなグループに分かれて着席していた。前のほうには初老の女性が数人いて、彼女たちはこのプロジェクトを今晩中に中止させようと手ぐすねを引いていた。そのうしろは家庭菜園のオーナーたち。彼らは荒廃した城の庭園の敷地ぎりぎりに違法で建てた自分たちの小屋を守るために、戦闘姿勢丸出しだった。なんとかしてこの連中を自分の味方につけなければならない。ダーテは出席者の前に置かれた長いテーブルの前に座って考えていた。彼のとなりはヘルベルト・フェヒナー市長、ティアパルクの設計者ハインツ・グラフンダー、そしてライプツィヒ動物園園長カール・マックス・シュナイダーが着席した。

まずダーテは出席者にライプツィヒ動物園に関する短い映画を見せた。会場の雰囲気を和らげるためだ。全編にわたって動物が映し出されている。ライプツィヒ動物園はベルリンでも評判がよかった。ぶつぶつつぶやかれていた不満の声が、次第に感じ入ったようなひそひそ声に変わっていったところで、彼はおもむろに自分の計画を紹介した。

舞台に立つ動物たち

すでに二〇年ほど動物園とかかわってきたダーテは、独自の動物園哲学をもっていた。動物園は専門家のためではなく、入園者のために建設しなければならない。なぜそれが美しいのかその理由を入園者が理解しなくても、いっこうにかまわない。大切なのは、それが美しいと入園者が感じること、それだけだ。教育と保養とが彼にとって重要な基準だった。彼は、旧来型の動物園を脱却し、そればかりか新しい動物園の流行をつくろうとした。もっと言うなら、西ベルリンの町中にある狭い動物園では提供できないものをめざしていたのだ。大型動物の群れがいる広々とした飼育場がある、大規模な動物園だ。しかし彼はそれを当初からおおっぴらに言うわけにはいかなかった。さもないとすぐにまた荷造りして帰らなくてはならなくなる。そこで彼は人びとを巻き込み、提案を出させるように仕向けた。さらにダーテがくりかえし強調したのは、ティアパルクの飼育動物の構成と選択は、西側の動物園を補うものであるという点である。彼は動物たちを劇場の舞台の上にのせる感覚で見せようとした。動物舎に入れたり、柵で囲んだりしないだけでなく、囲いのデザインにもあまり凝りすぎないようにした。動物から視線を逸らさせるようなものがあってはならないからだ。これはけっして新しい考え方ではなかった。カール・ハーゲンベックはすでに二〇世紀のはじめに、人びとを彼の動物園に引き付けた。他の動物園も（ライプツィヒやベルリンの動物園も）すでにかなり前からこうした原則で建設されていた。しかしダーテほど広大な敷地を与えられた動物園園長は、これまでいなかった。

「でも私たちは魔法が使えるわけではありません！　これから何年も時間がかかるでしょう」。そう言って、彼はグラフンダーに将来の飼育場の図面を発表させた。人びとがイメージを膨らませ、いっそう興味を抱くようにするためだ。最後にシュナイダーの番になった。彼はまずダーテを思いっきり褒めちぎり、彼を失うのは悲しいと述べた。ダーテは自分の上司がこんな口調で話すのをはじめて聞いたので、あっけにとられて見ていた。シュナイダーはスピーチのしめくくりに、すでに熱心に話に聴き入っている出席者に向かって、「ライプツィヒから贈呈する動物はライオン、という慣例は、よほどのことがないと変えるわけにはいかないのですが……」と冗談めかした口調で切り出した。一九二〇年代からライプツィヒ動物園はライオン飼育の成功によって名を馳せ、「ライオン工場」と呼ばれていた。この時期に非常に多くの子ライオンが生まれ、南アフリカに輸出されたほどだ。聴衆はわくわくした。ライプツィヒはどんなプレゼントを用意しているのだろう？　シュナイダーは満面に笑みを浮かべてつづけた。「でもベルリンの紋章がクマだということを考えると、クマのほうがぴったりかも知れませんね。ですから私たちはこれまでの伝統を破り、ベルリンにクマを送りつけよう（訳注　このドイツ語の慣用表現は「嘘八百を並べる」という意味もある）と考えています」。ホール全体が拍手喝采で包まれた。

シュナイダーは一人でくっくっと笑いながら席に着いた。もしも誰かが彼にライオン一頭はいくらかたずねたら、彼は「あなたがそれを買いたいのか売りたいかによりますね」とだけ答えるだろう。動物学でも動物取引でも、彼ほど機転がきく人物はいないだろう。彼の太っ腹な贈り物の眼目は、ユニークさだけでなく価格にもあることを、ホールにいる人間で知っていたのはダーテだけだった。クマはライオンよりずっと安かったのである。

最後列にいた家庭菜園のオーナーが立ち上がり、前に出てきた。「これからが大変だぞ」とフェヒナーがダーテに耳打ちした。ダーテは問題なくすべてが進行してほっとしたところだった。だが心配するほどのことはなかった。「どれもこれもいい話じゃないか。本気だってことを見せるために、家庭菜園所有者も住民団体も、ティアパルクを応援しますよ。小動物飼育業者も鍬入れのためにまずこの私が一〇〇マルクを寄付しよう」。もう一人はボランティアとして建設作業に一〇時間参加すると約束し、居あわせたベルリン計画経済大学の学生も名乗りをあげた。それは決定的な一歩だった。当然ながら、報道陣も同調し、ベルリン市民に協力を呼びかけた。

一九五四年一〇月末にプランの策定がはじまった。仕事着の白い上っ張りを着たグラフンダーの事務所の設計担当者たちが、フリードリヒスフェルデ城に引っ越してきた。「デザイン事務所、建築工事Ⅱ、大ベルリン、ティアパルク班」と書かれた白い看板が、城の正面入口に取りつけられた。消防隊の要請で火災予防上ストーブ暖房が使えないため、冬には外壁から入ってくるすきま風に凍えながら仕事をしなければならない。

二三歳のハインツ・テルバッハも建築家の一人だった。ノイケルンの建築専門学校で学んでいた頃の彼を知っていたグラフンダーが、自分の作業班に引き抜いたのだ。若いテルバッハにとって労働条件は当時としてはよかった。働き盛りの建築家の多くは、戦死したか、さもなければ西側に逃亡していたからだ。建国から日が浅い東ドイツは、いわゆる「新政策」のために斬新なアイディアをもつ若い労働力を必要としていた。だがグラフンダーはヨーロッパ各地の動物園から貴重なヒントを得られる立場だったが、彼のもとで働くスタッフはライプツィヒとハレの飼育舎を参考にするしかなかった。彼らにとってはすべてが未知の領域だったのだ。ダーテも飼育用の囲いをどう設計し、どうつくったらいいのか、実際の経験があったわけではない。ライプツィヒ時代には、屋根の葺き替えや柵の交換を何度か経験したにすぎない。それが突然、「未来の動物園」を標榜するティアパルク全体を設計することになったのだ。

初期に設計チームが行った用地の検分も、大変だった。家庭菜園の小屋がごちゃごちゃと集まっている場所もあるし、南側にはソ連軍がいまだに実射訓練をしている演習場もある。ティアパルクでは、まずは手間のかかる温室を必要としないシカ、ラクダ、バッファローのような丈夫な有蹄類を展示しようとしていた。建築士は個々の動物の大きさも、これからどのくらい成長するかも知らないので、ダーテは彼らといっしょに動物舎や飼育用囲い地の建設予定地を見て回った。ダーテが出し抜けに立ち止まり、何かの長さを表現するように両方の手のひらを胸の前で左右に動かしている。「一メートルはどのくらい？」と同行する関係者に質問すると、建築士の一人がメジャーで実際の長さを示す。「いや、それじゃ足りないな」――たいていダーテはそう言って、目分量で両手を少し離しながら「このくらいはないとね」。その寸法を建築士はあわててメジャーで測る。こうやって最初の配置図が完成した。

ダーテはテルバッハが好きだった。彼はドイツ共産党の党首だったエルンスト・テールマンに似ていたので、ダーテに「テディ」と呼ばれた。テルバッハの妻もお気に入りで、彼女が夫を迎えにくると、ダーテは彼女といちゃつき、目くばせをしたりする。夫にもたまに意味深な目くばせをするが、それは主任設計者のハインツ・グラフンダーが会議でいつものように政治の話に熱中するときだ。テルバッハの長女が生まれると、ダーテは夫婦にカードを贈った。「ティアパルクの繁殖成功第一号を祝福します」とそこには書かれていた。ハインリヒ・ダーテ自身は、うまい冗談だと思っていたらしい。なにしろティアパルクはまだオープンしていなかったのだから。彼はうまい冗談を思いつくと、どうしても言わずにはいられなかった。

この時期、彼は自分の家族とはめったに会えなかった。ベルリンでは当初、下宿からうらぶれた感じのホテルに泊まっていたので、毎朝くりかえしこの町のことを呪っていた。運転手が七時に迎えにくると、まずは朝食が食べられる食堂を探さなければならない。だがベルリンのほとんどのレストランはこの時間には開いていないので、前の晩からいる客が吸うタバコの煙が立ちこめる駅の陰気な居酒屋に行くしかなかった。

ベルリンでティアパルク開園に向けてがんばる彼がまとめて休めるのは、せいぜい二日か三日ない。

だ。その休みに彼はライプツィヒに戻らなければならなかった。シュナイダーはダーテがライプツィヒの仕事をおろそかにすることを認めなかった。それに後継者に仕事を仕込まなければならない。

ロータードィトリヒはヘルパーとしてライプツィヒ動物園にきたばかりだった。当時はよくあったのだが、無給のスタッフだ。給料をもらうかわりに二二歳のディトリヒは経験を積み、新年度には助手に昇格するはずだった。彼はダーテを大学時代から知っていた。ダーテは講師として「脊椎動物の系統学」に関する講義を受け持っていたのだ。すべての動物を個別に徹底的に研究するという、ひどく無味乾燥な分野ではある。だがダーテは具体的にいきいきと説明する才能があるので、彼の動物の描写は、学生時代のディトリヒの脳裏にしっかりと刻まれた。たとえばウナギだ。ウナギは粘膜があるので陸でも前進し、海の産卵場所に行き着くことができるとダーテは学生たちに説明した。「ウナギを実際に手で持ってみれば、『ぬるぬるしてつかみどころがない』という表現がどんな様子を指しているかよくわかりますよ」。ツグミほどの大きさの野鳥タシギの典型的な「ジグザグ飛行」を彼はこう説明した。「猟師が『ジグ』でタシギに狙いを定めると、もう『ザグ』に移っちゃってる」。こういうくだけた説明は、学生たちに好評だった。

やがて二人の間には友情が芽生えたが、そうは言ってもダーテは上司であり、ディトリヒに助手の仕事を教え込む立場だった。朝の見回りと各エリアの最新状況の報告書の書き方以外に、ダーテは動物の個体数の把握についても指導した。またそれぞれの個体の特性――どのトラが神経質で、どのアザラシがすぐ興奮するか——も教え込んだ。

　それでもまだ余力があったのか、ダーテは余暇時間に大学教授資格取得のための論文を執筆した。もっとも彼の生活のすべては仕事と切り離せなかったから、厳密に言うと「余暇時間」はなかったのだが。


　この時期に、ハインリヒ・ダーテは荒れ果てた城のバルコニーに立ち、まだ若い放送記者カリン・ローンのインタビューに答えた。新しいラジオ番組の第一回ゲストとして、彼女が自分の目の前で構えている録音機に向かって、ティアパルク開園計画の進捗状況について話したのだ。記者とダーテの関係は厄介だった。彼は自分に直接取材せずにティアパルクの記事を書かれたりすることに我慢ならなかった。だが、彼はカリン・ローンのことが一発で気に入った。彼女は「r」を独特の震え音で発音するのだが、それがダーテに妻のエリザベートを思い出させたからかもしれない（92頁：動物園の歩き方③「ゴリラの会話」参照）。彼はローンに、動物と風景が融和した広々としたティアパルクのビジョンを話して聞かせた。柵も格子もなく、飼育場は水堀で仕切られている。彼は上着のポケットから紙切れを取り出し、それを広げると、城から南東に延びている道を指さした。「ほら、ここがシャクナゲの並木道です。あっちのブランコには、大きな色鮮やかなオウムたち。そしてレンネの草地ではラクダが草を食んでいる」

　ローンは、自分の耳を信じるべきか目を信じるべきか混乱してしまった。彼女に見えるのは葉を落とした殺風景な木々と、草ぼうぼうの道だった。背後にはしっくいがぼろぼろ剥がれ落ちている城の壁がある。うち捨てられた盗賊騎士の城みたいだ。インタビューの最中も自分のハンドバッグに入っている肉の配給券のことが気になってしかたがなかったほど、まだ食べるのに精一杯の時代だった。「ベルリンはまだぼろぼろなのに、この人は風景公園の話をするなんて」と彼女は考えていた。

建築士がまだ城内のオフィスで図面を引いている最中の一九五五年四月はじめに、動物舎、囲い、道の建設作業がはじまった。一九五四年から五五年にかけての冬は、ベルリンの通常の冬と比べても特に寒さがきびしく、長かった。開園式は七月二日に予定されていたから、時間はぎりぎりだ。

三ヶ月でティアパルクの工事を終えるのは、ほとんど不可能だった。それをなんとか実現するために、住民たちが協力を申し出た。スターリン通りの建設を促進するために、国が二年前に考案したボランティア事業は「国民建設事業」、略称NAWと呼ばれていた。人びとはシャベルで砂をすくい、溝を掘り、道路を均し、やぶを開墾した。建設作業に従事した時間に応じて、作業カードにラベルが貼付される。ラベルをたくさん集めると、ピン付きの記章がもらえた。だが重要なのはそこではない。みずから社会主義の建設に参画することこそが大切なのだ――少なくとも当局はそのように宣伝していた。

しかしついにこの構想が実現した。就業時間後や日曜日の約一〇万作業時間を費やして、多数

フリードリヒスフェルデで作業するボランティア。最初の数年間、ダーテと職員たちは、住民に建設作業の一部を手伝ってもらっていた。1958年のラクダ放飼場の建設風景。

の建設企業とボランティアがティアパルクの建設に参加したのである。学校の生徒は小さなブリキ缶を持って路面電車でお金を集めたり、ティアパルクのイノシシとシカの餌にするために、ヴールハイデでブナの実やドングリを探したりして協力した。れんがを見つけて持ってきてくれる人もいた。なにしろフリードリヒスフェルデではあらゆるものが不足していたのだ。無数にある共同体プロジェクトの中でも、ティアパルクの仕事はいちばん人気があった。本格的な動物園フィーバーが起こったのでは、とハインリヒ・ダーテが思うほどだった。

西ドイツのメディアの見方はちがっていた。週刊新聞『ツァイト』は、オープン前の一九五五年五月に現場を取材した印象を、かなり辛辣（しんらつ）に書いている。「フリードリヒスフェルデでは現在、年金生活者、生徒、自由ドイツ青年団〔訳注　東ドイツのドイツ社会主義統一党に属する青年組織〕と、ごく少数の作業員が動員され、飼育用の囲いをつくっている。建設にかける人びとの情熱は、まったく感じられない。これまでのところ、『世界最大のティアパルク』に入る予定の生き物は一頭しかいない。のべつ吠えている番犬、ダーテ博士である」（92頁：動物園の歩き方③「動物園に犬も入れるの？」参照）

シュタージのメガネグマ

最初の動物がリヒテンベルク貨物駅からティアパルクに到着したときは、何百人ものやじ馬が沿道に詰めかけた。ラクダが綱につながれてベルリンの道路を歩く光景など、見たことがないからだ（93頁：動物園の歩き方③「ラクダ、道路を歩く」参照）。初期の動物はすべて他の動物園と国営企業からの贈り物だった。ハレ動物園からはフタコブラクダ一頭にナベコウ一羽。ベッドメーカーからはコウノトリ。シュトラウスベルク市からはダチョウ。子ども雑誌『ブミ』はキリン二頭分の資金を読者から集めた。重工業省と『ノイエス・ドイッチュラント』紙はそれぞれゾウ一頭を寄付し、「VEB（国営企業）ケルテ」と「生活協同組合ケーペニック」はホッキョクグマを寄付した。人民議会議長ヨハネス・ディークマンはインドのニルガイ一頭、「VEB塗装・ガラス」はグアナコ五頭、そしてシュタージ（国家保安省）はメガネグマ二頭を寄贈した。「同志の間から、メガネグマ一頭では退屈だろうという声が上がり、それが大きな反響を呼び、結果として当初の予定額の三倍が集まりました」と公式書簡には書かれていた。

道路を歩くラクダ。モスクワ動物園からきたこのラクダのように、新しい動物のほとんどが、リヒテンベルク駅から歩いてフリードリヒスフェルデに移動した。

一九五五年七月二日の朝、ダーテとヴィルヘルム・ピーク大統領、その数歩先にはフリードリヒ・エーベルト市長が城に向かって歩いていた。ベルリン動物園のカタリーナ・ハインロートとヴェルナー・シュレーダーもうしろからつづいている。ダーテは、彼らにも式典に出席してもらうことにこだわった。二つの動物園は対立する存在ではないとアピールしたかったのだ。当初、二人を招待するなと命じられた彼は、「それなら私のことも諦めてください」と言って脅しをかけた。こうしてハインロートとシュレーダーも参列することになった。ピンと張られた赤いテープの前に、彼らは立った。七九歳のピーク大統領が小さなハサミでテープを切ってティアパルクは晴れてオープンし、集まった群集が拍手喝采したが、広大な敷地はいまだに作業中だった。それから数ヶ月、いや数年もこうした状態がつづいた。それでも他の「国民建設事業」のプロジェクトにはないことだが、東ベルリン市民はティアパルクを自分たちのものだと考えていた。けっして完成しない「華麗な大通り」とはそこがちがう。国の建築士のトップに立つヘンゼルマンは、このスターリン通りのもっとも豪華な高層ビルの自宅から町を見下ろして暮らしていた。しかしティアパルクは市民のものだ。東ベルリンは自分たちの動物園を手にしたのである。

政府にとって首都のティアパルクは国の威信にかかわる重要なプロジェクトだった。その園長の行動には、国としても大きな関心をもっていた。特にハインリヒ・ダーテのように旅先でいろいろな人と会うことを楽しみにしている人物が園長とあっては、なおさらだ。ティアパルクのオープン直後、ダーテはまたライプツィヒに出かけて留守だった。見計らったようにシュタージの職員がダーテの秘書イレーネ・エンゲルマンに電話をかけてきた。「ティアパルクは最近どうですか。さぞかし賑やかでしょうね」と男は愛想よく言った。「ダーテ博士もきっと西側の動物園からたくさん客人を迎えているんじゃないですか」

エンゲルマンはどう答えてよいかわからなかった。戻ってきたダーテに彼女が真っ先に報告したのは、この薄気味の悪い電話のことだった。ダーテはそれが何を意味しているのか知っていた。彼は電話番号をメモすると、受話器をつかんだ。電話に出たのが誰かも確かめず、彼はすぐに大声で文句を言った。「こういう形で貢献するのは今後一切お断りします」。それだけ言うと、彼は受話器を置いた。一九三二年に若くて血気盛んだった彼はナチ党に入党したために、危うく自分の職業人生をめちゃくちゃにするところだった。また同じことが起こることだけは避けたい。

シュタージがこうした挙に出たのは最初ではない。まだライプツィヒ動物園で働いていた頃に似たようなことがあった。会議で出張しようとしていた彼は、シュナイダー園長に事務所に呼び戻された。そこには園長の他に見知らぬ男がいて、出張について根掘り葉掘り聞きたがった。

「まず西ドイツに行くと聞きましたが、そうなんですか?」とその男は質問した。

「そうですよ」ダーテはいぶかしく思いながら答えた。

「東ドイツの他のご同僚もいっしょですよね?」

「もちろんです」と言いながらも、ダーテは相手が何を知りたいのか、まだわからなかった。

「そうですか」とその男。「皆さんがどんな話をされるのか、興味がありますな」

ダーテは唖然としてシュナイダーを見た。だが園長は無表情でまっすぐ前を見ていて、自分には関係ないと言わんばかりだ。そのとき、ようやくダーテは事情がのみ込めた。「なるほど、私がスパイを働くんじゃないかと思っているんですね?」彼は大声で言った。「そういうことでしたら、出かけません」

今度は相手のほうがあわてる番だった。「いえ、いえ、どうぞ行ってください」。それきり、そ

ハクビシンといっしょに仕事。ごちゃごちゃに積み上がった書類を整理するハインリヒ・ダーテ園長と秘書のイレーネ・エンゲルマン。ハクビシンが興味津々で見物している。

の男からダーテに連絡はなかった。

ティアパルクがオープンしてから半年もたっていない一九五五年一〇月二六日、カール・マックス・シュナイダーが六八歳で亡くなった。彼は名誉市民として埋葬された。これまで動物園園長が浴したことのないすばらしい名誉である。ハインリヒ・ダーテは、ベルリン・ティアパルクの他にライプツィヒ動物園の園長も務めなければならなくなった。長年、故郷の動物園の園長になろうとがんばっていたのに、なんという運命の皮肉だろう。今のダーテにとっては、ライプツィヒは距離的にも遠く、そうでなくてもたくさんある仕事がさらにもう一つ増えたにすぎなかった。ライプツィヒ不在中の彼の代理は、まだ二三歳のローター・ディトリヒがとりあえず務めることになった。

ライプツィヒ動物園にとって二人の中心人物を失ったことは大きな痛手で、勢いを取り戻すには時間がかかった。それに対して新しいベルリン・ティアパルクは、すぐに東ドイツでいちばん人気がある動物園になった。

ベルリンのダーテは、ベルリン動物園との友好的な隣人関係を演出しようとした。ティアパルクがオープンする二日前には、『ノイエス・ドイッチュラント』紙で、「ベルリン動物園と私どものベルリン・ティアパルクとは特徴が基本的に異なるので、誰も競争など望んでいないし、そもそもその可能性はまったくない」と述べている。

だがしばらくすると、彼自身が自分の言葉通りにできなくなってきた。

動物園の歩き方③

園内にあるお墓（68頁）　ティアパルクの一角、動物のいる場所とは反対側にフォン・トレスコフ＝フリードリヒスフェルデ一族の墓地があります。カール・フォン・トレスコフは１８４６年に死去し、その後彼の家族たちも埋葬されています。動物園の建設以来、埋葬地はずっとこの土地にあり、動物園管理によって残されています。柵によって動物園とは隔てられ、訪問者は入ることはできません。これと同じような墓がなんと上野動物園の園内にもあります。ゾウ舎付近にある、江戸時代初期にかけて活躍した武将、藤堂高虎とその一族の墓です。周りは囲われているため通り過ぎてしまいますが、墓の数といい、大きさといい東西ともて類似しています（一般公開はしていません）。［写真・上：ティアパルクに残るトレスコフ一族の墓／写真・下：上野動物園の藤堂高虎と一族の墓］

ゴリラの会話（83頁）　名古屋の東山動植物園にいるオスのフクロテナガザルの叫び声はヒトのオヤジさんが叫んでいる声ととてもよく似ているので最近話題になっています。同じ類人猿のゴリラは、フクロテナガザルのようにあまり大声は出しません。咳や、げっぷに似た声を短く出したように聞き取れます。とても静かな動物で食事中なども鼻歌のような声を聞くことができます。また、オスとメスとの会話の中でオスの求愛の声が「ウルウルウルウル」とまるで喉を震わせた「Rの発音」のように聞こえることがあります。本文でダーテ園長が「R」の発音がきれいな妻やベルリンの女性記者をとても気に入っている点が、ゴリラと似た感覚をもっているのでは、と思ってしまいました。

動物園に犬も入れるの？（86頁）　日本の動物園と大きく違っているのが、ドイツにある多くの動物園が犬を園内に入れることを許可していることです（一部、犬の安全性や健康面で動物舎内に立入できない園もあります）。立入禁止区域や、犬のリードは短めにするといった入園者にも守ってもらう規則があります。犬のリードをつなぐ場所があったり、クレーフェルト動物園などでは犬用の水飲みまで設置されていたのには驚きました。

ラクダ、道路を歩く（86頁）　人は下腹部に皮下脂肪が溜まります。ラクダのコブは、私たちの腹周りのようなものです。ラクダはコブにエネルギーを蓄えることで、過酷な環境にも適応できます。よく誤解されていますが、コブには水は入っておらず、生まれたときにはコブがありません。皮膚がすこし弛んだような状態で生まれます。ラクダは長距離歩くぶんには体力的に問題ないのですが、砂漠仕様の体になっているため、砂にめり込まないように、足の裏がかんじきのように膨らんでいます。そのため、アスファルトの上や湿ったような場所では、小さな蹄に体重がかかってしまい、歩くのに不向きです。ティアパルクまで歩いたラクダは、きっと多くの観衆をしり目に歩きにくかったのではないでしょうか。ラクダはふだんおとなしくしてはいますが、口の中の物を人に向かって吹きかけることがあるので注意が必要です。有蹄類はよく蹄が伸びることがあるので、動物園では予防策として、キリンの放飼場などに、小豆粒ほどの火山れきを入れています。歩いて削れることで、蹄が伸びないようにしているのです。

第3章

第四の男

Der vierte Mann

本章の時代（1956～1959年頃）

1956年【ベ】園長が交代
1958年【ベ・テ】「ドイツ動物園園長連盟」年次総会を共催
1959年【ベ・テ】「動物園獣医シンポジウム」を共催

本章の主要な登場人物

◉**カタリーナ・ハインロート：【ベ】**園長。監査役会の決定で退任が決まり、引き継ぎに頭を悩ませている［→7章］
◉**ハインリヒ・ダーテ：【テ】**ライプツィヒ動物園を経て、ティアパルク園長に。本章、第一の男［→4章］
◉**ベルンハルト・チメック：【西・フランクフルト】**園長。本章、第二の男。学生時代、ルートヴィヒ・ヘック園長時代のベルリン動物園に通っていた［→4章］
◉**ヴィルヘルム・ヴィンデッカー：【西・ケルン】**園長。本章、第三の男
◉**ハインツ＝ゲオルク・クレース：【西・ヴッパータール→オスナブリュック】**ヴッパータールでキャリアを積む。フランクフルト動物園に通い、チメックに目をかけられる。1954年、ドイツでもっとも若い園長としてオスナブリュックの園長に就任。本章、第四の男［→4章］
◉**フランツ・アルトホフ：【西】**アルトホフ・サーカス団長。当時、記者の仕事をしていたクレースに取材させる
◉**「トゥッフィ」（ゾウ）：【西】**アルトホフ・サーカスのメスゾウ
◉**オットー・フォッケルマン：【西】**ハンブルクの大物動物商。クレースを目にかける［→4章］
◉**ラインハルト・コッペンラート：【西】**オスナブリュック動物園の若手職員。クレースに憧れる。父ハインリヒは、「動物園の父」
◉**ウルズラ：【西】**クレースの妻。フランクフルト動物園でクレースと知り合う
◉**ヴェルナー・シュレーダー：【ベ】**ベルリン水族館館長。戦後、動物園経営を軌道に乗せたハインロート園長の右腕［→5章］
◉**ラルフ・ヴィーラント：【ベ】**クレースが園長就任後、ベルリン動物園に面接に来た若者。専門学校に通いながら飼育担当職員として働きはじめる
◉**ロルフ・シュヴェートラー：【西】**市政府建設大臣。ベルリン動物園を完全に取り壊し再建する案を出す
◉**ヴェルナー・フィリップ：【東→西】**1953年、ベルリンのソビエト占領地区から、西側へ逃亡しAP通信で職を得る。動物園の記事も担当［→7章］
◉**フリッツ・シュミット＝ヘンスドルフ：【東・ハレ】**園長／ベルリン動物園監査役会メンバー。
◉**ヴァルター・ウルブリヒト：【東】**東ドイツ国家元首［→5章］

一九五五年一〇月のある雨の日、カタリーナ・ハインロートはライプツィヒに向かった。昔からの仲間カール・マックス・シュナイダーに別れを告げるためだ。彼女は葬儀で弔辞を読むことになっていた。ハインロートはシュナイダーとしばしば動物を交換し、政治体制を越えた協力によってカバの繁殖を成功させた。シュナイダーは彼女がベルリン動物園の株主や監査役会からはげしく非難されたときも、力になってくれた。「また仲間が一人減ってしまった」――シュナイダーの棺のうしろを歩きながら、ハインロートは考えていた。棺は町を通り抜け、南墓地に運ばれようとしていた。しばらくするとライプツィヒのハンス・エーリヒ・ウーリヒ市長が彼女のところにきた。シュナイダーの後継者を探している市長は、彼女にそのポストを引き受けてくれないかとたずねた。

一年前にハインロートはヴッパータールからも招聘を受けていた。こうした引き抜きはけっして悪い気はしない。自分の仕事が認められている証拠だからだ。でもベルリンはそうではなかった。最近も猛獣エリアで問題が持ち上がった。トラ一頭と若いヒョウ二頭が餌を食べなくなり、嘔吐や血便をくりかえすのだが、原因がわからなかった。「株主総会の直前に動物が死んでしまうところでした」と彼女は母親に書いている。ハインロートは動物園であったことを手紙でよく報告していた。いくら年を取っても母親を頼って慕う気持ちに変わりはない。「そうでもしたら、また不平不満が噴き出していたことでしょう」

カタリーナ・ハインロートはもう五八歳だった。ヴェルナー・シュレーダーは水族館の仕事で手一杯だ。だが一人では動物園の仕事を全部こなすことはできない。園長の任務の他に、彼女は工科大学で動物学を講じ、週に一度はラジオ番組「動物に親しむ」を担当していた。そこで彼女は監査役会に手紙を出し、助手を一人雇い入れてくれるように頼んだ。一部の監査役は、これ以上非難の材料を与えないように、この申請を撤回するように彼女に強く勧めた。だがそれで黙って引き下がるようなハインロートではない。これまでのようなやり方では体がついていかなくなっていた。一日に一六時間も働き、睡眠時間はどんなに長くても六時間だ。母親には、「口もきけないほどへとへと」になってしまう日もあると書いている。夜遅くにようやく静かな時間が訪れても、頭はぐるぐると回転をやめない。やりたいこともたくさんあった。園内に動物行動学の研究所を建設したいし、新しいカバ舎はすでに着工している。シュレーダーと協力して、市と土地を交換して敷地を二九ヘクタール（訳注　二九万平方メートル）拡張することにも成功していた。飼育動物数はほぼ二〇〇〇頭に回復していた。逆風が強くても、自分の仕事を投げ出すつもりはなかった。ライプツィヒからのオファーも断ったほど、彼女のベルリン動物園に入れこんでいた。

ハインロートの強制退場

ハインロートがまだライプツィヒに滞在している間にベルリンでは監査役会が開かれ、彼女の解雇が決まった。ベルリンに戻って数日後、フリッツ・シュミット＝ヘンスドルフが彼女を訪ねてきた。彼は三〇年代のはじめはハン動物園園長だったが、その後ベルリン自由大学で寄生虫学を講じていた。ベルリン動物園の監査役会の一員になってからまだ一年だが、ハインロートは彼は自分の天敵だと直感していた。

「手短にお話ししましょう」。彼女の前に座ったシュミット＝ヘンスドルフはすぐに切り出した。「監査役会があなたの解雇を決定したことをお知らせしなければなりません。ご自分で退職を申し出るほうがいいと思いますよ。そうすれば早期退職の扱いができますから」

しかしハインロートは辞任するつもりなどなかった。そんなことをすれば彼らの思う壺だ。そこで彼女はこう答えた。「監査役会はどうしてそういう結論に達したんですか？」

シュミット＝ヘンスドルフはなかなか核心に触れようとしなかった。「もちろん私どもは、あなたが動物園のためにどれほど尽力なさったか知っています。その点は、とても感謝していきます。でも今後動物園を拡充していく仕事は、女性には荷が重すぎるでしょう。もしもうまくいかなければ、監査役会はあなた一人に任せたことの責めを負わなければなりません」。さらに彼は付け加えた。「その点、男性なら責任をなすりつけられますし」

ハインロートは、これ以上何を話しても無駄だと思った。この話はとっくに決まっているのだ。数週間後に彼女は手紙を受け取った。「監査役会は、ベルリン動物園の再建事業を着実に進めるため、遅くとも一九五七年の年初に、若手の動物園園長を招聘する必要があると考えます」とそこには書かれていた。ハインロートには、彼女自身と亡夫の功績を勘案し、控除前の額で毎月九〇〇マルクの年金を支払うとあった。

彼女は自分を引きずり下ろそうとする勢力と闘うことに、次第に疲れてきた。それでも自分から退職を申し出るつもりはなかった。解雇したいなら解雇すればいい。後継者選びは彼女が提案することになり、半年間の引き継ぎ期間を設けることも承認された。

ハインロートが最初に考えた候補は、ちょうど東ベルリンにティアパルクを開園したばかりのハインリヒ・ダーテだった。だが政治的な理由から、監査役会は慎重だった。次に提案したのは、フランクフルト動物園園長のベルンハルト・チメックだったが、彼は断ってきた。チメックは一九二〇年代から三〇年代にかけてフリードリヒ・ヴィルヘルム大学〔訳注　現在のフンボルト大学ベルリン〕で獣医学を学び、ベルリン動物園をしばしば訪れていた。当時の園長だったルートヴィヒ・ヘックは、折にふれて彼に無料入場券を与えた。当時からずっと動物園に勤務している飼育員たちは、学生時代のチメックをよく知っている。それで園長として戻ってきても、彼らに敬意を払ってもらえるかどうかチメックは自信がなかった。それに四ヶ国に分割占領されているベルリンの政治状況が、不気味に感じられた。三人目の候補者ヴィルヘルム・ヴィンデッカーは長年ケルン動物園園長をつとめている人物だったが、彼も断ってきた。誰も自分の推薦を受けてくれないので、さすがのハインロートも困り果てた。そんなときに思いついたのが、一年前にミュンスターで会った若い男だった。

例年通り一九五五年にも動物飼育に関する最新の知見を話し合うために、ドイツの動物園園長の会合が行われた。その年の会場はミュンスター動物園だった。そうした会合につきものなのが集合写真だ。カメラマンは写真の背景に、ミュンスター動物園の設立者ヘルマン・ランドイスの記念碑を選んだ。修学旅行のような乗りで園長たちはブロンズ像の前の階段に立っている。カタリーナ・ハインロートを中心に集まっているような構図だ。誰もがほほえんでいるか、少なくともほほえもうとしている。ヴェルナー・シュレーダーだけは、戦後のさまざまな苦労を一瞬で表現したような気むずかしげな表情だ。最後列でハインロートの頭の上から顔を出して笑っているのが、ハインリヒ・ダーテである。階段の前には鋳鉄の大砲が二門ある。左側の大砲に栗色のツイードスーツを着た男がまたがっている。ブロンドの前髪は、掻きむしったためかぐしゃぐしゃだ。他の参加者よりかなり若く見えるこの男が、当時二九歳の野心に燃える動物園園長ハインツ＝ゲオルク・クレースだ。彼はその一年前に、オスナブリュック動物園の園長に就任し、ドイツでいちばん若い動物園園長になったばかりだった。

クレースはヴッパータールの出身で、少年だった戦時中から動物園の手伝いをしていた。飼育員のほとんどが前線に行ってしまったからである。すでに当時から、将来は動物園の園長になるのだと心に決めていた。しかし高校卒業資格試験を受ける前に、彼も戦争に駆り出された。一七歳で徴兵され、最初は高射砲隊の助手だったが、やがて馬で火砲を牽引する砲兵隊に移った。終戦間近にはベルギーでイギリス軍の捕虜になったが、一九四五年六月に解放された。すぐに彼は自分の職業上の目標に一歩近づこうと、高校卒業資格試験を受けて合格した。だが受け入れてくれる大学がほとんどなかった。まだ一九歳だったクレースのように、比較的若い者は待たされるのがふつうだった。その待機期間に、彼はまたヴッパータールで水族館と鳥類館の飼育員として働いた。この時期には、動物園の間で動物の交換がふたたびはじまっていた。一九四六年のフランクフルトとミュンヘンへの輸送にはクレースも同行した。ヴッパータール動物園はイギリス軍の占領地区、フランクフルトとミュンヘンはアメリカ軍の占領地区にあった。クレースは貨車がラインラント＝プファルツ地方のフランス軍占領地区を通過しないように注意しなければならなかった。フランス兵は捕まえたものはすべて差し押さえたからである。当初は施設を応急的に修理して開園していたフランクフルト動物園には、コブウシ二頭を届ける予定だった。宿舎がないのでクレースはベルンハルト・チメック園長の家に泊まった。その後も彼はしばしばフランクフルトを訪問した。一九四七年夏に、ようやくギーセンのユストゥス・リービヒ大学で獣医学を学べることになったからだ。週末は決まってフランクフルト動物園に通った。チメック自身も獣医だったが、動物園では獣医は分が悪かった。ほとんどの園長は動物学者で、彼らは獣医を少し見下していた。園長としての知識をあとから身につけなければならなかったからである。動物学者の中には、動物園のトップが獣医なのは好ましくないと考える者すらいた。

チメックは若い学生クレースの面倒をよく見た。飼育員として働かせるだけでなく、クレースを動物園の見回りに同行させ、園長の仕事の手ほどきをしたのである。

学期と学期の間の休暇には、クレースは故郷のヴッパタールに戻り、そこでも動物園で働き、無党派系新聞の記事を書いて小遣いかせぎをした。

空中鉄道(モノレール)に乗ったゾウ

一九五〇年七月、クレースはもうすぐ町で興行するアルトホフ・サーカスについて記事を書くために取材していた（127頁：動物園の歩き方④「サーカスと動物園」参照）。サーカス団長のフランツ・アルトホフは、センセーショナルな広告キャンペーンで有名で、若い記者のクレースは、それにふさわしい記事を書くように求められた。彼はすでにサーカスの世界を知っていた。その前年の夏休みに、ハーゲンベック・サーカスで数週間ほどウマの世話をしたからだ。

アルトホフ・サーカスの宣伝に欠かせない最大の人気者はゾウだった。四歳のメスのインドゾウ「トゥッフィ」は、子ゾウの頃にアルトホフへきた。当時からおちついていて人をこわがらないので、公演先ではいつもこのゾウが宣伝に駆り出された。バイエルン州のアルトエッティングでは「トゥッフィ」は教会の聖水盤の聖水を飲み干し、デュースブルクでは港内巡りを楽しみ、ゾーリンゲンでは建築用の足場にいるれんが積み工たちにビール一ケースを差し入れした。オーバーハウゼンでは路面電車に乗って市庁舎に出向き、四階の執務室にいる市長を迎えに行った。そのとき（台本にはなかったのだが）、「トゥッフィ」は鉢植え植物をむしゃむしゃ食べ、絨毯に放尿もした。

アルトホフのプレス担当ヘルマ・フォークトは、ヴッパータールでは何をやらせようかと考えていた。路面電車に乗るのは通例になっている。「『トゥッフィ』は今回、動物園にいる仲間のゾウを訪問することになっているんだけど、どの電車で行ったらいいかしら？」彼女は期待に満ちた顔でクレースに訊いた。

「でもヴッパータールの住民がふだん乗るのは、懸垂式モノレールですから」と、彼はたしなめるような口調で言った。

しかしヘルマ・フォークトはしゅんとなるどころか、すばらしいアイディアに小躍りした。自分自身も「空中鉄道」に乗ったことはなく、ましてゾウがどうやって乗り込むのかなんて想像もできない。でもヴッパータールでは住民がみなその懸垂式のモノレールに乗って移動するなら、「トゥッフィ」にもぜひやらせなければ。

一九五〇年七月二一日の午前、ヴッパータールのバルメンにある交差点の「アルター・マルクト」駅周辺は、人混みで身動きがとれない状態だった。警察は、駅に群がる見物人と報道関係者を歩道に押し戻そうと必死だった。遠くのほうから白い革製の装具でおめかししたゾウ一五頭の列が、駅に向かってゆったりと歩いてくる。その最後尾が「トゥッフィ」だった。

この奇想天外なアイディアを思いついたのは誰なのか、正確に覚えている人はもういない。団長のフランツ・アルトホフと交通営団のトップは、当然のことながらどちらも自分だと主張している。彼らはこの宣伝によって、サーカスとヴッパータール動物園に、ヴッパータール市内外の人びとの注目が集まることを期待していた。

　群集が駅に通じる階段の下で固唾を呑んで見守る中、アルトホフはオーバーな身ぶりで「トゥッフィ」のために乗車券を四枚買った。ゾウは長い鼻で切符を一枚ずつ自分でカウンターから受け取った。それからアルトホフは「トゥッフィ」と石の階段を上った。彼の一二歳の息子ハリー、プレス担当のフォークト、ゾウの飼育員、それに記者たちの一群がつづいた。彼らは、自分の肩ほどの背丈のゾウが、急な階段を驚くほど器用によじ登っていくのをひっきりなしに撮影している。

　空中鉄道は、ヴッパー渓谷〔訳注　「ヴッパータール」はもともと「ヴッパー川の谷」という意味〕を見下ろす高さ一二メートルの鉄骨の軌道桁に吊されて、町の真ん中を蛇行しながら進んでいく。プラットフォームでは「トゥッフィ」は高所恐怖症どころか完全にリラックスしていた。プラットフォームの脇に張り巡らされているネットのすき間からときどき長い鼻を出すぐらいだ。はるか下方にはきらきら光りながら流れる川が見える。しばらくすると車両が入ってきた。「トゥッフィ」のために一三号車が予約されていた。記者らはサーカス所有のバスに乗って、降車駅まで軌道と並行して走り、「トゥッフィ」はカメラ用に窓から鼻を振るという手はずになっていた。すべてがうまくいったら、記者たちは復路だけ「トゥッフィ」といっしょに空中鉄道に乗れることになっていた。だがゾウが車両に乗り込むやいなや、先頭の記者たちがむりやり入ってきた。残りの報道関係者も、ライバルに自分よりいい写真を撮られたらたまらないから、ぎゅうぎゅう押してくる。クレースもその一人だった。となりの車両の乗客たちもこの大騒ぎに気づき、ついに一三号車には四人のサーカス関係者以外に約二〇人の記者と、大勢の乗客、そして七〇〇キロのゾウが乗ることになった。一人として降りようとしない。ブーンというう なり音を立ててモノレールは動物園があるエルバーフェルトの方向に動き出した。

「すごい宣伝になるわよね?」とプレス担当のフォークトは大喜びでとなりに立っているクレースに言った。それまで「トゥッフィ」は冷静そのものだったが、空中鉄道では路面電車のときに比べて明らかにおちつきがなかった。車両がキーキーときしみながら最初のカーブにさしかかると、ゾウはラッパのような甲高い鳴き声をあげ、耳をバタバタやり出した。興奮している証拠だ。「トゥッフィ」は誰かの足を踏み、踏まれた人間が大声でわめいた。「ゾウが暴れてるぞ!」それを聞いてうしろにいた人たちが、何が起きているか見ようと、前のほうに移動してきた。前方に立っていたクレースたちは、さらに事態が悪化しないように、彼らを必死に押し返した。ゾウは振り返って見ることができないので、うしろを見たいときは体の向きを変える。「トゥッフィ」もすぐにそういう行動に出た。人びとはよけられずに将棋倒しになり、座席やカメラが壊れて飛び散った。悲鳴があがる。フォークトは「トゥッフィ」に蹴飛ばされ、気を失った。すべてが「トゥッフィ」の許容範囲を超えていた。外に出たい一心でゾウは窓に頭突きをした。一回、二回――ついにガラスが割れた。それでも頭突きをつづけた「トゥッフィ」は、次の瞬間に勢いあまって下に落ちてしまった。フランツ・アルトホフもそのあとから飛び降りようとしたが、彼の息子が引き止めた。気を失っているプレス担当のフォークトを支えていたハインツ＝ゲオルク・クレースは、スローモーション映像を見るような感覚で、この大混乱のすべてを追っていた。「トゥッフィ」が一二メートル下に落下している間、彼は「下の歩道にいる通行人たちは、どんな顔をして見ているだろう？」ということぐらいしか考えられなかった。

そのまま走行をつづけた空中鉄道は、ようやく次の駅「アドラー橋」に到着した。まだ歩ける者たちは全員外に飛び出し、階段をあわてて降りて川に沿って走り、「トゥッフィ」が飛び降りた場所へ戻った。市内ではヴッパー川の水深は五〇センチもなく、川底は石だらけだ。だが幸運なことにその辺りは水深がもう少し深く、しかも川底はぬかるんでいた。転落したときに体側から着水したらしく、記者たちが駆けつけたとき、「トゥッフィ」は浅い水の中を楽しそうに歩いていた。奇跡的に尻のあたりに擦り傷が少しできただけで、他にはこれといった負傷もなかった。ヘルマ・フォークトのほうがよほどひどくて、彼女は胸郭の打撲と顔面の切り傷で病院に運ばれた。クレースが彼女に付き添ったが、正気を取り戻した彼女が最初に言ったのは「『トゥッフィ』は大丈夫？」だった。

フランツ・アルトホフが「トゥッフィ」をヴッパー川からおびき出すまでに、かなり時間がかかった。計画されていた動物園訪問は、おじゃんになった。そのかわり、人びとは沿道や窓際からヴッパータールの道路を通る珍しい行列を目を丸くして見物した。ぽたぽたと水をしたたらせたゾウと、これまたびしょ濡れのサーカス団長と記者たちの行列だ。「トゥッフィ」の写真を是が非でも撮ろうと川に入り、ベルトのあたりまで濡れている記者もいた。空中鉄道に乗車前、乗車後、乗車中の短い時間に撮影された写真も出回った。さすがにゾウの「ヴッパー・ジャンプ」をカメラに収めたカメラマンはいなかった。あまりの驚きでパニックになり、撮影するのを忘れてしまったのだ。だがしばらくしてから合成写真がつくられ、この写真を使った絵はがきは、飛ぶように売れた。

キャンペーンは「トゥッフィ」と関係者にとっては気の毒な結果に終わったかもしれないが、ともかく宣伝効果は抜群だった。その後、アルトホフ・サーカスはどこへ巡業に行っても「トゥッフィ」に人が群がり、ファンレターがどっさり届くようになった。ケルン＝ヴッパータール乳業は、自社の製品に「トゥッフィ」という名前をつけたほどだ。広告キャンペーンに失敗した張本人のフランツ・アルトホフ団長とヴッパータール交通営団のトップは、法廷で責任を問われた。過失交通妨害と過失傷害のために双方はそれぞれ罰金四五〇マルクの判決を受けた（128頁：動物園の歩き方④「ヴッパータールの空中鉄道」参照）。

ドイツでいちばん若い動物園園長

ハインツ＝ゲオルク・クレースにとってこの事件はいい面もあった。それから数週間ほど、アルトホフ・サーカスの助手として巡業に同行することを許されたからだ。だが、いつの日にか動物園園長になるのだという彼の壮大な目標は揺るぎなかった。一九五二年に、テンジクネズミの腸および子宮の筋肉組織に対する心臓薬の影響に関する博士論文を書き上げ、クレースは大学での研究を終えた。しばらくの間、彼はホルシュタイン地方（128頁：動物園の歩き方④「牛のホルスタイン」参照）で獣医として働き、それから故郷ヴッパータールの動物園の助手になった。いつかはここで自分が決定権を握る立場になるのだと決めていたのだ。しかし一九五四年春、オスナブリュック動物園に移るチャンスがめぐってきた。

オスナブリュック動物園は、丘陵地のブナの森にあり、ドイツ内の多くの動物園と同じように、ナチスが政権を掌握した一九三〇年代半ばに創設された。ナチスは自然や故郷とのきずなに特に価値を置いていたのだ。戦時中にすっかり破壊されてしまった施設を改修し、近代的な動物園を建設するために、専門雑誌で新しい動物園園長の公募が行われた。クレースは五〇人以上もいた応募者の一人にすぎなかった。だが若い獣医のクレースは、ひたむきな努力家であったばかりでなく、絶好のタイミングで最強の支援者に恵まれるという運も持ち合わせていた。ハンブルクの大物動物商オットー・フォッケルマンと知り合いだったことが役に立ったのだ。フォッケルマンは、ある朝ヴッパータール動物園に彼を訪ねてきた。フォッケルマンはクレースが彼の会社の研修生をしていたときから彼に目をかけていて、その後の仕事ぶりを見守っていた。クレースがひそかにヴッパータールの園長のポストを狙っていることもお見通しだった。

「クレース博士、あなたは本心からオスナブリュックの園長になりたいと思っているんですか?」そう言ってから一呼吸置き、彼は意味深な笑みを浮かべた。「それともなんなら別の選択肢もあるんだよ、とヴッパータールの市当局にアピールするおつもりか?」

「もちろん、いつかはここの園長になりたいですよ」とクレース。「でもどこか他の場所で自分の実力を認めてもらえば、チャンスをつかめるかもしれませんからね。主任医師が一度別の病院に出て実績を積み、院長として元の病院に呼び戻されるって話は、よくあるじゃないですか」

フォッケルマンは彼の自信たっぷりな態度が気に入った。「そういうことなら、力になろう」

「どうやってです?」とクレース。

だがフォッケルマンはにやりとして、「まあ、私に任せなさい」とだけ言った。

フォッケルマンはオスナブリュック動物園のために、ライオン二頭、ハイエナ二頭、シマウマ二頭、シシオザル二頭、ペリカン二羽、ツル六羽、ハゲワシ六羽、フラミンゴ一〇羽、それにカモとガチョウを数羽ずつ用意した。購入価格の総額三万五〇〇〇マルクの支払いは、動物園が入場料収入でその額を充当できるようになるまで待つという条件付きだ。その間にいずれかの動物が死んでしまえば、フォッケルマンは損をすることになる。彼が唯一の条件として提示したのは、クレースを園長として迎え入れることだった。

監査役会はすぐに決定を下した。フォッケルマンの約束はそれほどセンセーショナルだったのだ。オスナブリュック市民が、故郷の動物園でこれまで見ることができたのは、めぼしいところではヒグマの「テディ」、アナグマの「トゥッティ」、キツネの「フレッキー」ぐらいだった。

一九五四年四月に園長に着任したとき、ハインツ＝ゲオルク・クレースは二八歳になったばかりで、ドイツでもっとも若い動物園園長だった。もっとも、彼自身にそれなりのメリットがなかったら、フォッケルマンはクレースを支援したりしなかっただろう。実は彼はクレースを重要な顧客と見なしていたのだ。自分の動物を有利な条件で収容してもらえ、そこを足場にして転売できるからだ。動物商はつねに、どこに自分の「商品」を置くか、新しい動物を迎え入れるためのスペースをどこに確保するかで頭を悩ましている。

当初、クレースは多くのことを自分でやらなければならなかった。餌の量を計算し、購入し、飼育場を設計し、財源を確保する（129頁：動物園の歩き方④「オスナブリュック動物園の変わったエサ」参照）。そうした点については、彼は積極的に行動するタイプで、オスナブリュック市当局に、ホッキョクグマを購入するように説得したばかりか、その名付け親も引き受けさせてしまった。餌の費用も支払ってもらおうともくろんでいたのだ。さらに彼は動物園を根本的に変えてしまった。敷地を肉食獣、有蹄類、鳥類のエリアに体系的に分割し、エリアごとの飼育員を決めた。役員会のお偉方には、この新入りのやり方は強烈すぎた。クレースがいっぺんにすべての価値観をひっくり返そうとし、ゾウの話まではじめたときには、彼らも頑強に反対した。

だがラインハルト・コッペンラートが受けた印象はちがっていた。実際には一〇年上の新園長クレースは、一八歳のコッペンラートと同じような若々しい風貌なのに、誰にも何も言わせないほど骨があった。それが彼に畏怖の念を起こさせた。彼にとってクレースは手本だった。コッペンラートの父ハインリヒは、「動物園の父」と言われている人物だ。子どもの頃から彼は動物の餌やりを手伝っていた。動物が出産間近になったり、飼育舎から逃げたりすると、確認のためにひとっ走りさせられるのはたいてい彼だった。だからクレースが園内の見回りに彼を同行させ、自分の計画を腹蔵なく打ち明けてくれたりすると、彼は嬉しくてたまらなかった。クレースは言ったものだ。「人間はいつだってビジョンをもっていなくちゃいけないよ、きみ」――その言葉をコッペンラートはけっして忘れなかった。

成長株の青年がじっと耳を傾け、彼を――比喩的な意味で――仰ぎ見ているのだから、クレースも悪い気はしなかった（実際の身長は二人とも同じくらいだった）。クレースは小柄できゃしゃだったが、きっちり主張し、自説を押し通すことができた。忍耐強く、雄弁で、策略家としての一面もあり、相手を味方につけて利用する技も心得ていた。必要とあらば、物事を思いどおりに進めるために大声を出すことだってある。

クレースは動物園に秩序と序列をもちこんだ。毎朝の見回りの様子を見れば一目瞭然だ。ラインハルト・コッペンラートにはそれが病院の主任医師の回診のように見えた。若造の園長はまるで主任医師のようで、飼育員と獣医の一団がそのうしろに恭しくつづき、動物園内を練り歩くのだ。

二年がたち、クレースは小動物園をほんものの動物園に成長させた。この間に入園者数は一二万人から二〇万人に増加した（129頁：動物園の歩き方④「オスナブリュニック動物園の入園者数」参照）。動物園の評判は町の外にまで広まった。ある日、シュミット＝ヘンスドルフという人物がベルリンからはるばるクレースを訪ね、動物園の案内を所望した。クレースは最初特に深く考えていなかった。そういうことは珍しくなかったからだ。見学後、二人はいっしょに昼食をとった。

「クレースさん、実はもう一つ訊きたいことがあるんですが」とシュミット＝ヘンスドルフはさりげなく切り出した。「ベルリンにくるつもりはないですか？　若い方が必要なんですよ」。彼はクレースが四番目の園長候補者だとは言わなかった。

クレースはカタリーナ・ハインロートが何年も前から助手を欲しがっているという話を聞いていた。だが彼はまったくその気がなかった。自分はナンバー2に甘んじる男ではない。そこで「オスナブリュックで私はボスなんです。助手としてベルリンに行く気はありません」と答えた。シュミット＝ヘンスドルフは当然そういう反応を予測していた。「あのね、クレース君」そう言って、彼は相手の目をまっすぐ見た。「もしもイエスと言ってくれたら、あなたを園長としてベルリンにお呼びしようとしているんですよ」

クレースは驚いた。そんなことは考えてもいなかった。二八歳でオスナブリュックに招聘されたことだって快挙だったのに、シュミット＝ヘンスドルフが今オファーしている話はそれ以上だ。少し前に彼は同じことをライプツィヒから打診されていた。だがそのときは、政治状況とフィアンセのウルズラのためにノーと答えた。クレースはフランクフルトで、女性ボランティア第一号として動物園で働いていた彼女と知り合った。ライプツィヒには彼女はついてこないだろう。クレースの耳には将来の義理の父の言葉が響いていた。「東には行くもんじゃない！」西ベルリンは東ドイツの真ん中に閉じ込められた陸の孤島である。

「まずはフィアンセに訊いてみないと」。少し平静を取り戻してから彼は答えた。

「ゆっくり話し合ってください」。シュミット＝ヘンスドルフは立ち上がりながらそう言ったが、別れ際に「ベルリンでまた会えると確信していますよ」と念を押した。

西ベルリンに行く話がある。クレースがフィアンセにそう説明すると、彼女は案の定反対した。「西ベルリンですって」と彼女はむずかしい顔になって言った。「それってシベリアみたいなものじゃない」。だがいつも相談に乗ってくれるベルンハルト・チメックは、このチャンスを活かすようにとアドバイスした。ウルズラも結局は同意した。そこでクレースはオスナブリュック動物園の理事会に退職を願い出た。理事たちはいい顔はしなかったが、競争相手が相手だけに、勝ち目がないことはわかったので、結局彼の願いを聞き入れた。

一九五六年末にクレースは契約を結ぶためにベルリンにやってきた。だが人びとはブロンドの若造にかまっている暇はなかった。同じ時期に国際映画祭が開催され、メディアはホテル・アム・ツォー（訳注　ベルリン動物園（ツォー）至近の歴史的ホテル）にいる俳優たちに殺到し、彼の存在は『ターゲスシュピーゲル』紙が報じた言葉を借りれば「ほとんど無視された」のである。契約書に署名したクレースはすぐにオスナブリュックに戻り、ベルリンでの仕事は年初から開始した。

　カタリーナ・ハインロートは新園長との引き継ぎ期間として六ヶ月が確保されていると考えていた。監査役会がそう約束したからだ。ところがこの約束も反故にされた。「動物園はふたりの園長に給料を支払う余裕がありません」——監査役会会長アルノ・ヴァイマンのこの言葉を聞いて、ハインロートは激怒した。まもなく別れを告げなければならないことはわかっていても、彼女にしてみればこれは「自分の動物園」なのだ。その将来がどうなってもいいはずがない。「どうして目先のことしか考えられないの？」彼女はヴァイマンに言った。「クレースさんは三〇歳にもなっていないのよ。ベテランの飼育員がたくさんいるのに、一朝一夕に新入りの園長が彼らにあれこれ命令できると思ってるの？」

　ヴァイマンは負けずに言い返した。「たとえ大学出たての動物学者だって、動物園を引っぱっていけるはずですよ。それでもと言うのなら、辞めてから彼に手ほどきをしたらどうです。官舎に住む権利は保証しますから」

　契約上は、まだ三ヶ月だけ動物園の官舎に住む権利があった。ベルリンでは多くの建物が戦争で破壊され、住宅不足がつづいていたために、彼女が退去するまでには時間がかかった。一九五七年七月のはじめに彼女は母親とともにようやく退去した。引っ越し先は、ティアガルテンのハンザフィアテル地区に新たに建設中の集合住宅だった。ヴェルナー・シュレーダーが水族館内に一室を提供してくれたので、彼女は暫定的に蔵書をそこに置くことができた。だが監査役会はそのことを知ると、これをただちに片づけるようにと彼女に要求した。

長年にわたる戦いによって、カタリーナ・ハインロートの健康は蝕まれていた。肺炎と扁桃炎とぎっくり腰が彼女の力をしだいに奪っていった。動物園から離れたくない彼女は、これまでに他の都市から提示されたオファーをなぜ受けなかったのかと後悔することもあった。だが退任をめぐるこの最後のごたごたが、彼女にとどめを刺した。二〇年以上いたベルリン動物園を去ったとき、ハインロートは肩の荷が下りたような気すらしたのだった。

駆け出しの青二才

カタリーナ・ハインロートは一九五六年一二月三〇日に職員に別れの挨拶をしたが、後継者のハインツ＝ゲオルク・クレースはすでにその三日前からベルリンにいた。ベルリンへの引っ越しのたいへんさは並大抵ではなかった。彼と（この間に結婚して妻となった）ウルズラは、膨大な量の専門書を持っていた。このコレクションは、東ドイツを通過して輸送する前に、一冊残らず東ドイツ当局の許可を受けなければならなかった。

ハインロートが園長の官舎から退去するまで、クレース夫妻は新しいカバ舎の横にある住宅に住んだ。間に合わせにつくられた仮設住宅だ。クレースは自分で引っ越し荷物の入った重い木箱ったのだ。
を引っぱっているときにけがをしてした。すべって転んだ拍子に鼻骨を木箱の角にぶつけてしま

　一週間後にベルリンの報道関係者向けの最初の記者会見にあらわれた彼は、鼻梁にかさぶたがあった。しかも会見の終了間際に、彼のスーツはずたずたに引き裂かれてしまった。報道用の写真を撮るために、肉食獣担当の飼育員が彼の腕に抱かせた子ライオンに新しいスーツを台無しにされたのである。身長が低くてしかも少年のような彼の顔だちは、未経験の青二才という印象をさらに強めた。

　クレースは大々的な告知を控えた。あまり威勢よく登場しても、歓迎されないだろう。そこで彼はあえて下手(したて)に出た。「私はまずこの動物園を隅から隅まで知ることからはじめなければなりません」。過大な期待をあおりたくはなかったのだ。「オスナブリュック動物園は、この動物園と比べると非常に小さかったものですから」

　もちろんこれはありのままの真実ではなかった。クレースはとうに自分の新しい構想をかためていたのだ。数週間ほど前のまだ秋のこと、彼は水族館のワニ舎改修工事の竣工式に招かれた折に、動物園を見て回った。いまだに仮設の飼育舎があちこちにある。生け垣や樹木が落葉している季節には、戦後期に間に合わせの材料を工面してつくったケージと動物舎があらわになっていた。彼にはすでに腹案があった。急場しのぎの施設とやり方を改善し、最新式の建物と囲いを建設する。さらに飼育動物を拡充し、ベルリン動物園をふたたび世界一多様な種がいる動物園にす

る——それが彼の目標だった。

しかし彼はこのプランを最初は秘密にしておいた。キリンを観察して気づいたことも口外しなかった。二頭いるキリンの片方、メスキリンの「リーケ」は結核だった。「リーケ」はカバの「クナウチュケ」と並んで、動物園きっての人気者だ。戦時中はウィーンに疎開し、戻ってきた唯一の個体でもある。それ以外に疎開先から無事に戻ったのは、水族館のガーパイク類の魚数匹だけだった。だから「リーケ」は、戦後期のベルリン市民にとって希望のシンボルだった。獣医のクレースは、ちょっと見ただけで「リーケ」がもうそれほど長くないとわかった。だがハインロートにそう告げるかわりに、彼は「リーケ」が彼女の任期中に死ぬことだけを願った。お気に入りの動物が死んだら、人びとは新入りの自分を許してはくれないだろう。

結局、クレースのベルリン・デビューでは、新園長が青二才だということしか人びとの印象に残らなかった。しかもそれは斬新なアイディアの持ち主というより、むしろ経験不足というイメージだった。クレースが翌朝読んだある新聞は、「ほんの若造」が歴史ある格調高き動物園の園長になったと言わんばかりの論調だった。

こうした逆風ではじまった彼のベルリン生活は、その後も波乱ぶくみだった。着任して二日後、動物園で口蹄（こうてい）疫がにわかに流行し、そのすぐあとに「リーケ」が死んだ。しかもカバの「クナウチュケ」と「ブレッテ」の最初の子が生後一日で死亡し、クレースの就任は失敗だったという印象を周囲に与えた。ジャーナリストや入園者や株主の中には、園長の人選を疑問視する者も多くいた。

飼育員に敬意を払ってもらうこともむずかしかった。一一〇年もの歴史をもつベルリン動物園のやり方は形骸化している面があったが、それをすべてオスナブリュックでやったように根本から改めることは、そう簡単ではなかった。年長の飼育員の中には戦前からいる者もいて、彼らは三〇歳の大学出に命令されることを快くは思わなかった。

肉食獣担当の飼育員グスタフ・リーデルは、夕方になると、ライオンを鞭を使って屋外施設から檻に入れるのが習慣だった。そのやり方を問題にすると、彼は「やつらは俺にはなにもしないって！」と手を振ってクレースの心配を否定した。クレースがさらに度肝を抜かれたのは、ゲルハルト・シェーンケの仕事ぶりをはじめて見たときだ。シェーンケはアザラシとペンギンばかりでなく、ヒグマにも手で餌を与えていたのである。

クレースが飼育員に注意すると、彼らは「若造がなにを抜かすか」とぶつ

動物と人間の若輩コンビ。1957年1月に猛獣舎がオープンした。まだ30歳のクレースは少年のようで、とてもドイツでもっとも歴史ある動物園の園長には見えなかった。

ぶつひとり言を言う。公然と文句を言う者もいた。こうしたことに彼も慣れなければならなかった。ニーダーザクセン人の気質をもつオスナブリュック〔訳注　オスナブリュックはドイツ・ニーダーザクセン州の中心的都市〕の飼育員たちは、三〇分ぐらいじっくり考えてからでないと口をきかなかったからだ。

クレースは自分が物笑いの種になりたくないのなら、年長の飼育員たちとうまく折り合う必要があった。そこで彼は一計を案じ、くだんの二人の飼育員に、動物に手渡しで給餌し、飼育用の囲いに入る行為は、自己責任で行うと書いた文書に署名させた。

クレースは今更彼らを変えることはできないとわかったのだ。だが長期的には組織の若返りを図る必要がある。それからしばらくして、モアビート〔訳注　ベルリンの一地区。動物園もここにある〕出身の長身でのんびりした感じの少年が面接にきたとき、彼はぴんときた。ラルフ・ヴィーラントという名のその子は根っからの動物好きで、すでに一年前に面接を受けていた。だがカタリーナ・ハインロートは、彼の専門学校の学費まで出す予算がないと言って断った。そのためヴィーラントは一年間待ちぼうけを食わされたが、その間に左官の修行をしていた。つまり、町でぶらぶらしたりせず、多少なりとも家にお金を入れていたわけだ。新園長が就任したと聞き、彼はもう一度やってきた。

「ここで働くといい！　私も若いし、まわりに若者がいるのはいいことだ」――クレースは面接でそう言った。「ベテラン飼育員はいずれ辞めていく。若い世代がそのあとを継ぐことになるんだからね』。それに若い労働力のほうが使いやすい。彼らはこれからいかようにも教育できるからだ。彼はヴィーラントが週に一度専門学校に通うことも認めた。

一九五七年四月一日、クレース自身が着任してから三ヶ月後に、ヴィーラントはまず飼育担当の季節労働者（当時はそういう名称だった）として仕事をはじめた。国が認可する飼育員の研修制度は当時すでに東ドイツにはあったが、西ドイツにはなかった。ここでは年長の飼育員が自己流で身につけた知識と経験を、若い世代に引き継いでいたのである。

ヴィーラントは一六歳になったばかりで、クレースは三〇代になったばかり。クレースはヴィーラントをたいてい「きみ（ドゥー）」〔訳注　親しい者同士で使う人称代名詞〕と呼んだ。クレースはにやにやしながらヴィーラントに言った。「仕事をうまくやったときは、きみはラルフだ。でもしくじったらヴィーラント君と呼ぶからね」

クレースには監査役会の後ろ楯もあった。なにしろ前任者のハインロートを辞任に追いやったのは監査役会だし、ようやく長年求めていた新しい園長が着任したのだ。クレースがカタリーナ・ハインロートとはちがって監査役会に取り入ることに成功していたのは、半年後に助手を雇ってもらえたことからも明らかだ。同じことを長年要求していたハインロートは、ついにその願いを聞き入れてもらえなかった。

もっともクレースもいきなり大きな決断をすることは認められなかった。高い動物を買うのに十分な予算はなかったので、彼はまずあらゆる種類のカモとガチョウを集めた。基本的にそれほど値段が高くないし、寒さにも強く、手もかからない。柵で囲んでカモの飼育地にする草地と池は、敷地内にまだ十分にあった。そのため最初に彼についたあだ名は、「ミソサザイ(Zaunkönig)」だった。この単語を直訳すると「柵の王者」という意味になるからだ。

さまざまな改革を行ったクレースだったが、彼はけっして伝統打破主義者ではなかった。ベルリン動物園の伝統は重視していたし、空襲を耐え抜いた建物は、保全しなければならないと考えていた。しかしベルリン市当局は、クレースのこの保全に対する意識をかならずしも共有していたわけではない。特にロルフ・シュヴェートラーがそうだった。

シュヴェートラーは、市政府建設大臣として一九五〇年代半ばから西ベルリンの再建を強力に押し進めていたが、廃墟や古い建築物に対する配慮が欠けていた。シュヴェートラー大臣の手にかかると、戦時中よりたくさんの建物が破壊されかねない、とベルリンでは噂されていたほどだ。彼は動物園も完全に取り壊して建て直そうとした。だがクレースはシュヴェートラーに抵抗し、ヨーロッパバイソンとアメリカバイソンの飼育舎二棟を残すことに成功した(129頁:動物園の歩き方④「バイソンの復活」参照)。世紀末に建てられた、凝った装飾が施された木造の動物舎だ。アメリカ=インディアンのロングハウス様式で、トーテムポールとロシア風の丸太小屋も付いている歴史的に貴重な建物である。

クレースは広報活動も怠らなかったが、ベルリンのメディア陣はオスナブリュックとはまったく勝手がちがった。何回か記者会見をするうちに、ある若いジャーナリストが彼の注意を引くようになった。彼はクレースが答えに窮して肩をすくめるしかないような質問を連発するのだ。それもそのはずで、クレースより六歳若いこのヴェルナー・フィリップは、幼い頃から動物園に通い詰め、自分でも動物園園長になることを夢見ていた。だが彼は、一九五三年春に両親とともにベルリンのソビエト占領地区を出て、西側に逃亡を余儀なくされた。当初は代用教員になって食いつないでいたが、その後ＡＰ通信で働きはじめ、動物園の記事も担当していた。

あのフィリップを動物園の広報担当にして引き込んでしまえば、こっちも少しは楽ができるんだが、と考えたクレースは、動物園の営業部長ハンス＝ヨアヒム・ヴィルデに頼んで、フィリップに打診させた。

「若いあなたのことだから、このチャンスを将来に向けて飛躍する踏み台にできるかもしれませんよ」とヴィルデはフィリップに言ったが、彼は首を縦に振らず、「いや、ヴィルデさん、そんな話を受けちゃったら、踏み台どころか終着駅ですよ」と答えた。「二〇代になったばかりなのに、ここで窓際生活をしているわけにはいきません。私の主戦場は新聞です」

ヴィルデはその生意気な言いぐさに最初こそ言葉を失ったが、しばらくして得心した。「たしかにあなたの言うとおりかもしれない」

こうしてヴェルナー・フィリップはカウンターパートになることを選び、その後もクレースと動物園とを批判的に見守りつづけた。

クレースと彼の関係は微妙だった。あるときは親密で、あるときはぴりぴりしている。フィリップの最新記事が非常に気に入ったとか、フィリップに頼みごとがあるときには、クレースの態度がちがってくる。頼みごとをするときのクレースはチャーミングで、人を引きつけて離さない。動物園を自転車で巡回しているときにフィリップを見かけると、遠くからでも挨拶し、フィリップの真横に自転車をキキーッと急停車させて、ライン人独特の人なつっこさで〔訳注　クレースの出身地ヴッパータールはライン川地方〕彼を会話に引き入れて丸め込む。だが最近の記事を読んで頭にきているときは――それは珍しいことではない――彼をちらりと見るだけだ。挨拶もせず、歯をぐっと噛みしめ、黙って自転車で通りすぎる。

しかし二人には共通点があった。二人とも動物園とサーカスを熱愛し、エラストリン〔訳注　ドイツのハウザー社の登録商標。おもちゃの兵隊や動物などのフィギュアで有名だった〕の小さな動物フィギュアと画家ヴィルヘルム・クーネルトの絵のコレクターだったのだ。クーネルトは『ブレーム動物事典』〔訳注　一九世紀後半に動物学者アルフレート・ブレームが編集した大部の動物事典。美しいイラストと相まって世界的に有名〕のイラストでも知られている。

西のロバと東のブタ

ある朝、クレースはベルリン動物園の専属運転手の運転で、東ベルリンに向かっていた。国境で拘束されたりすると困るので、念のためにあらかじめ届けを出し、どこへ行くか申告していた。なにが起こるか予測はできないのだから。行き先はフリードリヒスフェルデのベルリン・ティアパルクだ。ティアパルク園長のハインリヒ・ダーテと重要な話し合いがあるのだ。クレースの前任者カタリーナ・ハインロートは、ダーテにオスロバ一頭を提供するかわりに、メイシャントン（梅山豚）数頭を手に入れていた。西ベルリンの市政府もベルリン動物園の監査役会もそのことを知らされていなかった。だが新聞記者がそのことを嗅ぎつけて報道した。クレースがダーテに見せた記事は「西のロバと東のブタ」という見出しである。クレースはこの件で監査役会と揉めるのではないかと心配していた。

結局、双方に支障なく事が運んだからよかったものの、この一件は両者の関係性を物語っている。カタリーナ・ハインロートが去ったことで、ベルリン動物園とティアパルクの関係は根本的に変わってしまった。両園長の合意だけで、双方の委員会の頭越しに動物を交換できた時代はすでに過去のものとなった。だがもっと決定的なのは、ダーテとクレースが互いにそれほど好意を抱いていないということだ。ダーテ自身は、ハインロートの解任によって転がり込んできたポストを、クレースがなんのためらいもなく引き継いだことを快く思っていなかった。そんなことは人としてすべきではない。クレースはきっと性格が悪いにちがいない。しかもダーテは自分がそう思っていることを、一六歳年下の相手に隠しもしなかった。

公の場ではダーテとクレースは協力して仕事をしていた。一九五八年の秋には共催でドイツ動物園園長連盟の年次総会を開き、その翌年には二日間にわたる「動物園獣医シンポジウム」を開いている。だが舞台裏では二人は火花を散らしていた。

ダーテはティアパルクに都合のよい結果を引き出すために、ベルリン動物園を利用していた節がある。あるとき彼は東ベルリンの文化担当市会議員ヨハンナ・ブレヒャに手紙を書き、熱帯館を建設したいと訴えた。「私は別に西側と張り合っているわけではありません。私たちなりの強みを発揮できる分野は他にもあります」と彼は書いた。だが実際のところ、ティアパルクは、一年中屋外で飼育でき、暖房付き動物舎なしでも飼育できる種類の動物しか展示できないでいた。「とはいえ、私はこの状況を憂慮しています」とダーテはつづける。「私たちは熱帯館の設計もできるのだということをアピールするために、建物一つ建てさせてもらえないようでは」。ダーテはあらゆる手段をつくし、建設の許可を得た。着工から数週間たってセメントの在庫が尽きてしまうと、ダーテは国家元首のヴァルター・ウルブリヒトに直接掛け合い、さらに一六〇〇トンを支給して欲しいと請願した。「ベルリン動物園は現在、地に落ちた威信を回復すべく必死です。私たちも遅れをとるわけには参りません」。彼はさらに畳みかける。「心より尊敬申し上げる首相殿〔訳注　厳密に言うと、ヴァルター・ウルブリヒトは一九六〇年までは「第一副首相」〕、私としては、わが国の動向を注視している西側が、一年後に私たちの計画が頓挫したことを知って小躍りするような事態になることだけは回避したく存じます」

東ベルリンに新設されたティアパルクは、さしさわりのないおまけのような施設ではないことを、ベルリン動物園は一九五六年にはっきり思い知らされた。ティアパルクの開園から一年で、ベルリン動物園の入園者数は前年比で八万五〇〇〇人も減少したのだ。たとえダーテが公の場でのスピーチや新聞記事で、ベルリン・ティアパルクはベルリン動物園のライバルとなるつもりはないと強調しても、クレースはそれを額面通りに受け取るわけにはいかなかった。それを知るには東ベルリンにわざわざ行かなくてもいい。クレースは、ゾウ舎のとなりにある自分のオフィスを出てちょっと歩き、ハルデンベルク広場の向こう側のツォー駅を見るだけでよかった。動物園から一〇〇メートルも離れていないその駅には、幅一二メートル、高さ四メートルの巨大ポスターが「ぜひベルリン・ティアパルクにおいでください」と呼びかけている。クレースにとって最悪だったのは、そのポスターを撤去できないばかりか、自分たちの動物園の宣伝もできないことだった。ベルリンのすべての駅と鉄道網は、東ドイツの「ドイツ国営鉄道」の管轄下にあったからである。

それでもまだ十分でないと言わんばかりに、ダーテは一九五八年八月に、ベルリン市民が大挙してフリードリヒスフェルデに押し寄せるようなイベントを計画した。

動物園の歩き方④

サーカスと動物園（103頁）　いまは疎遠になりましたが、50年ほど前までは動物園とサーカスは深い関係でした。上野動物園は、明治の頃、イタリアのチャリネ曲馬団で興行中に生まれたトラをヒグマと交換したのをはじめ、戦前はドイツのハーゲンベック・サーカスからキリンやマントヒヒなど、多くの動物を購入していました。戦後も多くのサーカスが興行し、調子の悪くなった動物を動物園が診ていたこともありました。日本に最後に来た動物を連れた大きなサーカスはアメリカのリングリング・ブラザーズ・アンド・バーナム・アンド・ベイリー・サーカスでした。13頭のゾウを使ったサーカスはみごとなものでした。ゾウ担当の人たちから調教や飼育方法など教えてもらうため、私も頻繁に通いました。近年、リングリング・サーカスは、アメリカのサーカス法や動物愛護団体からの批判を受けて、目玉だったアジアゾウのショーの中止を発表しました。2018年までにゾウのパフォーマンスは完全に撤退しています。動物を使うショーは昔とは違って、アニマルウェルフェア（動物の福祉）の立場からどこでも興行が難しいものになってきています。

ヴッパータールの空中鉄道（108頁） 私は2017年に乗りましたが、かなり老朽化していました。途中、渓谷を通過します。ゾウの「トゥッティ」は下に流れるヴッパー川に落ちたのでしょうか。かなり無謀です。［写真・上・下：ヴッパータールの空中鉄道］

牛のホルスタイン（109頁） ホルスタインはドイツのハンブルクの北にあるシ

ュレースヴィヒ＝ホルシュタイン州にちなんで名づけられた牛です。ヨーロッパではよくフリージアンと呼ばれています。日本では乳牛として有名ですが、ヨーロッパでは肉乳両用で肥育されています。

オスナブリュック動物園の変わったエサ（１１１頁）　動物のエサというと、人がふだん食べているものより質がよくないものだと思われている人も多くいます。しかし彼らは私がふだん食べているものよりずっと新鮮でいいものを食べています。いまではドイツと日本の動物園で、動物ごとのエサにあまり違いはありませんが、ドイツではおもしろいエサを見ました。たとえば、オスナブリュックなどの動物園では、日本にもたくさんいるドバトを購入して肉食獣に与えていました。衛生的にきれいなドバトです。また、ヤギを搬入して丸ごと鎖につなぎ、室内ケージのトラやライオンに与えています。子ヤギもたくさん。みな死んだものです。飼料室は精肉店のように立派な場合が多いです。最近では輸入した飼料も多く、日本でも固形飼料は米国のものだったり、ハチドリのネクターはドイツ製のものだったりと、国際色豊かです。

オスナブリュック動物園の入園者数（１１３頁）　オスナブリュックは人口16万人ほどの小さな町です。オスナブリュック動物園の入園者数は１９５４年から2年間で12万人から20万人に増加し、１９９６年までには40万人、１９９８年には85万人、２０１１年には１０３万人と右肩上がりしています。１０３万人というと、東京の多摩動物公園の入場者数と同じくらいです。

バイソンの復活（１２２頁）　ドイツではとくに「ヨーロッパバイソン」のことを「ヴィーゼント」(Wisent)、アメリカバイソンのことを「ビーゾン」(Bison) といい言葉を区別しています。実はこの2種のバイソンもかつてはオーロックスのように絶滅への道を歩んでいたのです。ヨーロッパバイソンは１９２１年にはついに野生種は絶滅し、動物園や公園で飼育されているもののみが生存している状態でした。そこで動物園などの国際的な保護活動が行われ、繁殖に成功し、現在では野生復帰の試みもなされるようになりました。一方、以前北米に数千万頭が生息していたといわれたアメリカバイソンは１８８９年にはわずか５４１頭まで減少してしまいました。これも開発や乱獲によるものです。しかし、ここでもヨーロッパバイソンと同じように保護活動によって、現在では数万頭までに数が回復してきました。ほかにも野生復帰で有名なのがモウコノウマ（蒙古野馬）です。19世紀になって発見された野生馬ですが、その後、野生種は絶滅し、動物園などに残されたわずかな個体により計画的に繁殖を行いました。現在では多くの動物園で見ることができるまでに回復し、再野生化が行われています。このように動物園には多くの努力により絶滅からよみがえった動物がいます。

第4章

パンダと国家の威信

Panda und Prestige

本章の時代（1956～1961年頃）

1956年【テ】スネークファーム、オープン／モスクワ動物取引センターの支所に指定される
【東】ポーランドで、労働者がソビエトの体制に抵抗／ブダペストで、学生が市民権の拡大を求める（ハンガリー事件）／東独でも反社会主義の気運が高まる

1958年【東】5月：食糧配給切符制度が廃止　【テ】8月：パンダ「チチ」を公開／入園者数170万人に

1959年【ベ】インドサイ「アルジュン」を入手

1961年【東】4月：ライプツィヒ動物園副園長のローター・ディトリヒが西ベルリンへ逃亡／8月13日：東西ベルリンの境界を封鎖（ベルリンの壁）

本章の主要な登場人物

◉**ハインリヒ・ダーテ：【テ】**園長。ティアパルクを東独の動物園の中心的存在に育てる［→5章］

◉**ハイニ・デマー：【オーストリア】**動物商。パンダを米国の動物園に売ろうとして失敗。欧州を相手に商談を進めることに

◉**ハンス＝ギュンター・ペッツォルト：【テ】**ダーテの助手。下等脊椎動物を専門にする。博士論文はハクチョウの行動について。ティアパルクではクマを担当

◉**ヴォルフガング・グルムト：【テ】**鳥類学者／ダーテの助手

◉**ハインツ＝ゲオルク・クレース：【ベ】**園長。チメック（フランクフルト動物園園長）の陰で存在感を発揮できない［→5章］

◉**オットー・フォッケルマン：【西】**ハンブルクの動物商。クレースの希望に応えて、サイの「アルジュン」を調達

◉**ヴォルフガング・ウルリッヒ：【東・ドレスデン】**園長。クレースとは良好な関係だったが、サイの入手を巡り…

◉**エリザベート：【東】**ダーテの妻。ライプツィヒから、ティアパルクの側にある借家へ

◉**アルムート（長女）／ホルガー（長男）／ファルク（次男）：【東】**ダーテとエリザベートの3人の子どもたち

◉**ベルンハルト・チメック：【西・フランクフルト】**園長／動物園園長連盟会長。ティアパルクを脅威に感じている［→5章］

◉**ヘルマン・ルーエ：【西】**アルフェルトにいるドイツ指折りの動物商。東西の動物園関係者が動物を買い付けに集まる

◉**ハンス・ペッチ【東・ハレ】**園長。東でのダーテの独裁に反感を持つ

◉**ローター・ディトリヒ【東・ライプツィヒ】**副園長。ティアパルクと園長を兼任しているダーテの代理。1961年、西ベルリンへ逃れ、動物商ルーエのもとで働くことに［→5章］

さりげない感じで、ハインリヒ・ダーテはありきたりの円形ケージに寄りかかって飼育員の前でポーズをつけていた（167頁：動物園の歩き方⑤「歴史ある円形ケージ」参照）。左手は腰にあて、右手で柵をしっかり握って。いたずらの成功を自慢しているわんぱく坊主のような表情だ。そのうしろでは、やってきたばかりの新しい動物が自分の飼育場を偵察している。そこにあるのは、コンクリート床に小さなプール、シーソー、中央に木の切り株がぽつんとあるだけの平凡な円形ケージだった。

西側では奇跡的な経済復興が進んでいたが、東ドイツでようやく食糧配給切符制度がなくなったのは一九五八年五月末で、西ドイツより八年も遅れをとっていた。破壊と不自由が日常的につづいたために、人びとはショックに対する耐性ができてしまっていたが、彼らを興奮させることは簡単だった。何か見るもの、何か息をして動くものがあるだけでいい。生きている何かだ。戦争から一三年が経過し、新しい世代が育っていた。しかし動物園はその魅力をまったく失っていなかった。まして東ドイツの首都にできた新しいティアパルクが魅力的でないはずがあろうか。だが彼のうしろのケージに入っている動物は、さらにその上をいっていた。センセーショナルな「世紀の動物」だ。

一九五〇年代の子どもたちは、それをせいぜい『ブレーム動物事典』のイラストかわずかな写真で知っていたにすぎなかった。もちろん実際に見たことはない。彼らの両親は、ベルリンでは戦前に短い期間だったが向こう側の動物園に一頭いたのを覚えている。「ハッピー」だ。あんな動物はそれまでの人生で見たことがなかった。ところがほぼ二〇年がたった今、ベルリンにふたたびパンダがやってきた（168頁：動物園の歩き方⑤「パンダの名前」参照）。

東西の報道関係者が少し前から興奮して追いかけ回しているのは、「チチ」という名の一歳半のメスパンダだった。一年前の夏に中国の動物ハンターが四川省の山林で捕まえたという。彼らはイヌを使って、母パンダを追い立てた。生後六ヶ月の子パンダは母親のスピードについていけず、近くの木に登って逃げた。簡単に生け捕られた子パンダは、北京動物園に持ち込まれた。そこでオーストリアの動物商ハイニ・デマーがその子パンダに目をつけ、シマウマ、キリン、カバ、サイの船荷と引き替えに手に入れてモスクワに運び、一時的にモスクワ動物園に預けた。実はデマーはこのパンダをシカゴのブルックフィールド動物園に売ろうとしていた。すべての準備は整っていたのだが、最終段階でアメリカの国務長官ジョン・フォスター・ダレスからストップがかかった。中華人民共和国からの通商停止四五〇品目に該当するというのだ。パンダのような生きた動物は輸入が禁止されていた。

「チチ」は、中国語で正しく発音すると「小さな生意気なお嬢さん」という意味だ。アクセントの位置をまちがえると、「娼婦」という意味にもなる。だがデマーにとってパンダの名前など、些末な問題だった。アメリカ合衆国から特別認可が出る可能性を探りつつも、彼は「チチ」購入で生じた損失を穴埋めしようとしていた。だがともかくどこかにパンダを収容してもらわなければならない。そこで彼はヨーロッパの数ヶ所の動物園に打診した。白い文字で名前と持ち主が書かれた狭い木箱に入れられ、パンダはまずフランクフルト動物園に送られ、開園一〇〇周年記念のメインアトラクションになった。その次にパンダが送られたのはコペンハーゲン動物園だった。ハインツ＝ゲオルク・クレースも「チチ」をベルリン動物園で受け入れようかと思案した。「ハッピー」がしばらくベルリンで飼育されてから二〇年たっているので、ちょうどいい機会だ。

　だが園長になってまだ一年半のクレースは躊躇した。嫌な予感がしたのだ。結局断念した理由を、彼はデマーが価格を引き上げすぎたためだと説明した。だがベルリンの新聞記者ヴェルナー・フィリップには本音を打ち明けている。

「どの新聞もパンダの話題で持ちきりだ。もしもあのパンダがここでくたばったら、みんな口を極めてクレースになってからベルリン動物園はだめになったと言うだろう。それはごめんだ！」

　一方、ダーテはその魅力的な申し出をただちに受けた。デマーが決めた二〇万マルクという価格を彼は払えなかった。もっともそれは、ヨーロッパのどの動物園園長も同じだろう。だが彼はデマーとは昔からの知り合いなので、話はすぐにまとまった。東ドイツの専門誌『ゲルトナーポスト』にダーテはこう書いている。「ハイニ・デマーは、数多くの支援に対する感謝の気持ちから、新しいフリードリヒスフェルデのティアパルクにこの個体を提供してくれた。しかしその一方で、氏の申し出は私どもにとっては栄えある勲章だとも言えよう。開園からわずか三年でこうした申し出があったのも、ティアパルクが東ドイツ国内外から高い評判を得ているからに他ならないからだ」

パンダの冒険。子パンダ「チチ」は３週間にわたってティアパルクで公開され、この期間に40万人もの入園者を呼び込んだ。脱出しようとする「チチ」を大喜びで見物する入園者たち。

一九五八年八月二日の夜遅く、「チチ」はフリードリヒスフェルデにやってきた。食事は一日に三回。一九三九年にドイツの各動物園を巡回して国中の竹をすっかり食べ尽くしてしまったと言われている「ハッピー」とはちがって、「チチ」は代用食に慣らされた。この飼料は大部分が炊いた米で、朝昼晩に分けて卵、バナナ、リンゴ、オレンジ、ニンジン、ドライミルク、ブドウ糖、ビタミン剤、塩、カルシウム、酵母、骨粉が添加された。

「チチ」の健康のための苦労は報われた。最初の三週間で四〇万人もの入園者がフリードリヒスフェルデに詰めかけたのである。円形ケージの前に人びとがぎっしりと集まり、この珍獣を一目見ようと押し合いへし合いした。一頭のパンダのために、またベルリン市民が同じような熱心さで殺到したのは、それから数十年後のことだった。

ティアパルクでは「チチ」のあらゆる動きを記録した。パンダをくわしく観察する機会はめったにないからだ。体毛のサンプルを採取し、小さな黄色の封筒に一本ずつ、あるいは小さな束にして保管した。キュレーターは、「チチ」が座って両前脚をたくみに使い、人間のように食事する様子や、伸びをしたり、排便したり、両脚の間をなめている様子までスケッチした。

あるときロンドン動物園協会のメンバーがフリードリヒスフェルデにきて、数日間にわたってパンダを観察していった。その後、ロンドン動物園は「チチ」を試しに三週間引き取り、結局、約一二万マルクでデマーから購入した。イギリスでも「チチ」は人びとから愛された。イギリスのピーター・スコット卿は、このパンダにすっかり夢中になり、彼の新しい自然保護団体のシンボルマークにした。その団体とは、ＷＷＦという略称で知られる世界自然保護基金である。

ダーテの活躍

「チチ」を短期間とはいえ迎えられたこともあり、ティアパルクとその園長の評判は高まった。開園から一年のタイミングで行われたアンケートで、ダーテはベルリンでもっとも有名な人物に選ばれた。毎週一度出演しているラジオ番組「ティアパルクで耳を澄ませば」は、日曜日の八時半から放送され、東ドイツの全人口の半分はラジオの前に集まった。外国でも彼は名を知られ、国際動物園園長連盟にもかなり前に加わっていた（１６８頁：動物園の歩き方⑤「世界動物園水族館協会（ＷＡＺＡ）」参照）。ティアパルクの敷地内には、科学アカデミーの付属施設である動物学研究所が設置された。また東ドイツは、飼育員という職業を国が認定した世界最初の国となった。亡くなったライプツィヒ動物園の園長カール・マックス・シュナイダーは、すでに一九三〇年代に飼育員のために最初の研修を行っている。だがダーテはそれにとどまらず、世間に認知された研修を必要とする一つの職種として飼育員の教育に取り組んだ。一九五五年一一月、彼は六名の研修生を集めて最初の年度を開始した。ライプツィヒとドレスデンから二名ずつ、ハレとベルリンから一名ずつが参加した。

ダーテは、以前から目をつけていた人物を助手としてティアパルクに呼び寄せた。ライプツィヒ大の学生時代にダーテの講義に出ていた、ハンス＝ギュンター・ペッツォルトとヴォルフガング・グルムトだ。グルムトはダーテと同じように鳥類学者で、ペッツォルトは特に下等脊椎動物を専門にしていたが、彼の博士論文はハクチョウの行動に関するもので、しかもティアパルクではクマを担当していた。ダーテの場合、友情は情緒的な好意よりも共通した専門的見解から生まれる。彼にとって友人とは、ティアパルクの運営において、彼と同じような立場に立っている人物のことだ。

そうこうするうちにティアパルクの面積は、約九〇ヘクタール〔訳注　九〇万平方メートル〕にもなった。世界一大きな動物園で、西ベルリンの動物園の三倍の広さである。三年前の開園当初からあったシカ、イノシシ、アンテロープの放飼場に加え、ヨーロッパバイソン、アメリカバイソン、オオカミのための広々とした施設も完成した。一九五六年にはスネークファームがオープンした。カメやワニだけでなく毒ヘビが飼育されているテラリウムで、血清を製造するためにヘビ毒の採取も行われていた。敷地の反対側では、職人たちが旧ドイツ帝国銀行の廃墟にあったダークグレーの花崗岩を使ってホッキョクグマのための「半島」をつくった。この半島は長さ八六メートルのプールにある。入園者たちは、「シュタージがお金を出したから、全体に黒っぽくて陰気だね」と冗談を言い合った。実際、となりの黒いアメリカグマの放飼場には控えめな金属製の銘板があって、「このクマ舎は国家保安省（シュタージ）職員の皆さまのご寄付により建設されました」と書いてある。

だがそれ以外には、ダーテは東ベルリンでは当たり前の政治スローガンの横断幕などを出さないようにして、政治と距離をとっていた。西側メディアもそのことを認めて報じている。ティアパルクは東ベルリンの魅力的なリクリエーション施設となり、西ベルリン市民も喜んで出かけてくるようになった。一〇〇万人目の入園者も、二〇〇万人目の入園者も、西ベルリン市民だった。一九五五年夏にオープンしてから半年間で、約五五万人がティアパルクを訪れ、一九五八年の入園者は約一七〇万人だった。同時期の水族館を含むベルリン動物園の入園者よりも二〇万人多い勘定だ。

しかし一九五七年五月の市当局の記録によれば、西ベルリン市民が殺到することを快く思わない東ベルリン市民もいた。彼らは、ティアパルクにくる西ベルリン市民が「あらゆる食事と飲み物を東側の通貨で購入している。また、西ベルリン市民は早朝からティアパルクに入場し、レストランの席を独占してしまう」と苦情を申し立てた。

西側でもティアパルクをちがう目で見るようになっていた。ベルリン動物園が下院議長ヴィリー・ヘネベルクに一九五九年三月に出した手紙には、「フリードリヒスフェルデのティアパルクは、私どもにとって危険な存在です」と書かれている。ハインツ＝ゲオルク・クレース園長はフリードリヒスフェルデを視察し、急ピッチで建設作業が行われている光景を見た。ベルリン動物園の戦争直後の応急的施設を一つ一つ改良していかなければならなかった彼とは対照的に、ダーテは予算をふんだんに使って、現代的な動物園のプランを机上で練り、着々と建設しているらしい。巨大な敷地内にはいまだに開墾されていない場所が多く残っているものの、いたるところでボランティアと建築作業員が、黙々と堀をつくり、下生えを伐採し、新しい放飼場をつくろうとしている。特にクレースが危機感を覚えた現場があった。ほんの数年前までは家庭菜園の小屋が並んでいたところに、コンクリートパネルと高さ一メートルの鋼鉄のリブでできた建物の骨組みが立ち上がっている。五〇〇〇平方メートルの敷地に、最大七〇頭の大型ネコ科動物が展示できる、巨大な猛獣舎が建設されているのだ。

クレースがライバルのダーテを蹴落とそうとするのなら、ティアパルクにはない何かが必要だ。すでにアイディアはあった。その少しあとに市政府の専門委員会の委員がベルリン動物園に視察にきたとき、彼は新しい類人猿館の建設を進めたいと提案した。「第一に、サルは外貨がないと手に入りません」とクレースは言った。「第二に、ケージには鉄の棒が必要です。向こうは資材不足が深刻ですから鉄の棒は外貨よりさらに入手がむずかしいですよ」

クレースは珍しい動物を入手するためにあらゆる手段を尽くした。サイを愛してやまない彼は、ずっと前からつがいのインドサイを購入したいと思っていた。ベルリン動物園にいた最後のインドサイは五〇年前に死亡していた。だがこのサイは野生では非常にまれであり、入手はほぼ不可能だった。陸生動物としてはゾウに次ぐ大きさのインドサイは、インドとネパールの保護区域に数百頭が生息しているにすぎなかった。一頭ずつ飼育されている個体はヨーロッパの動物園にいたが、スイスのバーゼル動物園だけが複数頭を飼育していた。だがこの動物園は、一頭を提供する気はなかった。まして二頭など論外だ。そこでクレースはまずは動物商のハーゲンベックに打診したが、すぐに断りの返事がきた。そこで彼は昔からの友人のオットー・フォッケルマンに手紙を書いた。彼はこれまでもしばしば力になってくれ、希少動物を入手してくれたのだ。しばらくして返事があった。少なくともサイを入手できる見込みはあるというのだ。

偶然にもちょうどインドのカジランガ国立公園で、「アルジュン」という名の若いオスサイがヨーロッパへの輸送準備がととのい、待機していた。三万マルクという法外な価格だ。だがさらに問題なのは、このオスサイはすでにドレスデン動物園に行くことが決まっていたのだ。幸いなことにフォッケルマンはトリノ出身の動物商と提携していた。この男はインドとパイプがあって、特にミッションスクールを経営し、政府関係者にも顔が広いイタリア人聖職者をよく知っていた。かなりの額の裏金を積んで、その聖職者はインド政府を説得し、サイをフォッケルマンに売ることを承諾させた。こうして一九五九年の秋に「アルジュン」はドレスデンではなくベルリンにやってきた。ドレスデンのヴォルフガング・ウルリッヒ園長とクレースはそれほど悪い関係ではなく、友だちと言ってもいいほどだった。だがインドサイのような稀有な動物を横取りされたのだから、交友関係はあっけなく終わってしまった。

動物園園長同士の信頼関係など、その程度のものだ。このことはクレース自身も思い知らされている。彼は以前に見習いとして働いていたフランクフルト動物園のベルンハルト・チメックから、事前にくわしく調べずにアンテロープ一頭をもらい受けた。よく知っている仲だから、まさかチメックにだまされようとはクレースも思っていなかった。だが到着してアンテロープを見て、クレースは自分の支援者を無条件に信じるのはナンセンスだと思い知らされた。その個体は下あごが半分欠損していたのだ。

東ベルリンのライバル、ハインリヒ・ダーテとも動物の購入をめぐって張り合ったことがある。ヘルマン・ルーエのもとに新しい動物が到着すると、全ドイツの動物園園長がニーダーザクセン州のライネ川沿いの町、アルフェルトに集まる。ヘルマン・ルーエはドイツでも指折りの動物商で、彼が東アフリカの捕獲遠征から戻ったばかりだということは、小麦色に日焼けした肌が物語っていた。

クレースは監査役会から、シマウマ二頭とダチョウ数羽が購入できるだけの予算の承認を得ていた。彼は自分が選りすぐりの個体を入手できるように、一計を案じた。「クレース――ベルリン動物園」と書いた小さな名札を一山持ってきたのだ。最初の鑑定のときに、彼はこの名札を惜しげなく置いてきて、その個体が先約済みのような印象を他の動物園園長に与えた。最後に彼はその中からいちばん堂々として健康な個体二頭を選び出したのである。

一方ダーテは、東ドイツ文化省から自由裁量権を与えられていた。少なくともクレースの目にはそのように映った。「私がトラックで乗りつけると、ダーテは貨車を一両用意してくる」と彼は記者のヴェルナー・フィリップにこぼしたことがある。ダーテのやり方はそうとしか表現のしようがなかった。なにしろダーテは、数頭の動物を選び出すかわりに、いつもルーエに「全部もらおう」と言うのだ。

「でもあまり健康じゃない個体も混じってますよ」。ルーエは抜け目のない商人だが、ダーテは病気の動物を売りつけられることに関しては、非常に手厳しく、いつまでも根にもつことを知っていた。

「かまわないよ」とダーテは答えた。「よく世話して元気にするから」

だがダーテと東ドイツ内のその他の動物園園長たちは、通貨の関係で、クレースのような西側の園長と比較して、ときには一〇倍もの金額を支払わなければならなかった。

クレースとダーテは取引のやり方がまったく異なる。クレースにとってのいい取引とは、できるだけ出費を抑えられた取引だ。ダーテにとって重要なのは、費用の多寡ではなく、できるだけ特殊な動物を手に入れることだった。

クレースとダーテに共通しているのは収集にかける情熱である。二人とも飼育場所が確保できないという理由で一頭をあきらめるぐらいなら、新しい動物二頭を買うことを優先した。手に入るものはとりあえず手に入れる。動物舎の心配はあとからすればいい。

住み家の問題

そのようなわけでダーテにとって問題なのは、たくさんの動物がすでにティアパルクにいるのに、飼育場所が完備していないことだった。大型ネコ科動物は廃棄処分された貨車で飼育されていた。ゾウは、貴族のフォン・トレスコフ家がまだフリードリヒスフェルデ城に住んでいた時代につくられた古い厩舎にいた。週に一度、飼育員がティアパルクを通って数百メートルほどゾウたちを移動させ、ヨーロッパバイソンの動物舎に連れていく。そこのプールで水浴びをさせるためだ。「コスコ」はティアパルク内で放し飼いされた。この若いメスゾウは、ベトナムのホー・チ・ミン国家主席がフリードリヒスフェルデにプレゼントしてくれた。古いゾウ舎は三頭のゾウで満員だった。幸いなことに「コスコ」はまだ二歳で、大きな旅行用トランク程度のサイズだった。そこで「コスコ」は来園した子どもたちとシュロッス通りで追いかけっこをしたりしてすごしていた。

ゾウとかけっこ。1958年の時点では、メスの子ゾウ「コスコ」のための飼育場がなかったため、「コスコ」はティアパルクの敷地内で放し飼いになっていた。ベルリンの子どもたちが喜んだのは言うまでもない。

ハインリヒ・ダーテは当初はティアパルクの外に住まなければならなかった。新しい園長用の官舎が完成するまでは、さしあたりライプツィヒ動物園園長代理のロータ一・ディトリヒの姑の家に下宿した。彼女の家は、ティアパルクの近くにあった。この時期、ダーテは妻と三人の子どもたちに週末しか会えなかった。家族は新しい官舎の完成を待って、ライプツィヒから引っ越してきた。

厳密に言うと、その家も借家だったわけだが、ダーテはいっこうに気にしなかった。東ドイツで誰が財産など必要だろう？　どのみち彼にとっては、ティアパルクは自分の王国なのだから。

ダーテの家はティアパルクの入口から数百メートルほど離れていた。娘のアルムート、息子のホルガーとファルクは、毎朝シカとバッファローの横を通って通学した。こうした動物の出す物音は、すぐに彼らにとってはおなじみの日常的な音になった。秋には、アカシカの交尾期特有の鳴き声やベトナムジカのかぼそく高い鳴き声、巨大なオークの木の下の垣の向こうで寝そべって、うつらうつらしながら反芻しているバイソンの荒い息づかいが聞こえる。

外側から見ると邸宅風の官舎は、現実社会主義の実験のように見えた。バウハウス様式と魔女の家を結合させたとでも言おうか。正面はグレイの漆喰塗りで、かわらのとんがり屋根なのに、そのうしろは陸屋根の建物になっている。居間の壁は造り付けの栗色の戸棚があり、曇りガラスがついていた。庭に面した側は広々としたガラス張りで、その前に上部にアオサギとキジの装飾がある青緑色の柱が立っている。ダーテの書斎には木彫りのオランウータンの顔が壁に掛かっていて、チェストの上には白い磁器製のハイイログマが置かれていた。大型床置き時計のチクタク、チクタクという音が、彼の仕事のペースメーカーのように部屋中に鳴り響いていた。

ダーテは手当たり次第どんな紙にもメモをとる。それは単語帳のページを破りとったものだったり、広告の裏紙だったりした。仕事机の上には、書類と紙切れの山、本の塔が積み上がり、そのうしろにいる園長がほとんど隠れてしまうほどだ。書き仕事をするために残っているわずかなスペースは、A3サイズの紙一枚分ぐらいだった。

仕事机だけでは仕事に対する情熱を満たすことができず、彼はやがて家の中の他の机まで、しまいには三人の子どもの机まで占領する始末だった。その一つ一つの机で彼は別々のテーマの作業をし、それぞれの関連文献を積み上げるのだ。子どもたちが遊んで書類がごちゃごちゃになったりすると、ただではすまされなかった。

ダーテは仕事時間と余暇時間を区別することを知らなかった。彼は朝の八時からティアパルク内を歩いている。昼休みは一時間とる。たいていは一時四五分頃だ。だが動物の輸送や出産があったりすると、もっと遅くなることもある。ダーテ夫人はタイミングよく夫に温かい昼食を食べさせるために苦労した。食後は上の階の寝室に行き、彼が自分で「ちょっと寝」と呼んでいる数分間の昼寝をする。それでまた仕事をつづける元気を回復した彼は、夜七時前までに家に戻ることはまれだった。それからふたたび深夜まで机に向かう。ティアパルクは他のどんなことよりもはるかに優先順位が上だった。

妻は夫に買い物についてきてもらいたいときは、必死に説得しなければならなかった。新しいスーツが必要なときですら、彼の運転手が代役を務めることが多かった。幸か不幸か、運転手はダーテと服のサイズが同じだったのだ。ダーテ本人が出向くのは、仕上がったスーツを点検して受け取るときぐらいだった。

家族で年に一度バルト海に三週間の休暇旅行に行くときも、彼は現地で少なくとも一回か二回は講演した。砂浜でバスケット〔訳注　ドイツの海水浴場でよく見かける籐製の屋根付きビーチチェア〕に陣取り、子どもたちと砂山をつくるふつうの父親とはちがい、彼は一日中ツァイスの双眼鏡を持ってあちこち歩きまわって鳥を探している。数メートルごとに立ち止まって空中を見て、めずらしい種類の鳥や特殊な行動に気づいたときには、メモ帳をポケットから引っぱり出して記録するのだ。

ダーテの子どもたちは、自分たちで自由時間の過ごし方を考えるのが当たり前で、父親に長く待たされることにも慣れっこだった。動物園に住むのは、いいこともある。アカシカの逆子出産の話や、ゾウに注射をするにはどうするかといった話を学校でできる子どもはそうはいない（169頁：動物園の歩き方⑤「ゾウの採血」／「動物の介護分娩」参照）。末っ子のファルクは、一〇歳にもならないうちから家の奥にある庭で友だちと暗くなるまでサッカーをして遊んでいた。棒で地面に線を引いてトラックをつくり、古い三輪車のタイヤを円盤投げの円盤に見立てて、オリンピックごっこもした。冬になって出入口が凍ってしまうと、スケート遊びをするものだから、凍結した地面が鏡のようにさらにつるつるになり、転ばずに家に帰り着くことができないような始末だった。夜になって帰宅した父親は烈火のごとく怒り、ファルクは外に出て滑り止めの砂をまかなければならなかった。

ダーテ家ではいろいろな事件が起こった。ハインリヒ・ダーテはレストランに出かけるのが嫌いだった。近所に安心して客を連れていけるような気の利いたレストランがないせいもある。まして西側の客人となればなおさらだ。そこで彼は客人を家でもてなしたがった。盗聴される心配もない。盗聴に関しては、技術にくわしい息子のファルクがかなり前からコンセントに小型盗聴器が隠されていないかどうか調べていた。

ダーテが晩にお客さんがくるよと突然宣言すると、妻のエリザベートは大急ぎで買い物に出かけてごちそうをつくらなければならなかった。子どもたちは、タバコやケーキを買いに走る。シュナップス〔訳注　火酒。アルコール分の多い蒸留酒のこと〕とタバコは、客人や職人がきたときのためにつねに余分に用意してあった。仕事を終えた彼らに、シュナップスを一杯、タバコを一、二本ふるまうのが習わしだったのだ。ダーテ本人はタバコを吸わず、酒もほとんどたしなまなかった。そのかわりにチョコレートと、砂糖をたっぷり入れた牛乳に目がない。この牛乳は、息子のファルクが、ブリキ缶を持ってティアパルクの向かいにある「マウアーズ」という食料品店に行って買ってくる。交通の便がよく、ヨハニスタールとヴァルター＝ウルブリヒト・スタジアムを結ぶ路面電車の六九番が前を通っているにもかかわらず、フリードリヒスフェルデの街区は、人びとにとってはのんびりとした「ブランデンブルク村」〔訳注　ベルリンはブランデンブルク地方にある〕だった。「シュロッス通り」〔訳注　「シュロッス」は「城」の意〕は、その後「アム・ティアパルク」と名前が変わったが、通り沿いには、三階か四階建ての古い建物が何棟かあるだけだった。食料品店の他には、開業医二軒、居酒屋「ジョニー」があるだけで、その先は園芸農園に家庭菜園の小屋、麦畑が延々とつづいていた。

頑固な園長代理

ライプツィヒではダーテの後継者がなかなか決まらなかった。すでに何人もの候補者が招聘を拒否し、その中にはカタリーナ・ハインロートもいた。ダーテはティアパルクの拡充の仕事で手一杯だった。そこで彼は、カール・マックス・シュナイダーが一九五五年に亡くなってから一時的に委任されていたライプツィヒ動物園の運営を、以前に助手をしていたローター・ディトリヒに任せた。ベルリンでの激務にもかかわらず、彼はあいかわらずディトリヒに飼育動物の様子やその他の状況について報告させていた。

一九五六年秋にも、彼はディトリヒに電話した。この時期、ポーランドでは労働者がソビエトの体制に抵抗して道路に出て、ハンガリーの首都ブダペストでは学生が市民権の拡大を求めてデモを行った。東ドイツの国民は一九五三年六月一七日の事件を思い出していた。社会主義国の市民たちが、はじめて国家を拒否して起こした暴動だ。職場では人びとがまたあんなことが起きるのだろうか、とひそひそ話をしていた。ティアパルクでも職員たちの話題はもっぱらその事件のことだった。ダーテは気を逸らせるように仕向けることもできなかった。ある朝彼はディトリヒに電話し、ライプツィヒ動物園はどんな雰囲気かとたずねた。そのディトリヒの報告が彼は気にくわなかった。

「ここでも飼育員たちはその話でもちきりです」とディトリヒ。「職員の一部は、場合によって
はデモも辞さないと言っています」
「それできみはどうするつもりなんだ?」ダーテはたずねた。
ディトリヒの考えははっきりしていた。「彼らがデモをするのなら、止めるつもりはありませ
ん。私はそれぞれのエリアに人員が残っているかどうかは、きちんとチェックします」と彼は答
え、こう付け加えた。「もっとも彼らにも理があります。起こるべくして起こったことです。こ
の国は、これまでのように視野狭窄、場当たり的でいいはずがありません。私自身もどうやって
参加したものかと考えています」
ダーテは自分の耳が信じられない思いで、怒りに我を忘れて言った。「そんなことをしちゃい
かん」。彼は電話越しにディトリヒにどなった。「どんなデモだろうと、動物園の職員の参加は厳
禁だ。わかったな?」
ダーテはこれだけでは気が済まなかった。その日のうちに彼は運転手の運転する車でみずから
ライプツィヒに行き、誰も動物園から出てはならぬと直々に命じた。ディトリヒに対しても、彼
は再度言った。「きみは動物園のことだけするんだ。他のことに首を突っこむな。特に政治など
もってのほかだ!」
ダーテはなにも国を守るつもりだったわけではない。その観点からディトリヒを説得すること
は彼にはできなかっただろう。ダーテは本来、政治的な思考ができる人間ではなかった。ナチ党

に入党した結果、自分自身で手痛い経験をしてからというもの、彼は可能なかぎり政治を避けていた。徹底した実務家タイプのダーテは、自分に言い聞かせた。「皇帝のものは皇帝に返せ」〔訳注　新訳聖書　ルカによる福音書第二〇章「皇帝のものは皇帝に、神のものは神に返しなさい」からの引用〕。必要なことをしよう、特にティアパルクにとっていいことをしよう、ということだ。だがそれ以外のことは彼の関心の埒外だった。

もっとも彼はそれで敵をつくった。一九五〇年代の終わりには、フリードリヒ・エーベルト市長が文化担当のブレヒャ市会議員に宛てて書簡を書いている。ダーテに関する苦情が出たからである。この苦情はどこかの誰かからではなく、国家保安相のエーリッヒ・ミールケと国家防衛相のヴィリー・シュトーフからだった。ミールケが率いるシュタージは肉食獣のためのケージの資金を集めた。ダーテはそれに対して、金額が十分ではないのでもう少しお願いできないでしょうかと手紙を出した。それを読んだミールケは、恩知らずで恥知らずな男だと感じた。ダーテはシュトーフに対してはさらに不遜な態度をとり、国家人民軍〔訳注　東ドイツ軍（NVA）のこと〕の兵隊に寄付を呼びかけてください、と何度も要求した。しかしダーテはいつの間にか、そうしたごたごたを起こしても、ティアパルクも自分の身も安泰でいられるような立場を手に入れてしまった。

一九五六年にモスクワの動物取引センターはティアパルクを支所に指定し、東ブロックと西ヨーロッパの間のすべての動物輸送の積み替え所とした。ダーテには、有蹄類の群れを全部収容することもできるほどの土地があったのだ。到着した動物は、フリードリヒスフェルデで数週間ほど検疫を行い、それから西か東に送り出される。東ブロックの動物は、「ドイツ」の動物であることを証明する東ドイツ当局の印が押される。その動物がコーカサス山脈からこようと、中央アジアの草原、あるいはシベリアの森林からこようとまったく同じだ。

西側にいて、フランクフルト動物園園長と動物園園長連盟会長を兼任するベルンハルト・チメックの陰に隠れてその存在がまだかすんでいたクレースとは異なり、ダーテはとうに東ドイツの動物園の中で中心的な存在になっていた。何事も彼抜きでは進まない。彼は東ドイツでもっとも重要な動物園を率いているのである。その意味では、ダーテも中央集権主義的な国家建設の一翼を担っていた。ベルンハルト・チメックは一九五八年秋に東ドイツの動物園を歴訪して、それに気づいていた。「東ドイツ政府は、この新しい動物園を、政治的な理由で自国の威信を保つために建設したように見える」――彼はアメリカのある動物園園長に書いた手紙で、自分の印象をこのように書いている。「その一方で、ドレスデン、ハレ、ライプツィヒにある東ドイツの古い動物園は、再建または近代化のための資材すら入手できない状態だ」

東ドイツの動物園関係者の中にも、同じような見方はあり、ダーテに従うことを快く思わない園長もいた。その一人がハレ動物園園長のハンス・ペッチだ。ティアパルクがオープンしたとき、ハレ動物園は初期の動物を寄贈した。コウノトリ一羽とラクダ一頭だ。だがそのうちにどの動物をどの動物園が入手できるかを、ベルリンが決めるようになった。そのようなわけである会議の席で、ペッチは拳でテーブルを叩き、こう叫んだ。「ベルリンの教皇など必要ない！　私はハレの専制君主だ！」

ライプツィヒのローター・ディトリヒも経済的な窮乏を痛感していた。ただし彼は権力に迎合するタイプではない。彼の怒りはダーテにではなく、東ドイツにおける了見の狭い官僚主義に向けられた。そのために何度も党幹部とぶつかってもいた。そうするとどうなるかはハンス・ペッチの運命が物語っている。彼はほろ酔い機嫌だったある晩、人前でふだんよりちょっと大きな声でウルブリヒト党首の悪口を言った。「あごひげ野郎め、出てけ！」この表現は東ドイツでは国家を誹謗するものとみなされ、禁固刑に処されることもある。ペッチは一九五九年に園長の職を失い、それ以降はフリーの物書きとして糊口を凌がなければならなかった。

ディトリヒはいまだにライプツィヒの副園長だった。ベルリン生まれのルートヴィヒ・ズコフスキイがダーテの後継者と目されていたからである。それでもディトリヒはまだ当局の観察下に置かれていた。ダーテとはちがって、彼は動物園の外の世界の不愉快な出来事すべてに目をつぶることはできなかったのだ。そのうちまた問題が起こるだろうし、ディトリヒは重大な決定を下さざるをえなくなるだろう。どうしてこうなったかを理解するためには、彼をめぐるこれまでの経緯を知る必要がある。

ディトリヒの問題は、カール・マックス・シュナイダーが園長で彼が助手だった数年前からはじまっていた。シュナイダーは中華人民共和国と動物交換の取り決めを結び、北京からアムールトラがライプツィヒに輸送されることになっていた。戦後ドイツにくる最初の動物だ。その見返りにライプツィヒからは世界的に有名な飼育動物の中から、ハイエナ四頭とライオン六頭が送り出されるはずだった。

まず一九五四年につがいのアムールトラが列車で輸送され、翌年にさらにあと二頭が送られてきた。今度はライプツィヒの順番だったが、交換が無事終了する前の一九五五年一〇月にシュナイダーが亡くなってしまった。ダーテはすでに東ベルリンにいるので、ディトリヒがこの交換取引を終わらせなければならなかった。だがどうやって？　シベリア鉄道による動物輸送は手続きが複雑で、いちばん簡単なのは海路だ。しかし数年前に就航したばかりの東ドイツの商船隊は、こうした輸送に適した船舶がまだなかった。そこでチェコスロバキアが動物の運送をしようと申し出てくれた。ただし西側通貨で支払うという条件付きだ。しかしライプツィヒ動物園は外貨を保有していなかった。偶然にもディトリヒは、ライプツィヒ見本市で船会社のハパック（ハンブルク・アメリカ郵船株式会社）の代理人と話をする機会があり、懸案の輸送の問題について話した。

「あのですね……」とその営業担当者は言った。「私どもに輸送を委託してくだされば、無料でお運びしますよ」

「なんてラッキーなんだろう」とディトリヒは思った。彼は動物園のライオンとハイエナを輸送箱に入れ、ハンブルクまで同行した。数週間におよぶ航海中の餌として用意したのはヒツジ一〇〇頭だ。当時は第二次中東戦争（スエズ戦争）のためにスエズ運河が封鎖され、船舶は南アフリカを経由して航行しなければならなかったのだ。

出港日にはハンブルク港にたくさんの記者が集まった。西ドイツの企業が東ドイツの動物を中国に運ぶことなど、滅多にあるものではない。

「私のコメントを記事に書くときには、正確に文字どおり引用してください」とディトリヒは集まった記者に言った。東ドイツは西側資本主義国の会社との取引を快く思わないから、慎重にしなければならない。

だがその心配は的中してしまった。翌日の大衆新聞には、「赤いライオンが赤色中国へ〔訳注 中華民国と区別するために一時期使われていた中華人民共和国の俗称〕」という大見出しが踊っていた。ライプツィヒに戻った彼は、階級の敵〔訳注 西側の資本主義陣営のこと〕が中華人民共和国と接触する手助けをしたとして、党役員に非難された。スターリンの死後、ソ連と中国の間の緊張が高まり、偉大なる兄弟国ソ連を差し置いて、西側と中国をつなぐことは侮辱的行為と考えられていたのだ。だがディトリヒは言い返した。「あの会社は輸送をただで引き受けてくれたんです。それに中国側は、私たちが契約を守り、動物を提供することを期待していましたからね」

しかし党幹部は聞く耳を持たなかった。彼らは、ディトリヒが「きわめて重い政治的失敗」をおかしたと捉えたのだ。一方のディトリヒは、お偉方は経済的な考え方ができないのだなと感じた。

似たような出来事は何度もあった。たとえば一九五八年だ。建設してから六〇年にもなる古いサル舎の屋根が、かなり前から壊れかかっていた。梁が錆びてぼろぼろになっていたのだ。だが新しい梁をすぐに調達するのはむずかしかった。町中で消費財と原料が不足していたからだ。もしあったとしても、そのほとんどが首都ベルリンに優先的に割りふられた。東ドイツでは物資が行き渡るのは、いの一番がベルリンで、大きく水をあけられてはいるが見本市の町ライプツィヒがそれにつづき、残りの場所はいつも後回しだった。建築資材が次に配給されるまでに、屋根が落ちてしまうかもしれない。そこでディトリヒはすぐに行動に出た。ライプツィヒ歌劇場の舞台装置の責任者に連絡し、ベルリン郊外のヘニヒスドルフに行って、そこの圧延工場で新しい鉄製の梁を調達してほしいと頼んだのである。

ところがこの人物が梁を調達して動物園の資材置き場に到着すると、シュタージが待ち受けていて、計画違反のかどで彼を逮捕してしまったのだ。それを聞いたディトリヒは、すぐに管轄官庁の地域の支所に電話した。「なぜ彼を逮捕したんですか？　彼には全権を委任してあります。もしどうしてもと言うなら、私を逮捕してください」

だがシュタージには通じなかった。「我々は実際にそれをした人物を逮捕するんでね」というのがディトリヒに対する答えだった。

翌日、彼は泣きじゃくっている男の妻を前にして、「あなたのご主人を救い出すために、私にできることはすべてしてします。彼には罪などないんですから」と約束した。

その翌日、彼のもとにまた訪問客がきた。今度は、憤懣やるかたないといった様子の歌劇場の支配人だった。数日後に『魔弾の射手』の公演を控えているのに、責任者が不在では舞台装置が完成しないというのだ。

「それはいいことを聞きました」とディトリヒは支配人に言った。「これからいっしょにシュタージに行って、彼がいないと公演ができないと言ってやりましょう」

無実の男が拘束を解かれるまでにそれほど長くはかからなかった。ディトリヒは、この国はなんて愚かなんだろう、という思いをさらに強くした。こうした事件は枚挙にいとまがなかった。そのたびにシュタージのもとに保管されているディトリヒ関連の文書は増えていった。彼も、国家が掲げる原則に屈服しないかぎり、自分はこの体制下では重要なポストに就けないとはっきりわかっていた。ダーテがティアパルクにドイツ社会主義統一党のポスターを貼ることを平気で禁じたり、党幹部にしつこく寄付を頼んだりすることができたのは、それほど国内でも尊敬される人物だったからだ。

ライプツィヒ動物園は、ドイツ社会主義統一党の地区長に目をつけられた怪しい存在だった。たとえば、党の青少年組織である自由ドイツ青年同盟は、ここでは足場を固めることができなかった。しかも、これまでに動物園の研修生は一人として兵役に志願していなかった。最初の志願兵がようやく名乗り出ると、彼は派手に祝って送り出された。だがこの男はその直後に西に逃亡してしまった。ディトリヒは一九六〇年にシュタージに尋問されたとき、こうしたことすべてを非難された。彼に関する書類は机の上に積み上げられていて、見たところ五センチぐらいの厚さだった。尋問している将校がちょっと席を外したすきに、ディトリヒは文書をちらりと盗み見た。そこには「Dはその意図が見抜けない対象である」とあった。

その直後、動物園は、新たな制限事項付きの（ディトリヒの目から見ると）意味不明の予算案を押しつけられた。ディトリヒはもうこれでけりをつけようと決心した。妊娠六ヶ月の妻とともに、彼は一九六一年四月に西ベルリンに逃れた。そこから彼はライプツィヒに別れの手紙を書き、職員に自分がそう決意するに至った経緯を説明した。

運命とフライトスケジュールのはざまで

東ドイツの建国以来、わずか一二年の間に約二五〇万人が西ドイツに逃れた。その大部分は、ディトリヒ一家と同じようにまず西ベルリンに行った。西ベルリンに入ると、町の南部にあるマリーエンフェルデ緊急受け入れ収容所に出頭しなければならない。ここが受け入れ措置を行う中心機関だからだ。人びとは住民登録所の前に長い列をつくって、ひたすら待つ。亡命者たちを一時的に収容するために、三階建ての平屋根の白い建物が二五棟あったが、いずれも満杯だった。さらにスペースを確保するために、二段ベッドが台所にも据えられた。ディトリヒはアメリカ人の収容所長に、彼の妻と娘と姑はシャルロッテンブルクの友人の家に泊めてもらい、自分だけが尋問に応じるためにここにとどまると説明した。西ドイツ市民でない者は徹底的に調べ上げられる。亡命者は誰もがスパイの容疑をかけられているからだ。アメリカ軍司令官の尋問には、万一のために通訳が常駐している。だが今回ばかりは通訳の女性はまったく出番がなかった。ディトリヒが流暢に英語を話したからである。

数日後、彼はすべて問題なしとの知らせを受け、彼と家族は西ドイツ市民として身分証明書を交付された。その翌朝一〇時にテーゲル空港に行き、そこから飛行機で出発するようにと指示も受けた。よい知らせを手に、彼は家族が待つシャルロッテンブルクに向かった。だが彼が着くやいなや、家の呼び鈴が鳴った。収容所からのメッセンジャーだった。「フライトスケジュールが変更になりました」と彼は言った。「翌朝八時にテーゲルにきてください」

翌日、家族が飛び立ってすぐ、シャルロッテンブルクのアパートの前に車が止まった。シュタージの係官三人が車から降り、階段を昇って二階のドアのベルを鳴らした。たった今までディトリヒ一家がいた家だ。一家を滞在させていた女主人がドアを開けると、男たちはローター・ディトリヒはいるかとたずねた。心の備えができていた彼女は、「え、誰のことです?」と聞き返した。

「ローター・ディトリヒだ」

「すみませんが、そういう名前の人は知りません」

彼らは当然その答えを予測していた。三人は彼女を押しのけ、室内にずかずかと入って、各部屋をくまなく探した。だがローター・ディトリヒと家族の痕跡はまったくない。いったいどこへ行ってしまったんだろう。「きっとベルリン動物園だ」。一人がつぶやいた。「西側の仲間に最後の挨拶をしに行ったんだろう」。三人はやってきたときと同じように、あっという間に車に乗って去っていった。

ベルリン動物園では、ハインツ＝ゲオルク・クレースがちょうど毎朝の巡回をしているところだった。彼は助手と獣医をぞろぞろと引き連れてすべてのエリアを回るのだ。この見回りにはお定まりのやり方があった。各エリアの責任者が最新情報をまず報告し、それからクレースが質問する。同行者は園長より先に質問して、園長の質問のじゃまをしてはならない。クレースは気にくわない点をいつでも見つけ出す。たとえば今はカバ舎の入園者側通路の上にあるクモの巣だ。「きのうもあったぞ」と彼は飼育員に文句を言った。「ほうきで天井を払いなさい」。飼育場の説明板の拭きそうじが不十分でぴかぴかになっていないと、また彼の逆鱗に触れる。この毎朝の儀式に邪魔が入ることも、彼は我慢ならなかった。いかにも安物のテカテカ光る革ジャケットを着た三人組が、彼の前に立ちはだかったときもそうだった。とんでもない話だ。

「なんの用ですか？」彼はいらいらした口調でたずねた。

「ローター・ディトリヒさんを探しているんですが」

クレースは腹を立てたのみならず、彼らの判断能力まで疑いはじめた。「諸君」と彼は教え諭すような口調になった。「それならライプツィヒに行くべきなのに、ベルリン動物園にくるとは！」

不服そうな顔で、探しているのではないかと疑いつつも三人は立ち去った。

この事件を知らされたローター・ディトリヒは、マリーエンフェルデ収容所の担当司令官に連絡して注意を促した。ディトリヒの出国予定を知っていたのは誰か、誰が彼を裏切ったのか、事件の再現が試みられた。

フライトスケジュールが発表になったのは午後五時頃で、それに基づいて一家は翌朝一〇時に飛行場に行くように指示された。その直後に、尋問に立ち合っていた女性通訳は勤務を終えた。彼女はフライトスケジュールがすぐに変更になったことを知らなかった唯一の人物だ。彼女は自宅からシュタージの連絡将校に情報を提供し、もはや最新情報ではなくなったフライトスケジュールをリークしたのだった。ローター・ディトリヒは単なる偶然によって拘束されずにすんだ。

彼にとってこれは唯一の試練ではなかった。だがとりあえず彼の家族の西側での新生活がはじまった。ニーダーザクセン州アルフェルトの調度もなにもない空っぽの家で生活がはじまった。家具を揃えていくうちに、ローター・ディトリヒはたった一週間で一万マルクの借金を抱える身になった。幸いにも、すぐにその土地の大物動物商ヘルマン・ルーエのもとで飼育員として働くことが決まった。

大学を出てライプツィヒ動物園の副園長だったローター・ディトリヒは、またいちばん下のポストからやり直しだった。だがそんなことはどうでもいい。大切なのは、ようやく外に出られたことだ。東ドイツの記者だった彼の妻と彼は、また新たに何かを築き上げようという希望でいっぱいだった。彼らは、将来は、仮に別のものだとしても、よりよくなると信じていたのだ。

ある朝、ディトリヒが若いアンテロープを集合放飼場に出そうとしていたときに、見知らぬ男が柵の前に立った。

「おはようございます。アルフェルト刑事警察です」とその男は自己紹介した。「ちょっとお訊きしたいことがあるのですが。出てきてくださいますか?」

「残念ながらそうはいきません」とディトリヒは答えた。「ごらんのように、忙しいので」

「そんなに長くはかかりません」。警官はほほえみながら言った。

「私が今出ていったら、ここの人に怒られますよ」とディトリヒ。

しかし警官はなかなかあきらめない。「ですから、すぐ終わりますから」

だがディトリヒはゆずらなかった。「残念ですが。ほんとうにだめなんです。全頭を捕まえて、動物舎内に閉じ込めるまでに少なくとも一時間半かかります。こうしてはどうでしょう。今晩六時半に市役所の地下レストランで会いませんか。そうしたらご質問に全部答えます」

男はようやく同意し、姿を消した。彼がいなくなるや、ディトリヒは動物を飼育舎に入れた。

全頭を入れるのに一〇分しかかからなかった。

ディトリヒは逃亡後にシュタージに連れ去られそうになってから、こういうときにどうするか自分で行動ルールを決めていた。まずはアルフェルト警察に電話し、問い合わせをした。「なぜ私のところに刑事警察を差し向けたんですか?」

中央指令室の相手は驚いて言った。「おかしいですね、ここには刑事警察はありません。ヒルデスハイムです。電話を切らずにちょっとお待ちください。ヒルデスハイムに問い合わせますから」

受話器の向こうから警官たちの会話がかすかに聞こえてきた。ヒルデスハイム?――関知しないって?

「もしもし」ふたたび相手の声がした。「ヒルデスハイムでも何も知らないそうです。ハノーファーの警察本部に照会してからかけ直します」

一時間後にディトリヒの電話が鳴った。「私どもでは誰も人を出していません」と警官は言った。「でも今晩の約束は守ってください。現地に警官を送ります。命の心配をする必要はありませんから」

その晩、ディトリヒは市役所のレストランに向かった。約束の時間に到着すると、安っぽいサスペンス映画のような光景がくり広げられていた。入口のドアのあたりから見ただけですぐにわかったのだが、目立つまいとしてかえって妙な空気を発している男が三人、テーブルについている。常連客ではなく、全員が私服警官にちがいない。

ディトリヒはテーブルにつき、しばらく待ったが、午前中の怪しい男はあらわれなかった。

何年もあとになってからわかったのだが、ローター・ディトリヒの名前は、シュタージのエーリヒ・ミールケ大臣がドイツ社会主義統一党の中央委員会に提出したリストに載っていた。このリストには、学歴または職位のために東ドイツに連れ戻さなければならない亡命者の氏名が記載されていた。連れ戻すと言っても、ディトリヒをライプツィヒ動物園の以前の仕事に戻すという意味ではなく、バウツェン〔訳注　ドイツ・ザクセン州の町。バウツェン刑務所で有名〕の重警備棟の独房に入れるためだ。

明白な関係性

一九六一年八月はじめ、ベルリン動物園の管理部に手紙がきた。ある女性入園者が、禁じられているのに動物に餌を与えたために、年間入園券を没収されたというのである。少し前までは、動物園での餌やりは黙認されていた。クレースも餌やりを禁じるまでに、しばらく葛藤した。ベルリン市民の動物に対する強い愛情を知っているだけに、彼らが猛反対することを恐れていたせいもあるだろう。

動物園の管理部は、女性に年間入園券を返却することにただちに同意した。彼女が年輩の東べルリン市民だったからである。ベルリン動物園は、ソ連占領地区からわざわざ足繁く通ってくれる（今となっては数が減ってしまった）常連客を失いたくなかったのだ。ここ数年で、客の多くがフリードリヒスフェルデに鞍替えしていた。

この女性がもう一度ベルリン動物園を訪れる機会があったかどうかはわかっていない。だがその可能性はかなり低かっただろう。と言うのも、そのたった一週間後に、ベルリン動物園は東ベルリンからくる入園者を完全に失ってしまったからだ。

一九六一年八月一三日の夜、誰も予測もしていなかったことが起こった。逃亡したローター・ディトリヒだってそこまで考えていたわけではない。この時期、アメリカ合衆国とソビエト連邦の関係は悪化の一途だった。特に西ベルリンの位置づけが問題だった。ソ連の国家元首であるニキータ・フルシチョフは町の半分を非武装化しようとした。すでに二年半前に彼は連合国軍に対して、部隊を撤退させることを要求していた。一九六一年六月のアメリカ大統領ジョン・F・ケネディとのウィーンにおける首脳会議で、彼は西ベルリンを「世界でもっとも危険な場所」と表現し、この「癌性潰瘍」を除去すると威嚇した。ケネディは、連合国は今後もその占領地区を管理し、ソ連の占領地区にも立ち入り、西ベルリンの自由をあくまでも守ると主張した。

ローター・ディトリヒは、西への逃亡者のたえまない流出に対して、東ドイツもいずれなんらかの策を講じるだろうと思っていた。だがその彼も、ベルリンを占領する四ヶ国の関係がこのように変化するとは夢にも思っていなかった。一九六一年八月一三日の朝、アルフェルトの自宅の台所でラジオニュースを聞いた彼は、驚きのあまり腰が抜けそうになった。彼が家族と西に逃げてから半年もたっていないのに、東ドイツ国営企業の武装民兵隊が「武装機関」と協力して、一夜のうちに西ベルリンとの境界を封鎖し、占領地区の境界に沿って有刺鉄線を張り巡らしはじめたのだ。

その後数日で、西ベルリンの周囲にはコンクリートブロックでできた壁がめぐらされ、それから数十年間にわたって、他のどこにもないベルリンだけの象徴的な風景となった。ベルリンの壁は道路どころか建物の中も通っている。必要とあれば、窓もれんがやモルタルで塞がれた。家族すら分断され、西ベルリンは外界から遮断されてしまった。

ベルリン動物園とティアパルクもついに境界線ではっきりと隔てられた。ダーテとクレースは二つに分かれた縄張りのボスジカになった。二人とその動物園は、それぞれの政治システムを象徴する存在になったのである。それ以降、二人の関心は入園者の人気をどうやって得るかではなく、ボンと東ベルリン〔訳注　東西ドイツの首都〕にいる「大きな動物」の関心を引くことになった。

動物園の歩き方⑤

歴史ある円形ケージ（１３３頁）　ティアパルクのいちばん奥にあるアルフレート・ブレーム館に行

く右手付近に、お椀をひっくり返したようなとても古いケージがあります。本文でダーテ園長が円形ケージに寄りかかりポーズをつけていた場所です。いまでもダーテ園長が現れそうなところでした。少し前にはここにカモメが収容されていて、中を大きく飛行しているのを見ることができました。２０１７年９月に訪れたときには、アフリカ産のトキやカモ類が十種ほど一緒に飼育されていました。このような歴史的な円形ケージは、最近ではどこの動物園でも新しいフライングケージに代わっており、ほとんど見ることができなくなりました。［写真：ティアパルクの円形ケージ］

パンダの名前（１３４頁）　パンダにはジャイアントパンダとレッサーパンダがいます。大きさといい毛色といい、同じパンダとは言い難いのですが、以前は同じパンダ科としていました。レッサーパンダが先に見つかり、そのあとジャイアントパンダが見つかったため大小で区別していました。１９８０年代、ドイツから送られて来る雑誌にはよく「竹熊」（ドイツ語でBambusbär）とパンダのことを表記していました。日本ではよくホッキョクグマを「白熊」といっています。また、中国と台湾ではパンダの呼び名が「大熊猫」と「大猫熊」と逆になり、ドイツではレッサーパンダを「赤パンダ」（Roter Panda）とか「猫熊」（Katzenbär）とも呼んでいるようです。ちなみに現在、ジャイアントパンダはクマ科に、レッサーパンダはレッサーパンダ科に分けられています。

世界動物園水族館協会（ＷＡＺＡ）（１３７頁）　世界約50カ国、３００以上のおもな動物園や水族館および協力団体・企業などが加盟している国際団体で通称「WAZA」と呼んでいます。1946年に創設された『国際動物園園長連盟』を母体とし、一世界動物園機構」を経て、2000年に現体制となりました。WAZAには「動物の福祉、倫理規定」が定められており、日本では「日本動物園水族館協会（JAZA）」といくつかの個別の園館がこの協会会員となっています。2015年には、日本の水族館が追い込み漁と呼ばれる方法で捕獲されたイルカを入手していることが問題となり、脱退問題に発展したことがあります。JAZAは91の動物園と、60の水族館が会員となっています（2018年6月末現在）。

ゾウの採血（148頁）　あの注射針が通りそうもないゾウの硬い皮膚で、どのように採血するのでしょうか。じつは血管が皮膚にとても近いところを通っている箇所があります。それはゾウの耳です。ゾウの耳を持ち上げると、裏側にはいくつかの血管が通っています。動物園では採血のトレーニングを積んだ獣医とスタッフがその場所から採血し、ゾウの健康診断やホルモン値などをみて繁殖などに役立てています。

動物の介護分娩（148頁）　動物も破水が早すぎたり遅すぎたりして、赤ちゃんが産道を滑らかに通過できないときがあります。ふつう頭部から出てきますが、足から出てくる逆子では介護分娩をすることがあります。出かかった子どもを介助して両後肢を同時にけん引するように引っ張って出す場合や、あるいは、また元に戻して本来の正常位である頭から出るように体位を調整して出す場合もあります。引っ張り出すときは子宮腔内で胎位を回転させて、正常位に変位させてから分娩させる場合もあります。当時のティアパルクでもきっとそのようなことをやっていたのではないでしょうか。

第5章

狩猟家と収集家

Jäger und Sammler

本章の時代（1961～1976年頃）

1961年【東・西】 10月27日：チェックポイント・チャーリーで米ソ両軍が向かい合う（ベルリン危機）
【テ】 ゲルト・モルゲンが西ベルリンへ逃亡
1962年【ベ】 2月21日：ロバート・ケネディ司法長官、訪問／12月：鳥舎オープン
1963年【テ】 6月：アルフレート・ブレーム館オープン **【西】** 12月：通過許可証協定で西ベルリン市民の東ベルリンへの移動を許可
1964年【テ】 ベルント・マーテルンが西への逃亡に失敗し逮捕される
1966年【西】 4月1日：ヴォルフガング・ゲヴァルト、デュースブルク動物園園長就任／5月18日：ライン川にシロイルカ現れる
1970年【東】 環境保護法の「土地改良法」可決
1976年【東・西】 ワシントン条約調印

本章の主要な登場人物

◉**ヴィリー・ブラント：【西】** 西ベルリン市長。クレースのよき相談相手
◉**「ヴィリー・ブラント」（ハクトウワシ）：【ベ】** ロバート・ケネディ司法長官により寄贈される
◉**ハインツ＝ゲオルク・クレース：【ベ】** 園長。西での存在感をアピールしたい［→6章］
◉**クルト・ヴァルター：【ベ】** サル担当飼育員
◉**ヴェルナー・シュレーダー：【ベ】** ベルリン水族館館長。ダーテとは東西を越え親交［→7章］
◉**ヴォルフガング・ゲヴァルト：【ベ→デュースブルク】** クレースの助手で、ライバル。ティーネマンの急死でデュースブルクの新園長に就任し、イルカショーの充実を図ろうとするが…
◉**ハインリヒ・ダーテ：【テ】** 園長［→6章］
◉**フリードリヒ・エーベルト：【東】** 東ベルリン市長。資金面などでティアパルクに便宜を図る
◉**マーヴィン・ジョーンズ：【米国】** 西ベルリン配属の米軍将校。米国で動物園に勤務していた。ダーテにとっては西側と行き来する窓口
◉**ベルント・マーテルン：【テ】** 前任者が西へ逃亡したことでシカエリアの責任者に。本人も西への逃亡をくわだてるが…
◉**ゲルト・モルゲン：【テ】** 検疫所の上級監視員。カナダの動物園に憧れ西へ逃亡するが、ベルリン動物園には採用されず、クレースの薦めでバーゼル動物園に就職。その後、カメルーンでハンターに
◉**ローター・ディトリヒ：【東・ライプツィヒ→西：ハノーファー】** 西へ逃亡して動物商ルーエのもとで働いた後、ハノーファー動物園へ。ライプツィヒ時代、西ベルリン出張の際に、ゲヴァルトによくしてもらう［→6章］
◉**ハンス＝ゲオルク・ティーネマン：【西・デュースブルク】** 園長。ドイツではじめてのイルカショーをはじめるが、急死
◉**ベルンハルト・チメック：【西・フランクフルト】** 園長。西の動物園業界の権威
◉**ヴァルター・ウルブリヒト：【東】** 東ドイツ国家元首
◉**マルティン・シュトゥマー：【西】** ハンター。動物取引会社「アマゾニアン・アニマルズ」を設立
◉**ジークフリート・ザイフェルト：【東・ライプツィヒ】** ティアパルクと園長を兼任していたダーテに代わり、園長に［→6章］

西ベルリンの朝の道路の騒音をかいくぐるようにして、異様な音がとどろいている。動物園のテナガザルが出すその音は、コントロールがきかなくなったジャズバンドが歌ったり楽器を鳴らしたりしているようだ。テナガザルが自分の縄張りを主張するこの音は、数キロメートル離れた場所でも聞こえる。風向きによっては、音はティアガルテン公園と壁を越え、東ベルリンにも聞こえるほどだ。そんなときは、町が一つなのだという気にさせられる。

しかし前年八月のあの夜以来、すべてが変わってしまった。かつてないほどに、西ベルリンの人びとは国家人民軍、もっと悪くするとソビエト軍が侵攻してくるのではないかと心配した。アメリカ軍は万一のために戦闘機二〇〇機をフランスに配備し、ソビエトの攻撃に備えた。それが何を意味するかベルリン市民は誰一人として考えたくもなかっただろうが、超大国の衝突は第三次世界大戦に発展しかねない。

一九六一年一〇月二七日に事態はその直前までいった〔訳注　「ベルリン危機」のこと〕。動物園のテナガザルは自分たちの遠い親戚の縄張り争いにはまったく気づかなかった。チェックポイント・チャーリー〔訳注　東ベルリンと西ベルリンの境界線上にあった国境検問所〕という名の木の生えていない場所を彼らは知らなかった。そこの人間は歌を歌わず、戦車を戦列につかせ、互いに戦闘準備を整え、自分たちの指揮官が射撃の命令を出すのをじっと待っていた。ヒトというサルの中には、戦争を異常と思わない者がいるのだ。

それは威嚇行為で終わったが、「力くらべ」は象徴的な戦いとしてその後もつづいた。連合国側は、西ベルリンを「赤い海」に浮かぶ「自由の島」と位置づけ、みずからの力を誇示しようとした。

また封鎖が起きたときの備えとして、西ベルリンではいたるところに九ヶ月分の食糧がストックされていた。動物園にも飼料を備蓄する必要から、納屋や冷蔵室が建設された。動物園の肉の備蓄は、大部分が生きた家畜だった。ただ魚のストックはないので、アシカなどの鰭脚類はいざとなったら飛行機でどこか別の場所に移す必要があった。

動物園はますます政治の舞台になっていった。一九六二年二月二一日、アメリカ合衆国大統領ジョン・F・ケネディがベルリンにくるちょうど一年前に、彼の弟のロバート・ケネディ司法長官がベルリン動物園を訪問した。動物園に入る前から、見物人に取り囲まれてケネディ司法長官が身動きできなくなったため、門番はついに動物園の入口を広く開け、入場料ももらわずに全員を入れざるをえなくなった。ハインツ＝ゲオルク・クレース園長はこの一件にたいそう腹を立てた。

ケネディはアメリカ合衆国の国章でもあるハクトウワシを持ってきて、その場で西ベルリン市長にちなんでヴィリー・ブラントと命名した。居あわせた新聞記者が、「ワシの性別もわからないのに」とあきれたほどだ（218頁：動物園の歩き方⑥「鳥類の性別判定」参照）。ドイツ社会主義統一党の機関紙『ノイエス・ドイッチュラント』は、この機に乗じて「獄中で」という見出しで、「死んだネズミが大好物」の「ヴィリー・ブラントの生活習慣」について詳しく報じた。しばらくの

Strichvogel Willy lendenlahm

Willy Brandt sitzt hinter Gittern

Schon seit sieben Tagen sitzt in Westberlin Willy Brandt hinter Gittern! Bei Kennedy sei's geschworen, ich habe ihn gestern besucht. Verstört hockte er in einer Ecke seines Gefängnisses.

「ワシ外交」。アメリカ合衆国司法長官のロバート・ケネディは、1962年にベルリンを訪問した。記念に寄贈したハクトウワシは「ヴィリー・ブラント」と命名されたが、東側の報道機関はここぞとばかりに批判的な記事を書きまくった。

間、東ドイツの各新聞は、西ベルリン市長と同名のこのハクトウワシについてくりかえし報じた。

こうした国家間の贈り物には難点もあった。いなくても困らないような個体がプレゼントの対象になることもあるからだ（218頁：動物園の歩き方⑥「いなくても困らないような個体って?」参照）。ハインリヒ・リュプケ連邦大統領は、アフリカ旅行でオスヒョウを押しつけられ、動物園に贈った。ベルリンに着いてからようやくわかったのだが、このヒョウは去勢されていた。ハクトウワシの「ヴィリー・ブラント」は、餌を飲み込むこともできなかった。そのかぎ爪は角質化していて、枝にとまれないし、獲物をつかむこともできない。「ひどい老いぼれですね」と獣医はすげなく言った。二年後にそのワシは死亡した。だがクレースはその前にもっと若い替え玉を手に入れていた。「ケネディが寄贈したハクトウワシがリューマチに苦しみ、屋外に出られなくても、入園者に『ヴィリー・ブラント』を展示できるようにするためだ」と『シュピーゲル』誌は皮肉っぽく報じている。

クレースは何よりも政治家や西ベルリンの有力者に気に入られることを重視した。しかも彼にはこうすると決めたら、たしかな説得力を発揮できる才能があった。

クレースにとって大切な相談相手はブラント市長だった。そこで彼はブラントが動物園にくるようにと、あれこれ手を尽くした。「息子さんといっしょにおいでください。きっと気に入ると思いますよ」といった調子だ。あるとき、彼はブラントと彼の一一歳の息子ラルスを、ベルリンっ子なら誰でも「サルのヴァルター」という呼び名で知っているクルト・ヴァルターのところに連れていった（218頁：動物園の歩き方⑥「サルのヴァルター」参照）。サルエリアの責任者のヴァルターは、赤ちゃんのチンパンジー二頭を哺乳瓶で人工哺育中だった。赤ちゃんザルが保育箱に横たわっている光景は、ラルス・ブラントの脳裏にしっかり焼きつくほど印象的だった。まだ一一歳だった彼は、自分が他の子どもたちとはちがってなぜ父親といっしょに動物園のバックヤードまで入れてもらえるのか、水族館館長のヴェルナー・シュレーダーが、なぜ猛毒をもつインドのクサリヘビの脱皮した皮をプレゼントしてくれるのか、深く考えはしなかった。だがこうした特権の背後には、いろいろな意図が潜んでいたのである。

ヴィリー・ブラントは、クレースが何を求めているのか知った上で、あえてこうしたことを受け入れていた。動物園がベルリンという町とその市民にとってどんな意味をもつかよくわかっていたからだ。

ベルリンが完全に分割されたことによって、ベルリン動物園はいちどきに一〇〇万人以上の入園者を失った。ハインツ＝ゲオルク・クレースは市政府に補助金の増額を請願し、市内めぐりの観光バスの起点と終点を動物園前にして、より多くの観光客を取り込むことを提案した。彼にとって新しい政治状況の唯一のメリットは、動物園客がこれ以上フリードリヒスフェルデに流れるのを心配しなくてよくなったことぐらいだった。東西ベルリンの市民にとっては、ベルリン動物園に行くか、ティアパルクに行くか、という選択肢はもうなくなった。壁が建設されてから二年半後の一九六三年一二月に、通過許可証協定のおかげで、西ベルリン市民はようやくまた東ベルリンに入れるようになった。

もっとも、クレースは入園料をまた上げたために、西ベルリン市民の怒りを浴びていた。彼は五年前に園長に就任してすぐ、入園料を一マルクから一マルク五〇ペニヒに値上げしていた。新聞雑誌、特に大衆紙の『ビルト』と『ナハト・ディペシェ』は彼を非難し、人々から愛されていたオクトーバーフェストをやめて、五万マルクもの確実な収益を棒に振ったと読者から投稿があったと報じた。それなのに今度は大人一人の入園料が二マルクになるとは！

オクトーバーフェストは彼の前任者カタリーナ・ハインロートと同僚のヴェルナー・シュレーダーが企画した催しで、寒い時期により多くの入園者を呼び込むことが目的だった。破綻寸前だった動物園の財政はそれによって救われた。だがあれは一九四〇年代の終わり頃の話だ。クレースは最新の貸借対照表をじっくりと調べた。直近の数年間は、催しの収入が明らかに減少し、動物園の財政に貢献してはいない。彼にとってオクトーバーフェストは、動物たちの平静をかき乱し、財政を圧迫する行事でしかなかった。

世界最大の飼育舎

入園料の値上げにともなう最初の騒動は、しばらくするとおさまった。ベルリン市民にとってやはり動物園は大切な存在であり、しかも着実に園内が充実していくのが彼らにもわかったからだ。一九六二年一二月、クレースは新しい鳥舎をオープンさせた。熱帯室もあって、鳥類がその中を自由に飛び回る様子を見ることができる。ベルリンではこんなすばらしい施設ができるのは、一九一三年に水族館のワニ舎が完成して以来だった。落成式にはハインリヒ・ダーテも西ベルリンに招待され、新しい鳥舎をおちつきはらった表情で見て回っていた。ダーテから答えが返ってきたのは、半年後のことだ。

一九六三年六月のその日には、とりわけたくさんの東ベルリン市民がフリードリヒスフェルデに詰めかけた。その理由は、すばらしい好天だけではなかった。最大の理由は、この日曜日にティアパルクにアルフレート・ブレーム館がオープンしたからだった（219頁：動物園の歩き方⑥「アルフレート・ブレーム館」参照）。それはありきたりの建物ではなかった。すでに棟上げのときから、玄関ホールには「社会主義の完成に向けた一里塚」と書かれた垂れ幕が下がっていた。敷地面積五〇〇〇平方メートル超の、東ベルリンの報道機関がくりかえし用いた表現を借りれば「世界でもっとも大きく、もっとも近代的な動物舎」である。

この日曜日は特別だった。ダーテは意識してこの日を国家の威信をかけた建物のこけら落としのために選んだのだ。一九六三年六月三〇日は、ドイツ社会主義統一党の中央委員会書記長、政治局長、国家評議会議長のヴァルター・ウルブリヒトの七〇歳の誕生日だったのである。ウルブリヒトはまだティアパルクを視察したことがなく、その日もこなかった。ティアパルクに熱心に通っていた妻のロッテとは対照的に、彼は動物にはまったく興味がなくて、それぐらいならスポーツ行事を見物するほうを好んだ。だが祝意を表してくれるだけでも象徴的な意味合いはある。それにウルブリヒトがこなければ、フリードリヒ・エーベルト市長に晴れがましいテープカットのチャンスがめぐってくる。

エーベルト東ベルリン市長は喜んでフリードリヒスフェルデにやってきた。特に六年前から飼育されているヨウスコウアリゲーターの「マオ」は、エーベルトのお気に入りだった。そればかりでなく、彼はこれまでにもダーテにたくさんの外来動物を購入する資金を出していた。西のラ

入園者は屋外施設にいるトラを、柵で視線を妨げられず、トラの故郷シベリアに思いを馳せながら楽しめる。

イバル動物園に勝つためだ。彼がティアパルクを好んだのは、そこに行くと、子どもたちが他の場所ではないほど幸せそうな顔で挨拶してくれるからかもしれない。

ダーテは、エーベルトが自分が誰か人に気づかれると上機嫌になることを知っていた。だから市長がフリードリヒスフェルデに来園することになると、あらかじめ一学級の小学生を近くに控えさせておき、あたかも偶然かのように市長に行き会わせ、大喜びで手を振って挨拶するように仕組んでいた。それればかりかティアパルクのガイドブックにも彼の写真を使っていた。

エーベルトがテープカットし、拍手が鳴りやむと、待ちかねていた入園者が徐々に薄暗い建物内に押し寄せてきた。興奮して口々に感想をつぶやきながら、彼らはパステルカラーのタイル張りのケージにいる縞模様やぶちのネコ科動物を見ながら進んでいたが、ライオンとトラがいる岩の前で、びっくりして立ち止まった。大作映画の書き割りにいる飼いネコのようだ。

これらの動物は、それまでは城の近くにある貨車を改造した飼育舎に収容されていた。新しいケージに移すために、猛獣は一頭ずつ麻酔をかけ、外したドア板に飼育員が載せ、小型輸送車の荷台に運び上げた。そうやってティアパルクを横断して運ぶのだが、輸送中にはうとうとしている猛獣の横に四人の飼育員が控え、予定より早く麻酔が切れたり、動物が覚醒したりした場合には、いつでも決死の覚悟でつかみかかることになっていた。ダーテはこうした作業のときには、けっして姿を見せず、検査官や飼育員に任せるのがつねだった。

熱帯ホールに次から次へと詰めかけ、頭上の弱々しいシュロの葉にぶらさがっているオオコウモリを見上げて驚嘆している入園者たちは、そんな苦労があったとは知らない。

建設作業は六年もつづいた。ダーテが国営テレビで模型を示して計画を説明したとき、いつもは雄弁で立て板に水の彼が、興奮しているのがはっきりと見てとれた。「これはですね、つまり、前あし二本を前に伸ばして座っているスフィンクスのような建物でして――この前あしの中に、いや、建物の中に、動物たちのためのまったく新しいタイプの放飼施設があるわけです」。彼はこれまでつくった中でいちばん大きく、いちばんりっぱな砂のお城を自慢する少年のようだった。「いちばん高いところで一八メートルもある、原生林を模した建物で、鳥が自由に飛び回るその空間に人が入れるようになっています」

彼はすでに一二歳のときの学校の作文で、このような動物舎の夢を書いていた（220頁：動物園の歩き方⑥「鳥専門の動物園フォーゲルパーク」参照)。当時の彼は、この夢が将来ほんとうに実現するとは思ってもいなかった。

ヨーロッパ各地の動物園園長も強い印象を受けた。国際動物園園長連盟のエルンスト・ラング会長は、一九六五年に来園し、「この動物園には議論の対象となるものは何もない。ただただ感嘆するだけだ」と言っている。ダーテはティアパルクのガイドブックに、長い間、ベルン動物園園長モニカ・メイヤー＝ホルツアプフェルの言葉を宣伝用に引用していた。「私たちが思い描く将来の動物園は、こうでなくちゃ！」ダーテはそのあとにわざわざこう書き添えた――「私たちも同感です！」

ヘラジカの輸送箱で

ダーテは外国に対して非常にオープンで、それを隠そうともしなかった。シュタージが実施した「非社会主義経済領域との接触」に関するアンケートにも、「国際動物園園長連盟の会員、全世界に向けた国際的な動物園雑誌の編集人として、さまざまな場で交流がある」と答えている。シュタージはこれを黙認していた。

ダーテは制約を嫌った。国境の隔てを超えて連絡を取り合うことは、動物園の世界では重要な意味があった。ドイツが世界の中心だと思っていると何が起こるかは、すでに骨身にしみて経験していたからだ。

西側の動物学者がティアパルクに行く、あるいはダーテに会うといった理由で国境を通過したいと言えば、原則として彼らはそれ以上検問されず、担当官の合図ひとつでさっさと越境できた。こうした西側との接触の窓口だったのがアメリカ軍の若い将校マーヴィン・ジョーンズだった（220頁：動物園の歩き方⑥「マーヴィン・ジョーンズ」参照）。彼は戦時中にニューヨークのブロンクス動物園で実習生として働き、動物園の飼育動物とその系統図を記録していた。当時は世界のどこを見回しても、まだそうしたことをしている所はなかった。それ以降、アメリカ軍はジョーンズをつねにユニークな動物園がある土地に配属させるようになった。ベルリン動物園とティアパルクがあるベルリンは、そういう意味ではうってつけだ。アメリカ軍兵士として、彼は東側にも入ることを許されたが、東ドイツの車に乗ることは禁じられていた。連れ去られる危険が非常に大きかったからだ。そこで彼がティアパルクのダーテを訪問するときには、ダーテの助手のヴォルフガング・グルムトがチェックポイント・チャーリーまで彼を迎えに行き、フリードリヒスフェルデまでの一一キロの距離をいっしょに歩いた。そしてグルムトは夜遅くに彼をふたたび徒歩で送り届けなければならなかった。

ダーテの自由さは、ときとしてティアパルクの外にまで影響を及ぼした。妻のエリザベートと彼は、末の息子ファルクの保護者会に出席し、他の両親と同じように、自宅では西側のテレビを見ていませんと署名するよう求められた。だがダーテは「申し訳ないですが、私は署名できません」と、あっけにとられている教師たちの面前で言い放った。「職業柄、幅広い情報を集める必要があるんです。外国の雑誌やテレビ放送なしでは、それができません」

もっとも、ダーテも当初はテレビ受像機がどうしても必要だとは思っていなかったらしい。注意力が散漫になるからだ。一九五八年当時の話である。そのうちに彼は自分でテレビに出るようになった。不定期に放映されていた「ティアパルク訪問」という番組である。

他の両親たちも彼の異議申し立てを歓迎し、この機会に乗じた。「じゃあ、私たちも署名しません！」それからこの学級だけに例外的な措置が講じられるようになった。

彼は仕事上で東西ベルリンの分断による制約を受けることはなかった。だが職員たちの事情はまったく異なり、彼らは壁ができてから西側の親戚や友人を訪問できなくなっていた。ベルント・マーテルンもそんな一人だった。彼は牛の飼育農場で農業研修を受け、一九六〇年からティアパルクの飼育員として採用された。そのために彼が最初に担当したのもいわゆる「外環」エリアだった。ティアパルクの北東の端にあるエリアで、特に希少なウシの仲間やアンテロープ、ヒツジ、ヤギなどが仮設の無味乾燥な柵の中で飼育されていた。

マーテルンの家はベルリン＝トレプトウにあった。家のドアから一〇〇メートル先は、もう占領地区の境界線だ。そのまた一〇〇メートル先のアメリカ占領地区のノイケルンには、彼の妹が住んでいた。二人を隔てているのは、たった五本の道路だった。境界線を彼は受け入れもせず、避けもせず、つねに訪問者として反対側に行っていた。だが一九六一年八月一三日、突然そこに壁が立ちはだかったのだ。

もともと彼は一日も早く国を出たいと思っていた。だがその直後にダーテは彼に対し、シカエリアの責任者のポストを提示した。ティアパルクの中でももっとも大規模なエリアだ。マーテルンは二一歳になったばかりで、「外環」エリアで働くようになってから一年半しかたっていなかった。だがダーテは彼を高く評価していたし、エリアの前任の責任者が西側に逃亡したという事情もあった。この男はダイビングが趣味で、冬の最中だというのにハーフェル川〔訳注　エルベ川の支流〕を潜水して西に渡ったのだった。これはいわく付きの逃亡だった。彼はその前に「ティアパルク潜水クラブ」を創設し、ダーテの長男ホルガーもそのメンバーだった。彼らは毎週フリードリヒスハインにあるカール・フリードリヒ・フリーゼン競泳スタジアムで練習していた。酸素ボンベも使っていたが、それを見て疑わしく思った人間はいなかった。

すでに何名かの飼育員が逃亡していた。ティアパルクは東と西の間の主要な積み替え場所だったので、ほとんど毎日、輸送箱に入った動物が到着したり、ここからさらに目的地に転送されたりしていた。そこに絶好のチャンスがあるとゲルト・モルゲンも考えていた。彼は検疫所の上級監視員として、輸送を担当していた。二〇歳のモルゲンは、カナダのウィニペグ動物園の映画を見て以来、どうしても一度は行ってみたいと願っていた。そこで輸送用の木箱に隠れ、西側に入ろうと計画したのだ。だがここのところはクマの輸送ばかりで、さすがにクマと同じ箱に入るわけにはいかない。

「でも別の動物がきたら」とモルゲンは考えた。「ともかくできるかどうかやってみよう」

そのすぐあとにソ連から若いメスのヘラジカが届いた（220頁：動物園の歩き方⑥「ヘラジカの輸送」参照）。北ドイツの動物園に向けて送り出される予定も決まっていた。ついに逃亡のチャンスがやってきたと思い、モルゲンはそのヘラジカの面倒を引き受けた。メスのヘラジカは、どの面からも中がのぞき込める木枠の箱に入れられていた。「こんなんじゃ、西ドイツには送れない」と彼はティアパルク専属の大工に難癖をつけて、すき間のない木箱をつくるように頼んだ。前面の落とし戸の上のほうにだけ、細長いスリットが開いている。

モルゲンの同僚は、たかがヘラジカ一頭になぜそんな手間をかけた木箱が必要なのかといぶかしんだ。ヘラジカが輸送される予定の前日、モルゲンは仲間に打ち明けた。「僕はヘラジカの木箱に入って西ベルリンに行く。列車がツォー駅に停まったら降りて、母さんのところに行き、そこに住むんだ」。仲間たちはあまり詮索せず、沈黙を守った。マーテルンもだ。もしチャンスがあれば、彼もそうするだろう。

モルゲンはオスト（東）駅で木箱に忍び込もうと計画した。ただ一つだけ問題があった。税関が線路の上にあるガラス張りの監視所から、プラットフォーム上で起こることすべてを監視しているのだ。だが飼育員たちには考えがあった。これまで何回も輸送にかかわった経験から、税関職員に見えない死角があることを知っていたのである。一〇月二六日の夜、彼らは輸送用の木箱を貨物トラックでオスト駅に持ち込み、ヘラジカの輸送箱をモルゲンが気づかれずに入れるようにプラットフォーム上の死角に置いた。前面の落とし戸を固定する釘を、彼はあらかじめボルトカッターで短くして、内側から開けられるように細工しておいた。彼の仲間は、わざわざ人目につくように、ヘラジカとモルゲンが入った箱に細工済みの釘を打ちつけた。税関職員にすべて何事もなく進んでいるという印象を与えるためだ。つづいて彼らは木箱をプラットフォームの端まで運び、先頭の貨車に持ち上げて入れた。こうして列車は西側に向けて出発した。

車内は暗くむっとする臭いがした。モルゲンは反芻動物の生暖かい息が自分の顔にかかるのを感じた。彼は木箱が自分とヘラジカに十分な長さになるようにつくらせたが、ヘラジカが方向転換して彼を踏まないように、横幅の寸法は抑えてあった。ヘラジカはソ連からの長い旅で、一日中狭い木枠の中ですごすことに慣れていた。列車が動き出した直後に、ヘラジカは身を伏せ、まるでモルゲンがいることが当たり前のように彼に注意を払わなくなった。

数分ほど走ると、列車は速度をゆるめ、キーキーきしみながら停止した。フリードリヒ通り駅、国境通過地点である。モルゲンは遠くのほうで編み上げ靴の音がするのを聞いた。国境警察にちがいない。音が近づいてくる。板壁越しに、貨車の扉が開き、何人かの男が大声で話しながら近づいてくる音が聞こえた。国境警察はベルリンの駅と線路網を監視する。ヘラジカの木箱の前で彼らは立ち止まり、一人が上のすき間からのぞき込んだ。まさにそのために、モルゲンはスリットをつくらせたのだ。そうでないと警察官は側壁のすき間からのぞいて、モルゲンを発見するだろう。だが上ののぞき窓からだと、そのすぐ下の死角にいる逃亡者を見つけることはできない。薄暗がりで、警察官はヘラジカの長い耳しか見えなかった。

「立ち上がれよ、老いぼれロバ！」と男が言った。

ヘラジカから数センチしか離れていないモルゲンは、激しい息づかいが聞こえないように強く下唇を噛んだ。

ありがたいことに警察官たちは木箱の前に長くは立ち止まらず、すぐにとなりの貨車に移動していった。ほどなく列車はツォー駅に向けて動きはじめた。木箱の中はますます臭くなってきた。モルゲンは顔から汗がはげしく流れるのを感じていた。ヘラジカはおとなしい。

ツォー駅に到着。モルゲンは西ドイツの旅客が乗り込み、荷物がすべて積み込まれるまで待った。それから立ち上がり、前面の落とし戸の上の部分をずらして、やっと箱の外に這い出た。狭い場所にいたために、両足がすっかりしびれている。木箱をふたたび閉じてから、彼はどうやって外に出るか思案した。貨車の扉は施錠されている。開けようとしたが、てこでも動かない。だが通路に沿って進むと、なんと側面の扉の一つが開いているではないか。こうしてついに貨車の外に出た。「暑い！」——モルゲンは真っ先に革ジャケットを脱いだ。その下はダークグリーンのティアパルクの制服だ。この季節はいつ寒くなってもおかしくないから、制服の上にジャケットを羽織っていたのだ。だが木箱の中はたえられないほど熱がこもっていた。とにかくできるだけ早くプラットフォームから降りなければ。

ツォー駅の先は、軌道が大きく右にカーブしている。したがって駅舎は縦軸が若干曲がり、プラットフォーム全体を見渡すことはできない。モルゲンが先頭の貨車から降りてくる様子は誰も見ていなかった。ふいに向こうから姿をあらわした東側の国境警察官もだ。西ベルリンの各駅も東ドイツ国営鉄道の管轄下にあったので、ここでも彼らは西ドイツへの逃亡者がいないかと列車を検査しているのだ。そのことはモルゲンも知っていたが、これほど大勢の警察官がいるとは。ざっと数えただけでも二〇人、他に数メートル間隔でプラットフォームには西側の警察官が立っている。だが走行中も不安を感じていなかった彼は、今もおちついていて、次の瞬間に何をすべきかだけをじっと考えていた。横にＳバーン〔訳注　ベルリンの都市高速鉄道網〕のプラットフォームがある。「誰かに呼び止められたら、軌道に飛び降り、向こうのプラットフォームまで走ろう」と心に決め、一人目、二人目、三人目の国境警察官の脇を通りすぎた。彼らはいぶかしげにモルゲンをじろじろ見るのだが、立ち止まって身分証明書を見せろと求められることは一度もなかった。胸と袖にベルリンの熊のマークが入った制服を着ているので、鉄道関係者と思ったのだろう。彼は最後の二人の国境警察官と、やはりこわい目つきでにらんでいる女性車掌の脇も通りすぎた。その先は駅のホールに通じる下りの階段だ。

母親が住んでいるクロイツベルクまでの乗車券を買うために、どこかで換金しなければならない。「母さんはきっとびっくりするだろうな」

すでに夜一〇時だった。換金所はとうに閉まっている。他にいい考えが浮かばなかった彼は、旅行者救護所に行った。そこで運よくスタッフの一人が二〇ペニヒを出してくれた。

「どうして上に警察官がたくさんいるんですか？」とモルゲンは彼に訊いた。

「逃亡したやつがいるらしいよ」と短い答えが返ってきた。


ゲルト・モルゲンが二日つづけて職場に姿をあらわさないので、ティアパルクでは大騒ぎになっていた。飼育員は全員尋問されたが、誰も口を割らなかった。自宅も徹底的に調べられたが、なんの痕跡もない。ついにベルント・マーテルンと他の職員が、ティアパルクのすぐとなりにあるシュタージの地区管理局に呼び出された。何時間も尋問されたあげく、彼らは解放された。担当官は確たる証拠をつかめなかったらしい。

マーテルンはなぜ自分たちが尋問でひっかからなかったのかよくわからなかったが、ダーテが事件を嗅ぎつけ、手を回したのではないかと推測した。おそらく彼は、「彼らはティアパルクにとってなくてはならない存在だ。彼らがいないと、ティアパルクは回っていかない」くらいのことは言ったのだろう。ドイツ社会主義統一党の党員ではなくても、ダーテの発言は効く。飼育員の尋問の件でわかったように、彼は特別扱いを受けていて、特権的な自由を享受していたのだ。そうでなければマーテルンはとっくに捕まっていただろう。

ダーテは党の大物を巧みに操り、ティアパルクに必要な自由を確保しなければならなかったのだ。しかしマーテルンはもう制約されることに耐えられなかった。邪魔されずに西の新聞を読み、アメリカ軍兵士向けのラジオ局ＡＦＮを聞きたかったのだ。これまでに彼はどれほど多くの変化を歯ぎしりしながら受け入れたことだろう。状況が変わったのは、国家人民軍に一九六四年に召集されてからだ。半年後、彼は逃亡する決心をした。それがどれほど危険なことかは、よく知っていた。三年前に友人のギュンターを失っているからだ。

壁ができてから一一日後に、当時二四歳だったギュンターは、ベルリン・ミッテ地区の軌道を越え、西側のレールルター駅に到達した。国境警察官が彼を発見し、警告のために発砲すると、彼は運河に飛び込んだ。だが反対側の岸に泳ぎ着く直前で、突然力尽きてしまった。

その二日前に、政治局は東ドイツの国境守備兵に発射命令を出していた。

弾丸は彼の首筋から入って下あごに達していた。ギュンター・リトフィンは壁を越えようとして殺された最初の犠牲者になった。

それでもマーテルンは逃亡の危険を選んだ。すでにかなり前から綿密な計画を立てていた。数人の友人と彼は、西側の連絡員を通して小型船舶を手配し、それでヴァン湖を経由してグルーネヴァルトに渡ろうとした。

だが計画を実行する前に、彼らは捕まってしまった。連絡員の正体はシュタージだったのである。マーテルンは三年間刑務所に入れられたが、それでも幸運だったほうだ。その前の年から西ドイツは東ドイツの政治犯を外貨と交換で釈放していたのである。そのおかげで彼は二年後に釈放され、国籍を剥奪された。

彼はずっとあとになってから、ダーテが彼の逃亡失敗の話をすぐに知らされなかったことで腹を立てていたと聞いた。おそらくダーテはマーテルンを投獄させず、ティアパルクに呼び戻すぐらいのことはできると思っていたのだろう。だがベルント・マーテルンはそれをまったく望んでいなかった。彼はただただ壁の向こう、西側に行きたかったのだ。

一方、ゲルト・モルゲンは西ベルリンにも慣れ、ベルリン動物園に面接を受けに行った。ティアパルクで働いていたときに定期的にきていたので、サル担当のクルト・ヴァルターら飼育員とすでに顔見知りだった。モルゲンはここで仕事を再開したいと願っていたが、クレースは断った。彼はダーテとの申し合わせによって、東から逃亡してきた飼育員を雇用することを禁じられていたのだ。ベルリン自由大学のウマ専門の付属動物病院で八ヶ月間働いていたモルゲンは、クレースにふたたび呼び出された。「バーゼルに行ったらどうだい？　知り合いのラング博士が、類人猿の飼育員を探している」。モルゲンは即座に決断した。

縄張りにライバル登場

ダーテは西ベルリンといい関係を保っていた。水族館館長のヴェルナー・シュレーダーは親しい友人で、彼とはラテン語の専門表現を駆使して激しい論争もできたし、国際会議のときにはいつもホテルで相部屋だった。

壁ができてダーテとクレースは、境界線で隔てられたそれぞれの縄張りのボスジカになった。しかしある時期から、動物園内にクレースのライバルが登場した。シュレーダーのように内向的で変わり者で自分の水族館だけが命の男ではなく、そこにいるだけでクレースを脅かすような雰囲気をかもす男だ。

大学を出たての一九五九年に助手として動物園に入ってきたヴォルフガング・ゲヴァルトは、クレースとあらゆる意味で対照的だった。身長一メートル九〇センチで髭を生やした角ばった顔のこの男は、大柄なくせに身軽でどんな柵でもひょいと跳び越え、来園した女性たちをうっとりさせる。それに比べるとクレースは何をやってもぎこちなく、不器用な印象を与える。

クレースの六歳の息子ハイナーもゲヴァルトといっしょに園内を回るのが好きだった。ゲヴァルトはハンターとしてもなかなかで、許可が出ているかどうかたずねもせずに、園内の野生のキツネ、カラス、ハトを撃ち落とす。彼にしてみれば、問答無用の有害生物というところだろう。ハイナーは、戦後はけっして銃器に触れようとしない自分の父親とまったくちがうこの男に夢中になってしまった。

ゲヴァルトはクレースより二歳若かったが、そのかわりに頭二つ分背が高く、しかも口が人の倍も達者だった。毎朝の見回りに集まった人びとの前でも、医長の回診は草の根民主主義の討論の場だなどと言って、クレースに平気で反論する。どっちみちすべてが気に入らず、他人に何も言わせないゲヴァルトは、クレースが発言したあとでなければ質問してはならないという不文律など守ろうとしなかった。

サイ舎ではちょうどマレーバクが到着したところだった。東南アジアで捕獲された非常に貴重な個体である。二年前から動物園にいた一頭のメス以外に、二頭のメスと一頭のオスが狭いケージに入っていた。バクはもともと臆病な性格で、群居しない動物だ。

「どうお考えですか、博士」とゲヴァルトはずけずけと言った。「ここはちょっと狭いのでは?」

クレースはちーんと音を立てて鼻をかんでから、すかさず言い返した。「あと三頭きても、ここに入れるさ!」

飼育員も検査官も獣医も、全員が食い入るようにしてゲヴァルトを見た。だが彼はにやりとして、ベルリン訛りでこう言っただけだった。「そうですか、ま、どうなるか見てみましょうって、博士」

ヴォルフガング・ゲヴァルトは生粋のベルリンっ子だった。ティアガルテンにある有名なフランスの高等学校を出て、一九四八年から東ベルリンのフンボルト大学で動物学を学び、途中から西ベルリンの自由大学に移って、一九五九年にテンの視覚能に関する論文で博士号を取得している。大学時代から無鉄砲で、バルト海に研究旅行に行って氷のように冷たい海で泳いだり、トラフズクの幼鳥を巣から捕獲するためにマツに登ったりした。在学中からリス、アライグマ、シャクシギ、ノガンに関する専門論文を執筆している。ノガンは飛翔できるもっとも重量の鳥で、すでに当時は中央ヨーロッパのほとんどの地域で絶滅していた。ベルリン北部のフローナウにある生家で、彼はノガンのヒナをかえし、飼育していた。家にきた客人は、テーブルのまわりをわが物顔で歩きまわり、ケーキのくずを人間の手から食べる人なつっこいノガンに驚いたものだった。

そのうち飼育する動物はさらに大きくなった。ベルリン動物園で彼は二頭の赤ちゃんゴリラを自分で育て、それが入園者、特に女性の入園者にたいそう好ましい印象を与えた。クレースはそうしたことすべてを苦々しい思いで見ていた。自分の助手が自分より人の注目を浴びているのがどうしても気に入らないのだ。

ゲヴァルトは自分が注目の的になるのがいちばん好きだったが、仲間の手伝いもまめにしていた。ライプツィヒでダーテの代理を務めたローター・ディトリヒも世話になった一人だ。ディトリヒは西に逃亡してから、動物商のルーエのもとで働いていた。彼は当初はヘルマン・ルーエ社長の命で、東アフリカでガゼルを捕まえていたが、その後、ルーエが運営しているハノーファー動物園に移った。ルーエはこの動物園で自分の所有する動物を展示し、転売もしていた。

まだ壁がない時代にライプツィヒ動物園で働いていたとき、ディトリヒは「資本主義の外国」に出張するたびに、わざわざ西ベルリンに行かなければならなかった。西側諸国は東ドイツをまだ主権国家と認めていなかったので、ディトリヒはまず連合国の「観光局」に行き、そこで暫定的な西ドイツの旅券を申請し、それから行きたい国の大使館でビザを出してもらうのだ。しかもその手続きをその日のうちに行わなければならない。徒歩や公共交通機関ではとても一日で回りきれないが、ディトリヒはタクシーに乗れるほどのお金もなかった。そんな彼に、自分の車を出すからと提案してくれたのが、ヴォルフガング・ゲヴァルトだった。車中で二人は動物園の最新情報を交換した。ディトリヒがゲヴァルトがどうしてそんなによくしてくれるのか、とたずねると、彼は言葉少なにいつものベルリン訛りで「なぁに、ブロンドのハインツと相談したからいいのさ」と答えるのだった。ブロンドのハインツとは、彼の上司であるハインツ＝ゲオルク・クレースである。

ゲヴァルトとクレースのそろい踏みで、しばらくの間、動物園には園長が二人いるような感じだった。これ以上の昇進は望めないゲヴァルトは、七年後に助手の身分のままでベルリンをあとにした。彼が去った理由については、いくつかの説がささやかれていた。大衆新聞が広めた悪意ある噂によれば、動物園のアンテロープ一頭が彼のせいで死んだらしい。別の噂では、毎朝キツネを駆除していた彼が、入園者の女性の脚を撃ってしまったという話になっていた。三つめの説によれば、おそらくそれが当たっているのだが、二人はこれ以上うまくやっていく見込みがなくて、そうでもしないと彼がクレースを押しのけてしまうおそれがあったからだ。

一九六六年四月一日、ヴォルフガング・ゲヴァルトはポストが空いていたデュースブルク動物園の園長に就任した。前任者のハンス＝ゲオルク・ティーネマンは一年前にデュースブルクでドルフィナリウム（イルカ館）を開設した。ドイツではじめてで、ヨーロッパでもまだ珍しい施設である。だがその数ヶ月後にティーネマンは五六歳の若さで、脳卒中で突然亡くなった。当初、デュースブルク動物園側は、生粋のベルリンっ子のゲヴァルトとはうまく息が合わなかった。しかもライン川とルール川の合流点にある陰鬱な感じの工業都市は、彼の夢が叶う希望の町とは言いがたい。クレースは記者のヴェルナー・フィリップに悦に入った様子で言った。「これから先はゲヴァルトの名前が話題に上ることもないだろう」

ハインツ＝ゲオルク・クレースがまちがうのは珍しいのだが、今回は彼自身もすぐに自分の思い違いに気づかされることになった。というのも、デュースブルクはゲヴァルトにぴったりの活躍の場になったからである。

ドルフィナリウムの建設にこれほどうってつけのタイミングはなかっただろう。一九六六年にドイツではテレビドラマシリーズ『フリッパー』〔訳注　イルカのフリッパーが活躍する海洋冒険ドラマ。日本語版のタイトルは『わんぱくフリッパー』〕が放映されるようになった。デュースブルクばかりでなく全ドイツの子どもたちは、毎週土曜日の午後にＺＤＦ〔訳注　ドイツ第二テレビ〕でテーマ音楽が流れると、テレビに釘付けになった。あんな動物の友だちがほしいとどの子も願っていたところに、突然、路面電車で数駅のところにそんな施設ができたのである。イルカショーで子どもたちはハンドウイルカの曲芸を見ることができた。運がよければ見物客の中から選ばれて、イルカが引っぱる小さなボートに乗せてもらえる。小さな動物園に見物客が群れをなしてやってきた。その年の入園者数は一〇〇万人を上回った。

東と西の動物園園長たちも、何もせずに手をこまぬいていたわけではない。ライプツィヒでもすでにドルフィナリウムの計画があった。ダーテはティアパルクの建設計画を練っていた段階から同じような計画を立てていたが、実現できずにいた。いちばん具体性があったのは、バルト海に面する港湾都市ロストックだった。だが計画がいよいよ実現される直前で、国家元首でしかもスポーツ愛好家のヴァルター・ウルブリヒトは、計画すべてを却下した。「イルカのプールをつくるぐらいなら、その前に人間のプールを建設すべきだ」というのである。ベルリン動物園のクレースは一九七〇年代のはじめ、夏季にフロリダのイルカショーの客演を実現させた。ゲヴァルトはさらに有利だった。着任の二ヶ月後、デュースブルクにある動物があらわれたのだ。それはほぼ一〇〇〇年にもおよぶ歴史をもつ町でも前代未聞で、今後も起こりようもないような事件だった。

汚れたラインのシロイルカ

一九六六年五月一八日、ライン川の二人の船乗りが、タンカー「メラーニ」に乗って川を進んでいた。ラインキロメーター〔訳注　ライン川上流のボーデン湖からの距離をあらわす標識〕七七八・五の地点で、船舶の横の灰色の水の中から、なにか白いものが姿をあらわした。長さは三メートルか四メートルほどで、ヒューヒューと音をさせて空気と水を吐き出している。彼らはただちに水上警察に通報した。「ライン川で白い怪物が泳いでいます」。それを聞いた警察は、二人とも昨夜しこたま飲みすぎてそんなことを言っているのだろうと考えた。到着した警察官は、真っ先に二人のアルコール呼気検査をした。結果はマイナス。そうこうするうちに彼らは自分の目でそれを目撃することになる。傷あとやミミズ腫れがいたるところにある白い背中が水面からあらわれ、ふたたび空気と水を噴き上げたのだ。クジラだろうかと警察官は思った。でもどうやってライン川に？　その三日前に、ロッテルダム近くの河口で一度目撃情報があった。しかしそこから四五〇キロも川上のヨーロッパ最大の内陸港に、雪のように真っ白な生き物が出現するとは。すぐに彼らは内務省に連絡した。そこでも最初はいたずら電話とまちがわれ、「どなたさまですか？」とつっけんどんに聞き返されたほどだった。

翌日、ヴォルフガング・ゲヴァルトにも情報が伝えられた。彼は、また例のあれかと思った。この時期になると、心配性の市民や消防が動物園に電話してくるのだ。屋根裏にワシのヒナらしいものがいる、とかそういう類いの電話だ。実際にそこへ行って調べてみると、ふつうのヨーロッパアマツバメのヒナだったりする。ライン川に白鯨がいるという話も、きっと溺れ死んだブタが水膨れして水中を漂っているんじゃないかと、ゲヴァルトは高をくくっていた。不機嫌そうな顔で彼は警察の船で、その生き物が最後に目撃された場所に向かった。だが今回は誤報ではなかった。ゲヴァルトは自分の目が信じられなかった。ほんとうにクジラが、正確にはシロイルカ〔訳注　シロイルカは別名ベルーガ、シロクジラ〕が泳いでいるではないか。シロイルカは大きい個体は、長さ六メートル、重さ一トンにもなる。長さ四メートル、重さ七五〇キログラムと推測されるそのシロイルカを見たゲヴァルトは、思わず言った。「おい、なんてこった！」

ゲヴァルトは少し前から、マイルカのためにさらに大きなプールをつくろうと計画していた。それだけではない。古いプールではシロイルカを飼育しようとしていたのだ。そして今、自分の目と鼻の先に最初の住人が泳いでいる。シロイルカは動物園関係者の間でも、これまで実物を見た者は少なかった。「デュースブルク動物園が自分の庭に迷いこんできたイルカを放置し、同種の個体をアラスカからわざわざ運んでこさせたりしたらお笑い草だ」と、ゲヴァルトは言い放った。

こうしてシロイルカ狩りがはじまった。シロイルカはその外皮の色で、ハーマン・メルヴィルの『白鯨』に登場する巨大なクジラにちなんで「モビィ・ディック」と命名された。ライン下流の漁師たちはシロイルカの扱いがわからないので、ゲヴァルトは自分でやらなければならなかった。近くのテニスクラブのネットと杭を使って、動物園園長は支援者の助けを借り、捕獲用の網を自作した。複数のボートを出して、「モビィ・ディック」を港湾に追い込み、そこで捕獲するという作戦だ。だが何回やってもだめだった。シロイルカは網とボートの下を回り込むようにし

ニーダーラインのエイハブ船長。ヤリや網、麻酔銃を総動員して、ヴォルフガング・ゲヴァルト園長（右から２人目）と助手たちは、「モビィ・ディック」を捕獲しようとした。

て逃げてしまう。

ゲヴァルトは、黄色の小型信号ブイをシロイルカに取り付けるために、アーチェリーのドイツチャンピオンを雇い入れさえした。動物愛護家はヘリコプターを借り、上空からオレンジを投下して、捕物帖の妨害をしようとした。彼らは自分たちの正義に対する確固たる信念があったのだ。だがゲヴァルトは、汚染されたライン川ではこのシロイルカは一週間ともたないだろうと心配していた。

ルール地域は石炭と鉄鋼によってドイツ経済の奇跡の牽引力となっていたが、その一方で環境対策は停滞したままだった。ライン川は下水道になってしまい、トン単位の化学薬品と工場廃水によって汚染されていた。製鉄所が出す二酸化硫黄で、果樹と家庭菜園の野菜は枯れてしまった。住宅の窓台には、ピンクとグレイがかった雪のようなトーマス鉱滓（こうさい）が積もっていた。トーマス法製鋼の副産スラグである。当時はデュースブルクの製鋼がもっとも盛んだった時期で、町は世界有数の製鋼業のメッカとして豊かさを誇っていた。しかし住民が「鉱山の町」として誇っている町は、大気汚染の深刻さでも他の都市の比ではなかった。日常的なこの汚染には、すでに「スモッグ」という新しい外国風の名前がついていた。

当時、東ドイツでは環境汚染を取り上げることはタブー視され、メディアは報道を許されなかった。社会主義国には「スモッグ」は存在しなかった。国のイデオロギーによれば、そんなものを引き起こすのは資本主義だけなのである。そのかわりにいわゆる「進歩」は称揚された。一九六〇年代の東ベルリンの建物の外壁には、「ロイナがもたらすパンと富と美」という宣伝文句が書かれていた。現実にはハレの南に位置するロイナの水素化プラントは、大気中にトン単位の二酸化硫黄を放出していた。ハレの町は黒い霧におおわれ、人びとは目と鼻が焼けたように痛むと訴えた。ハレ、メルゼブルク、ビターフェルトのいわゆる「化学の三角地帯」が垂れ流す廃水は、水銀と鉛を多量に含有し、東側のエルベ川とその支流を汚染していた。人びとは、「ビターフェルト、ビターフェルト、空から汚れが降るところ」と口々に言っていた。一九七〇年に東ドイツは、ヨーロッパでもっとも先進的な環境保護法である土地改良法を可決した。しかし唯一の結論は、煙突をさらに高くすることで、それによって工場から出される毒素はより広い範囲に拡散した。東側のプロパガンダでは、スモッグは「反帝国主義の保護壁」にさえぎられてストップするという印象操作がなされていた。だが時間の経過とともに東ドイツの大気汚染は悪化していく一方で、国ももはやこれを否定できず、せいぜいスモッグを無難な言葉に置きかえることぐらいしかできなくなった。こうして新聞雑誌やラジオでは、「工業霧」という奇妙な表現が使われるようになった。

スモッグに苦しむ西側では、ドイツ社会民主党の首相候補ヴィリー・ブラントがすでに一九六一年の総選挙で、環境汚染を問題視し、「ルール地域の空を、ふたたび青くしなければならない」と訴えた。そのために彼は党内でもひどい物笑いの種になったと、あとになってみずから書いている。党員たちは、地区にはもうもうと煙を吐く二〇〇ヶ所以上の発電所、高炉、精錬所があるのに、彼が「青空」を約束したことを非難した。ドルトムントとデュースブルクの間の工業地帯では、大事を行うには多少の犠牲はつきものというのが、大方の意見であった。細かい粉塵についてはまだあまり知られておらず、主婦が週に一度は棚の拭きそうじをしなくてはならないと考える程度だったが、次第に人びとの関心も高まりを見せ、アデナウアー政権もこの問題に取り組むようになった。

こうして法律改正が行われたにもかかわらず、状況は改善しなかった。数年ほど前に、ベルンハルト・チメックの自然ドキュメンタリー映画『居場所を奪われた野生動物』や『セレンゲティ〔訳注　タンザニアの平原〕を救え』を見ようと、人びとが大挙して映画館に詰めかけていたにもかかわらず、自然保護に対する意識は低かった。しかし今、アフリカのどこかではなくここで何かが起こっている。罪のない白い生き物が高炉が林立する汚れた川にあらわれたことを、多くの人はまるで神の思し召しかのように感じた。この生き物はラインを遡り、私たちのところにやってきた！　今になってようやく川がどれほど悪臭を放っているか気づいた者は多かった。

この時期、ライン河畔には毎日見物人が詰めかけ、一度でいいから「モビィ・ディック」を見ようとした。『ビルト』誌は空撮のためにわざわざ飛行船まで飛ばした。

東ドイツの新聞記事にも「モビィ・ディック」が登場した。五月二〇日に『ノイエ・ツァイト』紙は、デュースブルクの近くでシロイルカが目撃されたとはじめて報じた。しかもエルランゲンで一一歳の少女が性犯罪にあった事件や、ミュンヘンで反ユダヤ主義の落書きが見つかった事件や、フィリピンを襲った台風のニュースよりも扱いが大きかった。ライン川でイルカ狩りが行われている間は、東ドイツの新聞雑誌も記事を出していたが、ニュースのイルカはサイズがどんどん大きくなり、最初は四メートルだったものが六メートルになった。

ゲヴァルト園長は、「コンベレン〔訳注　動物用鎮静・鎮痛・筋弛緩剤〕」入りの投薬器を吹き矢のように射出する麻酔銃まで持ち出した。長い銃身の麻酔銃は、ショーン・コネリー扮するジェームズ・ボンドが映画『モスクワより愛を込めて』でならず者を追うシーンを思い出させた。ただゲヴァルトは、シロイルカの二〇センチほどの厚さの脂肪層を貫通させるには、麻酔薬の注射針が短すぎることに気づかなかった。

ニーダーラインの居酒屋の常連客の間では、このイルカ狩りの結果をめぐって賭けが行われていた。居酒屋の主人は「うまく捕まえたら、シロイルカのカツレツをおごるよ」と悪い冗談を飛ばした。ゲヴァルトの麻酔銃が二回目に命中し、「モビィ・ディック」が突然水中に潜り、何日も姿を消したあたりから雰囲気が一変した。登場人物の役割分担がはっきりしてきたのだ。メルヴィルの小説とはちがって、「モビィ・ディック」は善玉に、ニーダーラインのエイハブ船長こと ゲヴァルト博士は悪玉になった。イルカに麻酔をかけるのは危険なのだ。イルカは呼吸のために水面に浮上する必要があるからだ。「モビィ・ディック」は溺死したのではないかと心配する者も出てきた。新聞は「ゲヴァルト博士を逮捕せよ」とまで書き立てた。

彼の敵にしてみれば、ゲヴァルト園長は「名は体をあらわす」の典型だった〔訳注　「ゲヴァルト」はドイツ語で「暴力」の意〕。敵視された当の本人は人びとの非難を無視するどころか、必要としていたような節すらある。彼はアウトサイダーという自分のイメージを楽しんでいた。自分の罷免を要求している新聞の大見出しを、彼は自宅の壁に吊していた。それは、ハンターが狩りの記念に、獲物の角や毛皮で家の壁を飾るのと似ていた。

五月末、ゲヴァルトはシロイルカ狩りをひとまず中止した。『シュピーゲル』誌が皮肉っぽく書いたところによれば、シロイルカが「人間への信頼」を取り戻すための冷却期間をおくためだ。なぜ「モビィ・ディック」がライン川に入ったかについては、イルカが何らかの「変調」をきたしたためでは、としている。「正常なシロイルカは内陸へ入りこむことはない」。『ジュートドイッチェ・ツァイトゥング』紙は五月二三日の一面で、「なぜシロイルカにとってラインがそれほど美しかったのか？」と疑問を投げかけている。

「モビィ・ディック」の放浪の旅は、どうやらカナダの東海岸ではじまったらしい。一九六六年のはじめ、若いシロイルカが干潮時に浅い入江に迷いこみ、捕獲された。この個体は船でイギリスの動物園へ運ばれたが、目的地を目前にして、船はドーバー海峡で大嵐に見舞われた。その際にシロイルカは波にさらわれ、北海に転落したのだった。それっきりシロイルカは姿を消し、数ヶ月後にライン川に「モビィ・ディック」が出現したというわけだ。

その後イルカはオランダでまた目撃され、「ヴィリー・デ・ヴァール」と名づけられて捕獲を禁止された。ハルデルウェイクにあるヨーロッパ最初のドルフィナリウムの創設者フリッツ・デン・ヘルダーは新聞でドイツの「野蛮な捕獲法」をののしった。しかしこの捕獲作戦は、有毒なライン川の水のせいでイルカの皮膚に褐色の斑点ができたこと以外は、「モビィ・ディック」に大きな痕跡を残しはしなかった。

オランダでは海に戻そうと人びとが試みたにもかかわらず、シロイルカはナイメーヘン付近でロッテルダムに通じる分岐点を逃し、堤防で囲まれた袋小路のようなアイセル湖に迷いこんでしまった。イルカを北海に戻すだけの目的で、水門が開かれた。だがそれも功を奏さず、イルカはふたたび向きを変え、ゲヴァルト博士と無数のやじ馬がライン河畔で待ち受けているドイツの方向に泳ぎ出したのだった。

ドイツの動物の父と言われているベルンハルト・チメックは、一九六六年五月三〇日の『シュピーゲル』誌に、「この一頭のシロイルカのことを何十万の人びとが心配している。しかしノルウェー人がスピッツベルゲン諸島周辺で、血なまぐさい残酷な方法でシロイルカを絶滅寸前に追いやっていても、それを気にする者はいない。スピッツベルゲンがあまりにも遠いからだ」と書いている。ゲヴァルトの行動についてチメックはおおっぴらに非難はしなかったが、ゲヴァルト本人に宛てた私信では、彼の計画に疑問を投げかけている。デュースブルクのドルフィナリウム（縦横一〇メートル、水深三メートルのコンクリートプール）は小さすぎるのではないかというのだ。

政界でもシロイルカが州議会選挙のテーマになった。キリスト教民主同盟（ＣＤＵ）がシロイルカ狩りをやめるように要求したのに対し、ドイツ社会民主党（ＳＰＤ）はこれを捕獲し、海に帰すべきだと主張した。

六月はじめにゲヴァルトは『ツァイト』紙で弁解を試みている。「キリンがデュースブルクの森に迷いこんだら、私たちはキリンを捕まえる努力をするでしょう」。なぜならキリンは自力でステップには戻れないし、「私どもの放飼場では、同種の個体とともに大切に扱われるからです」

その間にも「モビィ・ディック」は、デュースブルク、デュッセルドルフ、ケルンのハンターを横目に、ひたすら泳いだ。どこまでも、どこまでも、嵐もものともせず進んでいく。

一九六六年六月一三日午前、連邦政府の記者会見が行われるボン〔訳注　ライン河畔の小都市ボンは、東西ドイツ分断時代の西ドイツの首都〕の本会議場は満席だった。

政府のスポークスマン、カール＝ギュンター・フォン・ハーゼが北大西洋条約機構をめぐる重要な諸問題について会見をはじめようとしていたちょうどそのとき、会議場に男が駆け込んできて、「モビィ・ディック」が連邦議会議事堂の前にあらわれたと告げた。一瞬にして世界政治は吹っ飛んだ。政治家もジャーナリストも外に駆け出した。ライン河畔で人びとがバター付きパンやらロールモップス〔訳注　塩漬けニシンを巻いたもの〕を水に投げ込んでいるのだが、シロイルカは食べようとしない。ふたたび斑点やら傷痕がある背中を見せ、「モビィ・ディック」は南の方向に泳ぎ去った。

シロイルカは約六〇〇キロメートルも川をさかのぼり、ライン川の長さのほぼ半分を泳ぎ切ったが、レーマーゲンのあたりで突然回れ右をして、全区間をまた戻っていった。ヴォルフガング・ゲヴァルトも今度は手出しをしなかった。シロイルカは一晩だけヴェーゼルの近くの砂利採取場の水たまりにいたが、六月一五日についに国境を通過し、ラインの河口方向に進んだ。最後の数キロメートルは、オランダ警察の公用車二台が河岸を併走し、ボート三艇もエスコートした。こうして翌日の夜六時四〇分、全ドイツの関心を一ヶ月間も集めたシロイルカの「モビィ・ディック」は最後に目撃され、北海に永遠に姿を消した。

ライン地方の住人はこのシロイルカの出現をいつまでも忘れず、記憶にとどめていた。数年後に彼の名にちなんだクルーズ船が誕生し、「メディウム・テルツェット」という三人組のバンドは、翌年の春のカーニバルにシロイルカの歌をうたった。


「ライン川のシロイルカ、おまえはなにがしたかった？

ラインじゃワインが水がわりって聞いたのか。

シロイルカ、おまえがなにをしたかったか、僕らにゃわかるさ。

シロイルカ、おまえはほんもののブルーになりたかったのさ」〔訳注　「ブルーになる」は「酩酊する」という意味がある。水質が汚濁したライン川にひっかけた表現〕

汚染されたライン川の水が多少きれいになるまで、まだそれから一〇年以上かかった。だがシロイルカがライン川に出現したことで、隅に追いやられていた環境問題が徐々に注目を浴びるようになった。デュースブルク動物園園長のヴォルフガング・ゲヴァルトは、数週間の間に人びとに愛されるようになったとは言わないまでも、知名度がアップした。「モビィ・ディック」は捕まえられなくても、彼はくじけなかった。正確には、ハンターとしての彼の経歴はここからはじまったと言ってもいい。一九六八年にデュースブルクのイルカは大きなプールに引っ越しし、古いプールはシロイルカ専用施設になった。ゲヴァルトはそのための個体を動物商から購入せず、自分で「狩場」から狩ることにした。次の年にゲヴァルトはカナダのハドソン湾に行き、原住民の助けを借りて二頭のシロイルカを捕獲し、動物園に持ち帰った。その後も遠征旅行はつづいた。フエゴ島でイロワケイルカを捕獲し、ベネズエラではオリノコ川のアマゾンカワイルカを網にかけた。一九七〇年代、八〇年代には、デュースブルク動物園に六種ものクジラ種、イルカ種が飼育され、中央ヨーロッパでも主導的な立場だった時期もあった（221頁：動物園の歩き方⑥「デュースブルクのイルカ」参照）。そのための費用も相当額にのぼり、損失も大きかった。当初受け入れたイルカ六頭は、最初の数週間で五頭が死亡し、アマゾンカワイルカ六頭も最初の三年間で三頭が死亡してしまった。

ゲヴァルトの収集欲と狩猟欲は並々ならぬものがあった。ただそれは彼一人ではなく、世界中の動物園で見られる傾向だった。彼らは表向きは、絶滅の危機に瀕している動物を守るために再繁殖を試みるのだとしていた。クレースは新聞記事の中で、ベルリン動物園で孵化したワシミミズクをふたたびハルツ山地で自然に帰したと自慢している。東ドイツの動物園では、ビーバーをデッサウ近郊のエルベ川に定住させるプロジェクトがあった。しかし多くの種は、まだ個別に人工飼育されていた。大規模な群れや繁殖集団はほとんどなく、出生国におけるきびしい保護対策も立ち遅れていた。そこで欲しい動物は野生で捕獲されていた。ゲルト・モルゲンも飼育員からハンターになった一人だ。バーゼル動物園の類人猿の飼育員を辞め、カメルーン南部でゴリラとチンパンジーの捕獲をはじめたのである。

需要は大きかった。一九五〇年代からは、動物園から注文があった野生動物に狙いを絞って捕獲が行われた。ハンターにとって黄金期の到来だ。

トラ四頭にバク二頭

動物取引が行われたのは、なにも西側だけの話ではない。鉄のカーテンの向こう側でも、この商売でもうけている人間はいた。毎年秋になるとたくさんの動物ハンターが西ドイツから東ドイツにやってきて、放飼場にいる余った赤ちゃんを捕獲し、西ドイツの動物園に転売していた。それと引き替えに東ドイツの動物園は希少種を手に入れる。この動物の交換は、国家の目を盗んで不法に行われることもあった。

ゲヴァルトがイルカ狩りに熱中し、ゲルト・モルゲンが西アフリカで類人猿を捕まえている間に、エクアドルではバイエルン出身のマルティン・シュトゥマーがハンターとして名を馳せていた。二四歳のシュトゥマーの半生はこれまでも偶然の積み重ねだったが、この仕事をするようになったのも単なる偶然だった。理由は簡単で、彼が冒険家だったからである。

一九五〇年代の若者にはよくある話だが、彼は自転車でミュンヘンからギリシャまで旅をした。旅はそこで終わらず、目標も大きくなっていった。彼は学校をサボり、男友だちとパキスタンの六〇〇〇メートル級の山に登った。高校卒業資格試験に合格するとまずアフリカに行き、ガボンのアルベルト・シュヴァイツァーを訪ね、さらに南アメリカに向かった。

エクアドルの村ではインディオがヤマバクを捕まえ、食糧の備蓄として生きたまま飼育していた。子バクは胸のまわりをロープで縛られ、他の家畜といっしょに飼われていた。どんどん成長しているのにロープをゆるめないので、ロープは肉に食い込み、多くの子バクが首から血を流している。動物の尊厳などあったものではないとシュトゥマーは考えた。欧米の動物園だったら、もっといい扱いを受けられるのではないだろうか。それにお金も稼げる。当時の彼は自分がいいことをしていると確信していた。それに未知の世界の冒険は刺激的だった。こうして彼は自分の動物取引会社「アマゾニアン・アニマルズ」を設立した。最初は原住民が捕獲した動物を買い取り、料理鍋に放り込まれる前に救っていたのだが、しばらくすると自分で太平洋に面した地域にツアーに出るようになった。アマゾンの原生林とアンデス高原でピューマ、ヘビ、オウム類を捕獲するためだ。彼は各国の政府機関と接触し、必要な輸出書類を入手し、方々に動物集積所を設けた。

特にヤマバクの捕獲はうまくいった。高度二〇〇〇メートル以上のアンデス山脈の人跡未踏の原生林に生息しているヤマバクは、それまでまったく知られていなかったのだ。ヨーロッパには一頭もおらず、前世紀末にベルリン動物園に一時的に一頭飼育されていたにすぎない。

シュトゥマーが雇った男たちは、イヌを使って臆病なヤマバクを追い出し、泳ぎが得意なヤマバクがパロラ川に飛び込んで逃げる前に、投げ縄で捕獲する。それからクラーレと呼ばれる狩猟用の毒を少量用いて、麻酔にかける。シュトゥマーは若い個体に狙いを定めていた。輸送も容易だし、適応能力もすぐれているからだ。彼はアンデス山脈の森からキトにある本拠地にバクを移し、そこで数週間かけて木の葉しか食べない神経質なヤマバクを、今後の飼育で与える植物に慣れさせる。シュトゥマーが希少動物を欧米の複数の動物園に納入しているという噂は、すぐに広まった。つがいの価格は五〇〇〇ドル（約二万マルク）にもなった。

ある日、彼はジークフリート・ザイフェルトから招待を受けた。一九六四年からライプツィヒ動物園の園長をしているザイフェルトは、彼を東ベルリンに呼び出した。

寒い冬の日、シュトゥマーは東ベルリンに出向いた。ザイフェルトはウンター・デン・リンデンとフリードリヒ通りの交差点にあるインターホテルで彼を待っていた。

ロビーの隅のテーブルに腰をおろすと、ザイフェルトが切り出した。「どうしてもつがいのヤマバクが欲しいんです」

「問題ありませんよ、園長」とシュトゥマー。「先日エクアドル政府から、一〇組のヤマバクを捕獲して輸出する許可をもらったばかりです」

「そりゃあ、いい」とザイフェルトは言ってから、少しためらいながらつづけた。「問題は、私たちが西の通貨を持っていないってことなんです」

「それは困りましたね」わざわざ東ベルリンまできたことを早くも後悔しながら、シュトゥマーは言った。

「そりゃね、私だって何も考えていないわけじゃない」ザイフェルトはなだめるように言って、身を乗り出し、ささやき声でつけくわえた。「そのかわりに私のほうからはオスのアムールトラ一頭、メス三頭をお出ししようと考えているんです。どれも純血種だということは保証します。政府の許可ももらっていますし、複雑な書類手続きもこちらでします。あなたは何一つしなくていいんです」

「そうはおっしゃっても、こういうことは慎重にやらないと」そう言ったシュトゥマーの声はかなり大きくなり、依然として不機嫌だ。

園長は肩をすくめた。「シュトゥマーさん、もう少し小さな声で。このホテルは話が筒抜けですからね。そこら中に小型盗聴器がしかけられていて、シュタージはいたるところにいます。共産主義国のアムールトラと資本主義国のヤマバクの交換が社会主義の利益とは相容れないということになったら、私たちは刑務所にぶち込まれますよ」

結局二人は同意した。ザイフェルトはさらに数匹の大蛇も注文し、シュトゥマーはこれをバクの木箱に詰め込むことになった。大蛇のための書類はなかったからである。別れ際にザイフェルトはシュトゥマーと握手し、こう言った。「私たち以外、誰も信じちゃいけません。私たちは政治はどうでもいい。大切なのは動物だけです」

東ドイツから戻る機中でシュトゥマーは段々に心配になってきた。アムールトラ四頭を熱帯のエクアドルに連れてきたらどうなるだろう。幸いにもアムールトラは西側では引く手あまただった。この世界最大の大型ネコ科動物は、東ブロックにしかいなかった。中でもライプツィヒに繁殖に大成功していた。シュトゥマーは複数の西ドイツの動物園にアムールトラをオファーした。シュトゥットガルトのヴィルヘルマ動植物園がトラを買い取り、同時にシュトゥマーのオファーの中から、さらにつがいのヤマバクとその他の野生動物も注文してくれた。

シュトゥマーはエクアドルの現地で小規模ながら本格的な動物園を建設しており、ハチドリの専門家としても評判が高かった。彼が知り合ったハンターは、ほとんどが正体不明の怪しい人物で、シュトゥマーの目には人生の敗北者のように映った。だがハンターを非難する者は、動物園の園長のことも非難するにちがいない。絶滅危惧種の輸出禁止を表向きは主張しているベルンハルト・チメックは、シュトゥマーに対しては希少動物の独占権を確保しようとしたが、そううまくはいかなかった。ずいぶん前から、シュトゥマーは金のためなら、要求されたものはすべて捕獲するようになっていた。

彼はベルリンでも注文を受けた。ハインツ＝ゲオルク・クレースはどうしてもオナシプーズーが欲しかったのだ。この世界最小のシカは、アンデス山脈の高度四〇〇〇メートルの地に生息し、小さなサイズと短い足のためにウサギシカとも呼ばれている。「プーズーを調達してくださ い（221頁：動物園の歩き方⑥「いちばん小さなシカは？」参照）。合法でも、そうでなくてもかまいません」――クレースはシュトゥマーへの手紙でそう書いている。その後彼は公式な書簡を書き、必要な申請書と用紙も添えて送ってきた。

一九六〇年代の終わり頃、徐々に動物の捕獲が下火になってきた。ヘルマン・ルーエのような動物商は、自分たちの動物を売り払って利益を得ることが徐々にむずかしくなった。動物園が種の繁殖に乗り出すようになったからだ。それに検疫規程が厳格化した。ルーエは、エルフルトやハレの動物園から買い取った多数の動物を、直接東ベルリンに輸送し、そこから転売することができた。東ベルリンのティアパルクほど収容能力がある場所は他にはなかった。

一九七〇年代になってから動物捕獲に対する世論がきびしくなり、一九七三年の「絶滅のおそれのある野生動植物の種の国際取引に関する条約」のような国際法（221頁：動物園の歩き方⑥「ワシントン条約とは？」参照）によって野生動物の取引は制限されるようになった。一九七六年一月に東ドイツはこの条約に調印し、西ドイツも半年後にこれにつづいた。だが当初はこの条約は机上の空論にすぎなかった。動物園が希少な保護種を入手する方法は、実はまだいろいろあったのである。

ゲルト・モルゲンがチンパンジーとゴリラの捕獲をやめたのは一九六九年だ。アメリカの動物園が野生類人猿の輸入を禁止してから、捕獲に手間暇をかけてもペイしなくなったのだ。彼はカメルーンを去り、それから一〇年ほど船上でコックとして働いた（221頁：動物園の歩き方⑥「カメルーン港から来たゴリラ」参照）。若い頃に夢見たカナダのウィニペグ動物園には行かなかった。カナダは彼には寒すぎたのかもしれない。いっしょに木箱に入って東ドイツから逃げた例のヘラジカを、ふたたび目にすることはなかった。

デュースブルク動物園園長のヴォルフガング・ゲヴァルトは、一九八〇年代に動物捕獲遠征にたびたび出かけ、世間から強い批判を浴びるようになった。イルカ飼育に対する抗議書も数多く寄せられた。イルカを動物園でしか見られなかった時代は過去のものとなり、新しい意識が生まれていたのだ。その風潮は、イルカとクジラは特に人間に近い友だとして美化するところまでいった。こうした神秘化に対して、ゲヴァルトは理解がなかった。「アザラシやオットセイと同じで、彼らも単なる動物だととらえたい」――新聞のインタビューに対して、彼はこう答えている。

マルティン・シュトゥマーは、それからまだ数年ほどエクアドルでトラを捕獲していた。一九七二年にクレースはついに彼からオナシプーズーを手に入れた。だが残念なことにプーズーはベルリンで半年もたたないうちに死んでしまった。オスのプーズーは肺炎で死亡し、メスはそのすぐあとにボツリヌス菌に感染してしまったのだ。このように繁殖もせず、人工飼育では長期間生きられなかった動物のことを、動物学者たちは「棺桶用の釘」と呼んだりする。ヨーロッパの動物園にほんの短い間しかお目見えしなかったヤマバクもそうだ。マルティン・シュトゥマーはその後、南アメリカを去ってパプアニューギニアに行き首狩り族と暮らしていた。彼らは白人をまだ見たことがなかった。それからフィリピンに移り、ここで彼はある島の部族の王になった。彼の冒険はつづいている。

私たちも次の冒険に話を移すとしよう。

動物園の歩き方⑥

鳥類の性別判定（174頁） ワシタカなど鳥類の性別判定は当時ではとても困難でした。鳥類の種の半数以上が外見からは性別判定が難しいといわれていて、特に幼鳥のときは難しいようです。いままでの判定法は、解剖検査による生殖器の確認とか、血液や羽軸根部の組織による判定でしたが、動物にストレスなど負担をかけてしまいます。やがて糞からDNAを抽出し雌雄の判別をすることができるようになりました。以前はペンギンをオス同士でペアにして同性愛に発展したケースもよくありましたが、最近はそういうこともなくなってきています。

いなくても困らないような個体って？（175頁） 文中で、「いなくても困らないような」という表現が出てきます。当時、動物を他の動物園に移す場合、いちばん多く考えられる可能性が「余剰動物」です。動物園で増えすぎているとか、血統的に飼育できない、他の個体と一緒にできない、施設に置けないなどが理由として考えられます。しかし、やはりどこも繁殖しているいい個体は手放したくはなかったのではないでしょうか。余剰という言葉は最近あまり使われなくなってきましたが、かつては、ヨーロッパでも動物商が中心となって動物の貸し借り、交換などが行われていました。いまは動物商もほとんど姿を消し、動物は動物園館のブリーディングローン（共同繁殖）などによって移動しています。

サルのヴァルターとは（176頁） ベルリンっ子なら誰でも知っている「サルのヴァルター」とはサルエリアの責任者クルト・ヴァルターことです。ヴァルターは当時、人工哺育を含むたくさんのチンパンジーの子育てに追われていました。戦争で唯一生き残ったメスのチンパンジーは「ズーゼ」だけでした。戦後、動物業者からオスの「ジョニー」を購入し、１９５２年にはオスの「サム」が生まれ、それ以降、63年、66年、71年、さらには別群れで１９８８年、89年、90年と出産ラッシュだったのです。「サム」は50歳ちかくまで長生きしました。同時期の上野動物園では「ビル」というオスがやはり推定48歳まで生きました。「ビル」は男性飼育員が好きで、メスにはまったく興味を持ちませんでした。ベルリン動物園の類人猿舎は、上野動物園の旧ゴリラ舎（１９６９年）を設計する際に参考にさせてもらいました。

アルフレート・ブレーム館（179頁） ティアパルクでいちばん有名なＹ字のような形の動物舎です。『ブレーム動物事典』（１２４頁）を手がけたドイツの動物学者アルフレート・ブレームの功績を記念して１９６５年に作られました。ここには大型ネコ類や数百種類の鳥類、両生爬虫類など多くの種類が集められ、展示されています。２０１２年より館内の改修計画がはじまり、猛獣舎は水堀をやめ内部を拡大し、熱帯館室内を充実して見やすくする改装が行われています。２０１７年秋に私が訪れたときはすでに改修工事の途中で一部が立ち入り禁止になっていました。［写真・上：館内部／写真・下：公開当時はこうした自然な展示にベルリンっ子たちもびっくりだった］

鳥専門の動物園フォーゲルパーク（181頁）　「フォーゲルパーク」の「フォーゲル」とは鳥を意味し、ドイツは鳥専門の動物園が世界でも多い国です。とくに、ニーダーザクセン州のヴァルスローデ（Walsrode）にあるフォーゲルパークは世界最大の規模です。24ヘクタール（24万平方メートル）の園内に600種以上の鳥類が飼育され、ショーも行われています。また、ティアパルクではいまでも猛禽ショーを見ることができます（2017年9月）。日本にも、島根の松江フォーゲルパークや、静岡の掛川花鳥園など、鳥を中心にした動物園があります。

マーヴィン・ジョーンズ（183頁）　後にアメリカのサンディエゴ動物園に移り、世界の動物園の個体登録や長寿や繁殖の記録に貢献しました。生き字引のような人物で、ドイツに駐留している間、動物園を訪れドイツの哺乳類学会に参加していました。日本の動物園関係者には彼を知る人も多くいます。2006年、逝去。

ヘラジカの輸送（186頁）　ヘラジカは体長240～310センチ、肩高140～230センチもあるシカ科最大の動物です。有蹄類の移動では中で蹴って暴れてケガをしないように、普通はできるだけ横幅の狭い木箱を使います。ティアパルクのゲルト・モルゲンは、西側に逃亡しようとしてヘラジカの輸送箱の中に隠れたということですが、この木箱も大きいものの、おそらく横幅があまりないところに隠れていたと想像できます。逃亡にはいろいろな方法があったようですが、似たようなケースでは輸送箱の中に等身大のウシの模型を入れ、その腹に隠れていたという写真が公開されたことがありました。

デュースブルクのイルカ（２１０頁）　デュースブルクはイルカ飼育でとても有名ですが、最近はイルカ愛護の世論の高まりで問題視もされています。イルカは「ドルフィナリウム」で飼育されています。

いちばん小さなシカは？（２１５頁）　本文に登場した「プーズー」はシカ科のなかで最小の動物です。一方、最小の有蹄類はマメジカ科の「マメジカ」で、プーズーよりさらに小さく、ウサギぐらいの大きさしかありません。

ワシントン条約とは？（２１６頁）　正式には「絶滅のおそれのある野生動植物の種の国際取引に関する条約」のことで、１９７３年にワシントンで採択されたことからワシントン条約と呼ばれています。これは野生動植物が国際取引によって過度に利用されるのを防ぐため、国際協力によって種を保護するための条約です。動物の希少性に応じて3ランクに分類されています。日本では１９８０年から施行されました。条約に違反して密輸された動物の問題以外にも、バッグや財布、象牙やベッコウなど日本と関係の深い問題もあり、ときどきニュースなどで報じられることがあります。

カメルーン港から来たゴリラ（２１６頁）　かつては日本の動物園も動物商から動物を購入していました。１９５７年11月、上野動物園に初来園した3頭のニシゴリラもたどるとカメルーンから来ています。いまは野生動物を現地からもってくることは厳しく禁止されていますが、当時は幼いゴリラたちが飼育しやすいことから、群れで暮らしている母親や仲間から引き離され、船で先進国の動物園に運ばれていました。しかし長い航海では港にたどり着けるものはほんのわずかでした。

第6章

大きな計画、小さな魚

Große Pläne, kleine Fische

本章の時代（1961～1975年頃）

1961年【テ】バク舎建設計画スタート
1964年【東】「工業価格改革」で原材料が高騰
1967年【テ】バク舎の工事中断
1969年【東】「東ドイツ動物園委員会」を設立し、ハインリヒ・ダーテが議長に就任
1974年【東】「東ドイツ動物園委員会」で郷土動物園支援を義務化　**【西】**ミュンスターで「全天候型動物園（ミュンスター・アルヴェッター動物園）開園
1975年【西】クレーフェルト動物園が「熱帯類人猿館」をオープン

本章の主要な登場人物

◉**ヨルク・アドラー：【東・ライプツィヒ】**若い飼育員。獣医志望だが、労働者の子でなかったため遠回りをする。出張の際、ダーテにかわいがられる［→8章］
◉**ジークフリート・ザイフェルト：【東・ライプツィヒ】**園長。ダーテと仲が悪い。クレースとは良好な関係［→8章］
◉**ハインリヒ・ダーテ：【テ】**園長［→8章］
◉**ローター・ディトリヒ：【西・ハノーファー】**園長［→8章］
◉**ファルク：【東】**ダーテの末っ子。爬虫類が専門
◉**ダニール・グラーニン：【ソ連】**作家。ティアパルクに感銘を受ける
◉**ハインツ＝ゲオルク・クレース：【ベ】**園長。サイ舎を竣工し、類人猿館を拡張し、新クマ舎を建設［→7章］
◉**ハインツ・テルバッハ：【テ】**建築家。近未来的なバク舎の建築責任者に［→8章］
◉**ハインツ・グラフンダー：【テ】**かつてテルバッハを推した建築家。テルバッハを設計本部に呼び戻す［→8章］
◉**エーリッヒ・シュミット：【東】**風刺画家。バク舎の一件を風刺

アウトバーンを時速九五キロで飛ばし、ライプツィヒ動物園の若い飼育員がベルリンに向かっている。彼の名はヨルク・アドラー。一時間ほど前にライプツィヒを出発したので、このスピードでいくとエンジントラブルが起きたりしなければ、フリードリヒスフェルデのティアパルクにあと二時間半で到着する。事故の可能性はほとんどないだろう。この朝、彼の車以外に道路を走っている車は見あたらなかった。一九七〇年代のはじめには、マイカーを持っている者はまれだった。アドラーがドライブ中に誰かに追い越されたりしたら、それだけで大事件だ。

問題は所要時間だ。きっちり三時間半の単調な時間。近道も高速道路もない。アドラーはいつも三時間半で目的地に着いていた。トラバント〔訳注　東ドイツで生産されていた小型乗用車。愛称「トラビ」〕のエンジンは、時速九五キロ以上には耐えられないのだ。

ベルリンにドライブするたびに、アドラーは東ドイツの現状を目の当たりにする思いだった。人間は自分の意志があれば努力することができる。だがこの国には、時間を要する案件、決められた道を通らないと達成できない目標というものがあるのだ。

アドラーはそれを思い知らされていた。一九六四年に彼はまあまあの成績で高校を卒業した。なぜ「まあまあ」だったかというと、勉強するかわりに父親を手伝って注射器を洗ったり、往診に同行したりもしていたからだ。父親はウマ専門の獣医で、ライプツィヒ大学の正教授でもあった。アドラーも将来は獣医になりたかったが、問題は、彼が労働者の家庭や農家の出ではなかったことである〔訳注　ドイツ民主共和国憲法の冒頭には、「ドイツ民主共和国は労働者と農民による社会主義国家である」とある」。そうした出自でない子弟が獣医学を専攻することを許可されるためには、高校卒業資格試験で好成績をあげるか、国の「追い越し車線」を利用するしかなかった。つまり兵役に志願するか、入党するかだ。アドラーは全体主義政府に対して批判的で、熱心なクリスチャンの家庭に育ったため、この二つの選択肢はいずれも眼中になかった。したがって「追い越し車線」ではなく「回り道」を利用するしかない。当時の東ドイツではごくふつうだったのだが、アドラーは高校卒業資格試験に合格するとともに、職業研修を受けることも義務づけられた。同級生と同じようにお仕着せの専門が決められ、選択の余地はなかったので、彼は左官業の職業訓練を受けた。高校卒業後、アドラーは「骨組構造組立工」として特殊技能工見習い期間修了証をもらい、建築工学を大学で学ぶ資格を得た。

一年にわたって自分にとっては味気ない専攻科目に苦しんだあげく、彼は大学を辞め、動物園やウマ飼育場の見習いのポストに応募した。最初に返事があったのがライプツィヒ動物園で、一九六六年に彼は仕事をはじめ、二年後には飼育員の職業教育課程を修了した。その後、有蹄類エリアの責任者に抜擢され、それからサル担当責任者となる。そのうちに彼は動物園のありとあらゆる用事に駆り出されるようになった。運転免許を持っている職員は三人いたが、実際に運転経験があるのは彼だけだったので、ジークフリート・ザイフェルト園長は彼をしばしば東ベルリンに出張させた。「動物園委員会」に園長のメッセージを伝えるためだ。フリードリヒスフェルデのティアパルクまで行き、次の動物輸送について打ち合わせをすることもあった。

政治と同じで、動物園の世界でもすべての道はベルリンに通じていた。誰もハインリヒ・ダーテを無視して通ることはできない。彼は東ドイツのすべての動物園が認める「家長」だった。『ジュートドィッチェ・ツァイトゥング』紙は一九七六年にこう書いている。「西ドイツにチメックあり、東ドイツにダーテあり」

アドラーが「東のチメック」と言われているダーテにはじめて会ったのは、休暇先だった。一九五〇年代の終わり頃だろうか、彼は両親とバルト海に面したアーレンスホープに滞在していた。アーレンスホープは東ドイツの芸術家や知的エリートが集まる海辺の保養地で、東ドイツの他の場所とは隔離された世界だった。ホテルのとなりの部屋には、のちの人民議会議長ゲラルト・ゲッティングが泊まっていたし、砂浜の三つ先の屋根付きビーチチェアには、ドレスデン動物園のヴォルフガング・ウルリッヒ園長がいつも座っていた。レストランに行くと、東ドイツ国営テレビの有名キャスター、カール＝エドゥアルト・フォン・シュニッツラーを——彼が迷惑行為で入店禁止を食らっていないときは——よく見かけた。

当時からアドラーが注目していたのが、小柄でずんぐりした男だった。体格ではなく、その行動に目を引かれたのだ。この人物はビーチチェアにも居酒屋にも陣取らず、いつも双眼鏡を首からさげて散歩している。数メートル歩くと立ち止まり、鳥を探して周囲を観察する。

アドラーは、まだその男があの偉大なダーテだとは知らなかった。毎週ラジオやテレビの番組に出演し、いつか会うことができればと切望していた人物だとは。だが人生というものは、ライプツィヒからベルリンへ向かう単調なドライブとはちがって、うねうねと迂回し、予期せぬことが待ち受けている。

アウトバーンの出口には、早くも「ベルリン・ティアパルクへようこそ」という案内標識が出ている。ダーテはベルリンへ入るすべての乗り入れ道路にこの標識を設置させていた。ティアパルクの建設工事中の一九五〇年代には、自動車を持っている人間などいなかったのに、ダーテは城の入口にも駐車場をつくらせた。今もそこを利用すると、たいていアドラーの車以外誰も駐車していない。

ダーテはバルト海のビーチではもちろんアドラー少年に気づかなかった。空中を観察するのに忙しかったからだ。だがその後、彼はライプツィヒ出身のアドラーを評価するようになった。少なくともダーテの印象に残ってはいるらしい。アドラーがティアパルクにくるたびに、ダーテは数分間ほどだが彼のために時間をとり、ときには他に用事があるのに三〇分も相手をしてくれることもあった。ダーテはまずアドラーに「ご家族はお元気ですか」と訊き、それからすぐに専門の話に入る。病気の動物のケアについて、飼育条件の改善について、給餌に苦労させられる動物の扱いについてなど、テーマはさまざまだ。

アドラーはなぜティアパルクの園長が自分のことをこんなにかまってくれるのか、不思議に思っていた。そもそも彼の上司であるザイフェルト園長とダーテは仲がよくない。ライバルと言ってもいいくらいだ。ティアパルクは東ドイツのどの動物園にどの動物を入れるかについて、いつも口を差し挟む。数年前にライプツィヒ動物園がカナダからはじめてシロイワヤギを輸入しようとしたときも、一悶着あった。双方の綱引きがしばらくつづき、結局ザイフェルトが初志を貫徹したのだが、ティアパルクの高圧的な干渉を彼はうとましく思った。だがティアパルクが力になってくれることもあった。ライプツィヒ動物園に輸送中のゾウ三頭がロッテルダム港で差し押さえられたときもそうだ。ベルリンの口添えがあったおかげで、ゾウを東ドイツのいずれかの場所に搬入することがひとまず許可され、最終的にはライプツィヒに運送することも認められた。

ダーテが親切なのは、一つには、彼自身がキャリアの第一歩を歩み出した場所がライプツィヒだったせいもあるだろう。だがダーテが重視するのは実績だ。アドラーはダーテと同じように職業上の成功を強く願う野心家だった。

「また『ツォーローギッシャー・ガルテン』に論文を書いたらどうだ」ダーテは別れ際にアドラーに持ちかけた。

アドラーが今日あるのは、ライプツィヒ動物園園長ザイフェルトのおかげだ。アドラーと同様に敬虔なキリスト教徒のザイフェルトは、自分にできる範囲で彼を支援してくれた。アドラーが獣医学を学び、動物園の飼育動物の治療も担当するライプツィヒ大学付属動物病院の助手になれたのも、ザイフェルトがいたからだ。今後も世話になるにちがいない。

ザイフェルトはダーテよりもむしろダーテのライバルである西ベルリンのクレースと親しかった。ハインツ＝ゲオルク・クレースがライプツィヒを訪れると、ザイフェルトはアドラーを呼び、「クレース教授を案内して、動物園をお見せしてくれないか」と頼む。獣医のクレースはアドラーの父親をよく知っていた。だが数時間におよぶ視察中の話題は、天気の話とかアドラーの子どもの話とかあたりさわりのないものだった。

クレースと東側との関係は良好だった。ライプツィヒ、プラハ、ヴロツワフのどの都市ともうまくやっている。ライプツィヒ動物園もその恩恵に浴していた。西ベルリンからバナナを融通してもらって急場をしのいだこともある。バナナは病気のオランウータンの餌として必要だが、東ではなかなか手に入らない。この日、アドラーは夕方にフリードリヒ通りのチェックポイント・チャーリー国境検問所に行き、ここでベルリン動物園の助手から補給物資を受け取った。しかしベルリン動物園とフリードリヒスフェルデのティアパルクの間では、このような助け合いはまず考えられなかった。

分断された動物園

一九六八年以降、東西の動物学者や獣医が会議や交流の場をもつことは、いっそうむずかしくなってきた。それまでは全ドイツ動物園連盟には東西ドイツを統括するトップがいた。会長が西ドイツから出ると、副会長は東ドイツから出す決まりで、その逆ももちろんあった。だが国からの圧力で東ドイツの動物園園長は連盟を脱退しなければならなくなった。脱退を表明する各園長の手紙がどれもぎこちない文体だったので、西側のローター・ディトリヒたちは強制的に書かされた手紙だとすぐにわかった。

強制された連盟脱退から一年後に、東ドイツ各地の動物園園長は「東ドイツ動物園委員会」を設立し、ダーテが議長に就任した。「連盟」という表現をあえて避け、「委員会」としたのは、西ドイツの仲間たちとの不本意な分断を既成事実にしたくなかったからだ。だからこそ、毎年開催される「動物園動物および野生動物の疾病に関する国際シンポジウム」のもつ意味は大きかった。このシンポジウムは東ベルリン脊椎動物研究所が主催して、西欧と東欧の動物園で交代で開催されていた。この場があったので、分断後も獣医や園長は互いに交流して情報を交換することができた。専門雑誌『ツォーローギッシャー・ガルテン』は共通刊行物として存続し、東ベルリンのダーテが依然として編集人をしていた。教科書も東ドイツのものが使用されていた。一九六〇年代から東ドイツで編集されている教科書は、西ドイツばかりでなく隣接する他のドイツ語圏の国でも使われていた。西ドイツの動物園にとって不都合があったとすれば、「序言」だろう。序言では、動物園にとって社会主義は意義あるものだとして賞賛されていた。そこでハノーファー動物園園長ローター・ディトリヒが、西ドイツの事情に合った新バージョンの序言を執筆し、これを東ドイツ版の上に糊で貼り付けていた。

それ以外の点では東ドイツと西ドイツの動物園間では、手紙のやり取りや相互訪問を通じて、壁を越えていい友好関係が保たれていた。唯一の例外が、西ベルリンと東ベルリンの動物園の関係だった。

ダーテとアドラーは東ドイツ動物園における序列では立場がかけ離れていたが、大きな体制の一端を担っている点に変わりはなかった。国家のイデオロギーは動物園に深く根づいていたからである。一九六五年の「統一社会主義教育制度に関する法律」第六七条で、動物園は、文化会館、博物館・美術館、劇場、植物公園と同様に、「教育の全段階を支援し、すべての市民が教養を深める機会を与える」ものでなければならないと定められている。

文化施設としての動物園は文化省の管轄下にあり、東ドイツの全一四県にそれぞれ動物園を設けることが目標とされていた。ドレスデン、ライプツィヒ、ハレにすでにある三動物園の他に、一九七〇年代半ばまでに六園が新設された。ベルリンの他にオープンしたのは、ロストック（一九五六年）、エルフルトとマグデブルク（一九五九年）、コットブス（一九六〇年）、少し遅れてシュヴェーリン（一九七四年）だ。また東ドイツは、あちこちに「郷土動物園」を設立した。大きな動物園がない地域の住民が動物に親しみ、動物園に興味をもつための施設である。当初は地元の動物が飼育されていたが、次第に外国産の個体も展示されるようになった。この郷土動物園が住民にとってどのような意味をもっていたかをよくあらわしているのが、ホイヤースヴェルダの事例である。

この小さな町はオーバーラウジッツ地方にあり、一九五〇年代半ばから近くにあるガスコンビナート「シュヴァルツェ・プンペ」で仕事をしようと、多くの人が移り住むようになった。町はずれにあるコンクリートプレハブ建築の団地が周辺地域に増殖する中、一握りの住民が国民建設事業の一環として、旧市街地の城の堀にノロジカとハクチョウの最初の飼育場をつくった。これがほどなく小さな郷土動物園になった。一九六〇年代半ばには毎年二六万人以上が来園した。ちなみに、この町の当時の人口は四万六〇〇〇人にすぎなかった。それ以外にレジャー施設はなく、休暇旅行はまだ一般的ではなくて、せいぜいバルト海沿岸に出かける程度だったが、それでも庶民には手が届かない。だから年に五〜一〇回は動物園に通うのがふつうだった。

一九八〇年代初頭までに一二五ヶ所に郷土動物園が建設された。東ドイツの動物園にはベルリンのティアパルクを頂点とする序列があったが、一九七四年の動物園委員会で、大規模動物園は郷土動物園を支援することを義務づけられた。大動物園は、通常は複数の県にまたがる地域を担当する。九つの動物園は、担当地域にある小動物園や郷土動物園から寄せられる医学的な質問に答え、研修生の受け入れもした。

東ドイツの実情

国内の多くの領域と同じように、動物園でも東ドイツ特有の構造的な問題があった。

ライプツィヒ動物園ではウィークデイは原則として仕事は七時にはじまり、夜八時前に終わることはまれだった。

飼育員はほとんどのことを企画準備の段階からすべて自分でしなければならない。朝食休みの時間に彼らは一日の流れについて相談する。早朝からしていた動物の世話をつづける者、動物舎の掃除をする者がいる一方で、町に出て何時間も行列に並び、自分と同僚のためにハム、壁紙、その他もろもろの消費財を調達する係も必要だ。つねに不足している物資をとにかく手に入れなければというメンタリティが彼らを結びつける。それにライプツィヒの人間は徒党を組むのが好きだ。仕事が終わると居酒屋に集まり、しこたま飲んで歌い、はしごする。テレビの番組はこれといって面白いものはなく、旅行も無理で、車を持っている者もほとんどいない。ヨルク・アドラーはよく思うのだ。ライプツィヒ動物園に自由な雰囲気があり、「クソ政党」が地歩を固められなかったあの時期は、問題山積だったにもかかわらず、夢のようだったと。一九七〇年代の終わりまでは、動物園のトップ陣にドイツ社会主義統一党の党員はおらず、逆に行動的なキリスト教信者が何人もいた。もしも望むなら、ライプツィヒ動物園は反政府分子の小さな島になることもできた。これはライプツィヒという町の雰囲気も影響している。年に二回開催される見本市のおかげで、ライプツィヒは東ベルリンと並び、東ドイツの中ではめずらしく、洗練された都会の風をほんの少し感じられる町だったのだ。

東ベルリンのティアパルクの職員数は公式には四〇〇人以上とされていたが、ダーテは広大な園内の仕事を片づけるためにあの手この手で対処しなければならなかった。そのためには「ふだんなら通常の作業プロセスから排除されるような」者も動員しなければならなかった、と彼は日記に書いている。刑務所、精神病院、障害者施設からも単純作業のための人材を融通してもらった。仕事に不慣れなこうした補助作業員の中には、遠慮がない者もいた。長いくちばしの、繊細で美しいつがいのトキをほうきでつついて枝から落とし、捕まえようとする者もいる始末だった（250頁：動物園の歩き方⑦「トキの種類」参照）。

飼育法をめぐる公的な議論や、動物園の存在意義に関する評論などがまだなかった時代だった。動物園は人びとからもっとも愛されているレジャー施設だったのである。一九八〇年代のはじめには、東ドイツの人口に匹敵する一六〇〇万人が動物園を訪れている。

動物園の壁の中には一種独特のサブカルチャーがあった。動物園は、社会の通念に適応できない人——政治的な不適合者、変人、アウトサイダーのための一種の隠れ家だった。飼育員は彼らにニックネームをつけていた。たとえばライプツィヒの「鎖の女」は、まだピアスが流行していない時代に、すでに顔中にピアスをつけていた。それ以外にも「本の虫」とか「キノコ採り」がいたし、東ベルリンのティアパルクには「サイ野郎」が出没した。彼はサイが交尾するのをただひたすら待っている。飼育員たちはよく面白がって、「見てごらん、あいつがまた放飼場の前に立ってるぞ！」などと言い合った。

入園者の中には恥ずかしがりもせず、次の交尾がはじまりそうだったら声をかけてね、などと飼育員に頼む者もいた。ゾウの足の爪の削りくずを家庭菜園の肥料にするから分けてほしいと言う客もいる。

壁の反対側の西ベルリンにも変わり者はいた。ベルリン動物園にしょっちゅう通っている年輩の女性は、サル山にいるヒヒの大群の一頭一頭を外見だけで見分けられて、それぞれに名前までつけている。ある朝、若い見習いの飼育員が、この女性が囲いの塀に一〇本のロウソクを立て、次々に点火している場面に出くわした。

「何をしているんですか?」彼はびっくりして言った。

「今日はボドのお誕生日なの」と彼女は目をきらきらさせて答えた。

見習いはあっけにとられ、「どれがボドなんです?」と反射的に訊いた。

それまでにこにこしていた彼女の顔が急に曇った。「あらやだ、あなた、サルの飼育員になろうとしてるのに、ボドがわからないの?」見習いが言葉を失っている間に、彼女は彼の袖をつかんで引っぱっていき、塀から身を乗り出すようにして、岩の突起の下に隠れるようにしてうずくまっている一頭を指さした。「ほら、あれがボドよ」咎(とが)めるような口調で彼女は言った。「あの子が今日、一〇歳になったのよ!」

似たようなタイプに、飼育員に「ハイエナ・ハインリヒ」と呼ばれている男がいた。彼はいつもハイエナのケージにぴったり寄り添うように立ち、格子に体が触れるほど近くをハイエナが通るときに、その毛皮にキスをしようとするのだ。

しかし飼育員は、毎日動物園に通い、飼育動物を知り尽くしている風変わりな常連客に助けられることもある。特にティアパルクの見通しのきかない有蹄類エリアなどは、どのオスがどのメスと交尾したか教えてもらえるからだ。

しかしフリードリヒスフェルデの広大さは、飼育員にとって大変なだけではなく、監視のむずかしさという問題もあった。子どもたちはそれをいいことに、ティアパルクの花壇から花をくすね、それを出入口の前で数ペニヒで通行人に売ったりしていた。夕闇が迫ってティアパルクの出入口が閉まっても、入園者は好きなだけ居すわることができた。彼らを外に出す警備員がいないからである。

その一方で敷地の広さはいい面もあり、飼育員はここで西側の飼育員とじゃまされずに会うことができた。爬虫類が専門のダーテ家の末っ子ファルクも、こうした機会を利用した。西側のヘビの専門家が、「今日そっちへ行って、調査旅行のスライド会をするから」と予告してくると、ファルク・ダーテは朝のうちに知り合いの爬虫類好きに電話で知らせ、彼らがニュースをさらに拡散する。すると、夕方の会はいつも最後の一席まで埋まるほど人が集まる。こうした自発的なイベントは、ティアパルクだからこそできたのである。国家と一体化していた大学では、とても無理だったろう。

シュタージも特に介入してこなかった。動物を愛する人間に危険人物はいないと考えているのだろう。たとえ盗聴を試みたとしても、「バルカンヘビガタトカゲ（ヨーロッパアシナシトカゲ）」についての専門的な会話など、シュタージもお手上げだろう。ロシア語の語源からこの単語の意味を類推したとしても、身長一メートル四〇センチで、最長五〇年生き、昆虫や小動物が主食だという「黄色の腹」の男とは誰のことかと、首をかしげるのが関の山だ。いずれにしても共同謀議をしていると疑われることはないだろう。（政治的にも）まったく無害な東南ヨーロッパ産のアシナシトカゲの話だとは、彼らにはわかるまい。

しかしその他の発言については、シュタージは非常に正確に把握していた。園長の周辺には、非公式協力者（訳注　東ドイツにはシュタージに情報を提供する密告者（略称ＩＭ）がいた。シュタージの正規職員ではないこうしたＩＭは、一九八九年の時点で約一八万九〇〇〇人いた）が暗躍していたのだ。彼らは報告書の表現をそのまま借りれば、「既存施設の再建および新施設の建設に関する小規模事象」をめぐる全従業員の不満を、逐一シュタージに報告していた。

東ドイツは建国以来、原材料不足に苦しめられてきた。すでに一九五〇年に西ドイツは東ドイツに対して鉄鋼の輸出禁止を決定した。一九六四年一月には工業価格改革が行われた。東ドイツではこれまでは固定価格だったが、原価に連動する変動価格が導入され、原材料は突然、最大七〇パーセントも高騰した。

それ以来、建築材料はまず東ベルリンに供給されるようになった。東ベルリンで職人が足りなくなると、他の地域の職人が送り込まれる。そうした状況に、国内の他の動物園も苦しんでいた。

「ノアの箱船のように」──ロシアの作家ダニール・グラーニンは、いかにもドイツらしいオークの木の前にラクダとフラミンゴがいる光景に強い印象を受けた。

これまでフリードリヒスフェルデのティアパルクは、国の威信を保つための存在として、供給状況は比較的よかった。ソ連の作家ダニール・グラーニンは、一九六九年に『ノイエ・ヴェルト』紙に掲載された旅行記に、思い入れたっぷりに書いている。

「一日が終わり、客が一人もいなくなると、ティアパルクはさらに巨大に見えてくる。私たちの前をイノシシやアヒルが通り過ぎていく。気取って歩くフラミンゴとクジャク。ラマが草を食み、子ジカが跳ね回る。これほどたくさんの鳥と獣が放し飼いされている光景を、これまで見たことがなかった。彼らは人間をおそれない。ティアパルクはノアの箱舟から陸地に出てきたありとあらゆる動物たちを思い起こさせた。何時間でも立ち尽くして見ていたくなる。さえずり、駆け回り、ふわふわの羽毛ときらきら光る目の鳥たちは、自然のままの自由な暮らしを謳歌している。そのために、私たちが受ける印象は、さらに美しく、さらに多彩なものになった。（中略）おそらく世界にはこのベルリン・ティアパルクより豊かな動物園もあるだろう。だが肝要なのは動物の数や設備のよさではない。ここでもっともすばらしく、もっとも驚嘆させられたのは、創造者の存在が感じられたことだった」

しかし首都にあるティアパルクでも、施設の拡充計画が暗礁に乗り上げていた。西ベルリンのクレース園長は新しいサイ舎の竣工を祝い、類人猿館を拡張し、新しいクマ舎を建設していたが、フリードリヒスフェルデでは沈滞ムードが漂っていた。クマ舎がある第二入口には小さな切符売り場と木の柵があるだけで、一九七〇年代初頭だというのに、世界最大の動物園の入口というよりは、家庭菜園コロニーの車乗り入れ口といった感じだった（250頁：動物園の歩き方⑦「外から見える展示?」参照）。

ティアパルクが開園したばかりの頃は、ダーテは動物でも建築資材でも可能なかぎりすべてを手に入れることができた。しかしアルフレート・ブレーム館がオープンしたあとは、そうもいかなくなった。アルフレート・ブレーム館ではネコ科動物の尿の悪臭が外壁にまでしみこんでいた。ティアパルクの飼育員がくしゃみすると、同僚はこうアドバイスする。「三〇分くらい猛獣舎に行ってこいよ。アンニニアで風邪なんか吹っ飛ぶから！」

フリードリヒスフェルデの「クーダム」〔訳注　「クーダム」はベルリンの目抜き通りとして有名だが、「クー」にはウシの意味もある〕。グラーニンが有蹄類の飼育場を訪れたかどうかはわからない。

ゾウはいまだに天井裏にネズミが住みついている古い厩舎にいた。夜ゾウが寝ると、ネズミがゾウの足の裏をかじりにくる。ゾウ舎の新築計画はだいぶ前から何回も検討されていたが、そのたびに先送りになった。「外環」エリアの有蹄類の放飼場では、入園者の通り道はアスファルト舗装でも砂利敷きでもなく、踏みならされた道がついているだけだった。夏には土埃が舞い、冬には雨でぬかるんでいるか、凍結しているかだ。ときおり仮設の柵の交換や補強が必要になった。動物が角材をかじって穴を開けて脱出し、町のどこかで捕まるような事件が起きたときだ。一度などはワピチ二頭が、ティアパルクの裏手を走る鉄道の線路まで逃げてしまった。ホエジカ（アジア原産の小型のシカ）数頭が町の中心のカール・マルクス通りで捕獲されたこともある。

応急施設が多いのは、ダーテの収集癖と、一九五五年夏にあまりにも急いでティアパルクを開園したことが原因だ。このあたりへ迷いこむと、入園者は「未来の動物園」ではなく、ＬＰＧ〔訳注　東ドイツの農業生産協同組合（集団農場）〕にきたような、招かれざる客になったような気分になる。

それでもダーテは、ティアパルクが東ドイツを主導する動物園としてふさわしくあるように努力した。小さな禽舎などの施設をつくり、オープン時にはかならずメディアを招待して、ティアパルクが充実の度を増しているという印象を与えるように努めた。だが要求と現実との乖離は大きくなる一方だった。その典型的な例がバク舎の建築計画だ。

バク舎の運命

一九六一年にベルリンの建築アカデミーは、ダーテのもとに未来派建築の設計図を持ってきた。幅と奥行きがともに二四メートルもある建物の図面だ。天井はワイヤロープを使ってハンモックのようにぴんと張って固定するので、屋内には支柱が一本もない。建築家はこれを「双曲放物面」様式と名づけた。そんな建物はこれまでなかったから、これは実験建築だ。「採用してみませんか？」とダーテは問われた。

「いいだろう」——彼は喜んで答えた。自分のアイディアを実現する機会がようやくやってきたからだ。「バク舎をつくりたいんだ」。バク舎は、一九五〇年代にティアパルクが市当局に提出した最初の配置図の段階から計画に組み込まれていた。東南アジア産の黒と白のマレーバクもすでにいた。新しい飼育舎ができるまでの間、マレーバクは、順路からはずれた場所にあるゾウとサイの古い飼育舎で暮らしていたのである。

翌年には基礎ができ、鉄骨を組む作業もはじまった。新聞にも記事が出て、バクとカバがヤシの木陰で水浴びしているイメージ図が掲載された。建設現場の前には「バク舎建設予定地」という表示板まである。ティアパルクのガイドブックの「道順」には、巨大な「M」の字のような形の建築足場のイラストが描き込まれていた。『ベルリーナー・ツァイトゥング』紙の風刺画家エーリヒ・シュミットは、形がバッタに似ていることから、「バッタ建築」というあだ名をつけた。

このプロジェクトを任されたのは、若い建築家のハインツ・テルバッハだ。彼はすでにティアパルク草創期から動物舎やケージや柵の設計にたずさわっていた。東ドイツの「大型動物」の家の設計もしている。ベルリンの北、ヴァンドリッツ郊外にあるこの森の住宅にはホネカー〔訳注　東ドイツの国家評議会議長だったエーリヒ・ホネカーのこと〕が住んでいた。彼は仕事が終わった夜にも、東ドイツ各地にある動物園の建物の設計をしていた。ティアパルクの新しい計画がもちあがったので、以前からテルバッハを評価していたハインツ・グラフンダーは、彼を設計本部に呼び戻した。

テルバッハは、ベルリン動物園からヒントを得るために西ベルリンに出張するグラフンダーに同行することも許された。クレース園長本人が彼らをあちこち案内して回り、最近できた新築の建物を誇らしげに見せてくれた。もっとも、それはテルバッハが期待していたほどではなかった。設計は無味乾燥で、特に鳥舎には失望させられた。ありきたりの陸屋根の建物で、靴箱のようだったからだ。こうした建物は、たとえばティアパルクのアルフレート・ブレーム館のようにもっと見栄えがよくなければならない。バク舎も期待を裏切らないはずだ。だがテルバッハはそう頭の中で考えただけで、クレースには言わなかった。クレースは別れるときに、パトロンぶってテルバッハにこっそり二マルクを握らせた。そのお金でテルバッハは西ベルリンにいる親戚を訪問できた。

それから何年も過ぎたが、バクたちは依然として仮の飼育舎にいた。あまり騒がれなかったが子バクも生まれていた。ところが鉄骨の骨組みが完成した一九六七年、工事が突然中断された。ベルリン市当局の建築資材の在庫が底をついてきたためだ。町中心部の美化のために、アレクサンダー広場に建材を早急に投入する必要があったのである。

そのすぐあとに、ハインツ・テルバッハはティアパルクのダンスパーティーに出かけ、風刺画家のエーリヒ・シュミットと会った。シュミットはティアパルクが好きでたびたび来園していたから、建築の中止についてすでに知っていた。彼はテルバッハの招待状の裏面に、鉄骨だけが残る建設現場の廃墟をさらさらと描いた。廃墟の前に父と子が立っている絵だ。

理想と現実。約10年にわたってバク舎の工事が行われていたが、数年ほど作業がストップし、結局1979年に焼き払われた。

「パパ」と息子が父親に訊いている。「これ、バクが首を吊る柱？」

テルバッハは苦笑いした。シュミットが自分を元気づけようとしているのか、冷やかしているのかよくわからなかったのだ。おそらく両方だったのだろう。

巨大な骨組みは錆びたまま放置され、何年たっても「バク舎建設予定地」という表示板が立っていた。ティアパルクの園内見取り図にあった建物の骨組みには、これに巻きつく小さな花が描きそえられた。まるでバク舎が眠り姫のように寝てしまい、キスをして起こしてもらうことをひたすら待っているかのようだ。歳月の経過とともに、見取り図の「M」はどんどん小さくなっていき、ついに姿を消した。

一九七〇年代の終わりに廃墟は取り壊された。数十年にわたって地下に埋まっていた基礎も撤去され、失敗に終わったこの実験を思い起こさせる手がかりは完全になくなった。

似たような事例は東ドイツの他の動物園でもあった。物資の不足がさらに深刻化していたのだ。大きな目標が道半ばで挫折することも多かったが、マグデブルクの例のように問題は小さなことにも及んだ。

一九七〇年代半ば、マグデブルク動物園の園長は長年欲しかったペンギンをついに調達できそうになった。そのために彼は土木監督局に行き、プール付き飼育舎の建設認可を申請した。当局が同意するまで長く待つわけにはいかなかったので、彼は土地の掘り返し作業を開始させた。認可はいずれ出るだろうと思ったからだ。

だがその直後に市長が動物園を視察すると連絡があった。認可を待たずに基礎工事用に掘った穴は、あわてて木の葉でふさがれた。通常の手順を守っていない、と疑いの目で見られたら困るからだ。

それから数年後、この穴はもっと大量の木の葉で塞がれることになった。マグデブルク動物園はまったく別の、根本的な問題を見落としていたのだ。マグデブルクは東ドイツの中でも新鮮な海魚を入手するのがもっとも困難な地域だった。ペンギンは海魚なしには飼育できない。サバ不足のために、ペンギンを飼育する夢はあえなくついえ去った。

灰色の夢

ライプツィヒのヨルク・アドラーの頭痛の種はサル舎だった。ドアの握りがぐらぐらする、といった類いの小さな問題ではあるのだが、いつもどこかで何かが故障している。この建物がつくられたのは一九〇一年だ。一九五〇年代に鉄製の梁が錆びてぼろぼろになり、ローター・ディトリヒがいつも困っていたあの建物である。屋根はすでに何回も補修していたが、それでもどこかに水漏れが見つかる。ケージのドアがぴったり閉まらなくて、サルが脱走することもしばしばだった。

そんなわけでアドラーは専門雑誌『ツォーローギッシャー・ガルテン』で見つけた写真から目

が離せなくなってしまった。彼は自分の事務室でモノクロのその写真に目をこらした。ヴェストファーレン地方のミュンスターで開園した動物園だ。アドラーには、それがまったくちがう世界のもののように見えた。

一九七四年にミュンスターの町はずれに、新しい動物園が誕生した。市街地にあった元の場所に、西ドイツ州立銀行が建物を新築したいと申し入れてきたからだ。銀行の頭取は、譲歩しなければドルトムント〔訳注　ドルトムントはミュンスターから南に約五〇キロメートル〕に移ってもらうと脅かしてきたので、もうすぐ創立一〇〇周年を迎える動物園も、ゆずらざるをえなかった。

ミュンスター動物園は、旧敷地のほぼ五倍の広さの三〇ヘクタール〔訳注　三〇万平方メートル〕の土地に、新しい「全天候型動物園」を建設した。この名称は、大きな獣舎がそれぞれ屋根付きの道で結ばれていることからきている〔訳注　ミュンスター動物園は「ミュンスター・アルヴェッター（全天候型動物園」と呼ばれている〕。計画は、かつてフリードリヒスフェルデのティアパルクがそうしたように、まずは机上のプランからはじまった。だがこの骨の折れる細かい作業と住民の協力のおかげで、ミュンスターの施設は全体に調和がとれた出来ばえになった。アドラーが見ている写真には、黒い子グマが写っていた。段々になったコンクリートの飼育舎にぽつんと一本立っている裸の木に登ったりして遊んでいる。SF映画のような光景にも見える。

当時この建築様式は先進的であるとされ、市街地の歩行者ゾーンにも動物園のサル舎やクマ舎にも採用された。ミュンスター・アルヴェッター動物園がオープンしてから一年後に、クレーフエルト動物園は類人猿の飼育に新機軸を打ち出してきた。この動物園では、ゴリラ、チンパンジー、オランウータンが高温多湿でジャングルの植物が植えられている熱帯館で、家族で飼育されていた。入園者とサルは、細長いモート（堀）だけで仕切られている（250頁：動物園の歩き方⑦「檻からモートへ」参照）。

このクレーフェルトの「熱帯類人猿館」は、近代的動物飼育の一つの指標となる建物だったが、当初はここにしかなかった（251頁：動物園の歩き方⑦「熱帯類人猿館」参照）。コンクリート、タイル、強化ガラスは、その後しばらくの期間、動物園の典型的な風景となったが、こうなったのは衛生上の理由が大きい（251頁：動物園の歩き方⑦「いろんな角度から動物を見よう」参照）。当時は回虫による害が健康上の大きな問題となっていて、獣医たちの頭痛の種だった。そこで多くの動物園でサルのケージを一日に二回もブラシでごしごし洗っていた。タイル張りの壁は、掃除がしやすいというメリットがある。それに強化ガラスは刑務所を連想させるケージの格子に比べて入園者にも魅力的だ。飼育員たちは、入園者が動物に餌をやることも防げるので歓迎した。

コンクリートの多用と、コンクリートが醸す単調な雰囲気については、当時のヨルク・アドラーはあまり気にしなかった。むしろ構造が堅牢であることに彼は驚嘆した。「少なくとも、屋根が音を立てて落ちてくる心配をしなくてすむ」のだから。

ライプツィヒではそうしたあきれ果てる事件が現実に起こっていた。全天候型動物園は、当初は雑誌のモノクロ写真で見るだけの遠い夢にすぎなかった。将来自分がほんとうにミュンスターを訪問し、まったくちがった視点でそれを眺めることになるなんて、その時点のアドラーにとっては、ライプツィヒの類人猿舎の屋根の雨漏りがストップするのと同じぐらい非現実的な話だった。

動物園の歩き方 ⑦

トキの種類（235頁） トキといえば日本のトキ（学名：ニッポニア・ニッポン）を指しますが、コウノトリやハシビロコウ、ダイサギなどと同じ、コウノトリ目に属するトキ科の鳥です。トキ科には28種が存在し、ショウジョウトキなど朱色のきれいなトキもいますが、本書に登場するきれいなトキがどの種類かは特定できませんでした。

外から見える展示？（240頁） ティアパルクにはとても面白い動物舎があります。それは入園料を払わなくても外の通路から一ヶ所タダで見られる動物舎です。動物園のショーウインドウとでもいったらいいのでしょうか。動物園正門の右隣にあるクマ舎なのですが、外の通路とはガラスで仕切られていて、もっと見たいかたはどうぞとさそっているかのようです。同じような施設がハイデルベルク動物園にもありました。ここはライオンが外から見られるようになっています。ちょうど隣にあるハイデルベルク大学の学生たちが立ち止まって見ていました（2017年9月）。

檻からモートへ（249頁） 動物園での動物の展示方法は時代とともに大きく変化してきました。初期の展示方法は動物を狭い檻の中に入れてそれを観客が見るものがほとんどでした。見る側にとっては安全で、狭いスペースに多くの種類を収容できていたのですが、檻が目障りで動物がとても見づらく、動物にとっても窮屈な展示となっていました。その後、無柵放養式の展示がドイツのハンブルクにあるハーゲンベック動物園ではじまりました。これはいままでの檻や柵などを取り除き、モートと呼ばれる堀を使います。モートで観客や他の動物を隔てることにより直接動物を見ることができるようになり、一気に世界中に広がりました。いまでは捕食動物とエサとなる有蹄類などが一緒の場所にいるかのようにモートで分けたりと、景観を考えてモートを使うこともあります。モートは水をはっているのを水堀、はっていないのを空堀と呼んでいます。最近では檻のケージやメッシュもむかしのものにくらべとても丈夫で、観客側から見ても目立ちにくい素材が使われるようになってきました。

熱帯類人猿館（２４９頁）　１９７５年にオープンしたクレーフェルト動物園の類人猿舎はドイツの類人猿舎でもっとも画期的な施設として当時話題になりました。いままでの施設と違って、観客側にもたくさんの植物を置き、類人猿舎そのものを大きな温室にしてしまった造りでした。冬の長いドイツでも舎内はとても暖かく湿気があり、まるで熱帯にいるようでした。この後、ケルンをはじめドイツ国内のあちこちで似たような施設が作られるようになりました。２０１７年秋に私が再訪した折も、ゴリラやオランウータンたちが元気に暮らしていました。

いろんな角度から動物を見よう（２４９頁）　強化ガラスの開発により多くの動物がまぢかで見られるようになりました。アシカ、アザラシから大きなゾウやカバ、ホッキョクグマが水中で泳いでいるところも見られるようになりました。また、観客の上に猛獣がいてその姿を下から見るとか、樹上性のオランウータンやテナガザルが高いロープの上を渡っている姿も見られるようになりました。また、夜行性動物は開園時間に合わせ、昼夜逆転して動いている姿を見られるようになりました。さらに小動物や鳥類、昆虫などは小型カメラを使うことにより巣の中の様子なども見られるようになりました。いまではノウサギやライチョウの冬と夏の毛や羽の色の違いなどを同時に見ることもできます。また、ニホンツキノワグマなどが冬眠しているところも見ることができるようになりました。

第7章

一つの島に二頭のクマ

Eine Insel mit zwei Bären

本章の時代（1965～1988年頃）

1965年【西】オイローパセンター完成
1975年【西】ヘルムート・シュミット首相、初訪中
1976年【西】欧州は熱波で、各動物園も対応に追われる
1977年【西】「動物保護法に基づく哺乳動物の飼育に関する意見書」を制定
1977年【ベ】ヴェルナー・シュレーダー、退職
1980年【ベ】11月：パンダ・フィーバー
1984年【ベ】パンダ「チェンチェン」死亡
1986年【ベ】10月：ゾウ門落成式
1988年【ベ】6月20日：カバ「クナウチュケ」死亡

本章の主要な登場人物

◉**ハインツ＝ゲオルク・クレース：【ベ】**園長。パンダの入手を計画［→8章］
◉**ヴェルナー・シュレーダー【ベ】：**ベルリン水族館館長。園内での権限は大きく、この頃にはクレースにとって邪魔な存在に
◉**コンラート・ローレンツ：【西】**動物行動学者。ヴェルナー・シュレーダーと親しい
◉**ヴォルフ・ヘレ：【西】**キール大学動物学者。動物学の権威
◉**ユルゲン・ランゲ：【西・ヴィルヘルマ】**動物園付属の水族館館長。ヘレの論文指導を受けた動物学者。ヘレがベルリン水族館館長に推薦し…
◉**カタリーナ・ハインロート：【ベ】**クレース以前の園長。クレースが関係回復に努めるが…
◉**ルッツ・ヘック：【ベ】**ハインロート以前の園長。ドイツ動物園園長連盟で、クレースが名誉会員に推薦しようとして失敗
◉**ヘルムート・シュミット：【西】**西ドイツ首相
◉**ロキ（ハンネローレ）・シュミット：【西】**首相夫人。クレースの妻ウルズラと親しい
◉**ヴェルナー・フィリップ：【西】**AP通信を経て、『ターゲスシュピーゲル』紙の記者。クレース批判の記事でベルリン動物園を出禁になりかけるが…
◉**リヒャルト・フォン・ヴァイツゼッカー：【西】**西ベルリン市長を辞め、連邦大統領に。クレースにゾウ門の再建を提案
◉**「クナウチュケ」（カバ）：【ベ】**戦中・戦後を生き抜いてきたベルリン動物園の人気者

ベルリン水族館のヴェルナー・シュレーダー館長は、いつも通り一〇時に「魚類と爬虫類の王国」をあとにした。ブダペスト通りに沿ってゆっくり歩き、動物園の外塀のグラフィティ〔訳注　スプレーなどを使って壁に描かれた落書き〕を横目に見て進み、格子の門と灰色の切符売り場を通り過ぎて反対側に渡ると、強欲な不動産屋や待ち行列の世界だ。空襲で破壊されたままのカイザー・ヴィルヘルム記念教会の周辺は、この二〇年ほどで新しい市の中心街が誕生した。シティ・ウェストである。壁ができてから、西ベルリンは東のアレクサンダー広場〔訳注　ベルリン中心部にある広場。ベルリンが東西に分断されてからは、東ベルリンの中心的な繁華街になった〕に匹敵する資本主義のカウンターパートが必要になった。ここのトレードマークは、ガラスとアルミニウムでできた巨大な建物で、オフィス階が二〇フロアもあるだけでなく、映画館やプール、ショッピングセンターばかりか、建物の中心にはスケートリンクまである。高さ八六メートルのこのビルは、しばらくの間、西ベルリンでもっとも高かった。隣接する動物園があまり日陰にならないようにクレース園長ががんばったおかげで、ビルは当初の計画と比べ、九〇度回転させた位置に立っている。

一九六五年にオープンしたオイローパセンター〔訳注　「オイローパ」はドイツ語でヨーロッパのこと〕は、壁の町ベルリンに、新鮮なアメリカの風を少しだけ送り込んだ。だが一九七七年になった今では、観光客相手の土産物店を併設したありきたりのオフィスビルにすぎない。

シュレーダーはクーダムをぶらぶら歩かないときは、ここで朝食を兼ねた休憩をとることにしていた。カフェに入って紅茶を注文し、となりのスケートリンクで滑っている女の子を眺めるのだ。スピーカーから、ハーポ（訳注　スウェーデンのポップシンガー。一九七五年に出た『ムービースター』が大ヒット）の『ムービースター』がノンストップで流れている。「それで、あなたは自分がジェームズ・ボンドに似てるって……」とハーポは歌い、シュレーダーはタバコに火をつけてコートの襟を立てた。すきま風が身にしみる。

彼は六時に起床し、まずペットに餌をやる。ヨウム一羽、グレーハウンド一頭、それにカメレオン数匹（290頁：動物園の歩き方⑧「ヨウム」参照）。それから飼育員と水族館の朝の巡回をして、オフィスで郵便物に目を通してから、ここにきた。

シュレーダーが水族館館長になってから四半世紀がたった。彼が戦災でやられた建物の再建に乗り出した当時、現在オイローパセンターが立っている場所はすべてが破壊されていた。センターが完成すると、地方新聞は「ベルリンという名刺の汚点」だと書き立てた。今ではステッカーやポスターが「ここでベルリンは買い、ここで世界は出会う」と誇らしげに宣伝している。だがほんものの「ヨーロッパセンター」は、道路の反対側の水族館の中にある。シュレーダーはここを再建して町でいちばん人気のある文化施設にしたばかりでなく、ヨーロッパ大陸でもっとも多様な種を展示する水族館に育て上げた。ヨーロッパには大規模な体験型水族館がいくつもあるが、ベルリン水族館もその一つであることはまちがいない（290頁：動物園の歩き方⑧「ドイツの水族館事情」参照）。毎年、ベルリン内外から七〇万人が来園する。併設する動物園とのちがいは、どの季節でも入園者は気候に左右されることなく観賞できることだ。寒くて陰気なこの季節になると、人びとはベルリンの夏の快適さをすぐに忘れてしまう。もっとも去年の夏はいくらなんでも暑すぎた。すでに六月の時点で三五度の日があった。一九七六年は、全ヨーロッパが数ヶ月つづく熱波に襲われた。動物園も例外ではない。ハノーファー動物園のローター・ディトリヒ園長は、南アフリカ産のケープペンギンを冷房完備の動物舎に移し、デュースブルクのヴォルフガング・ゲヴァルトは、シロイルカのプールの上に帆布を張りめぐらした。雪のように真っ白なシロイルカは、日焼けして皮膚に炎症を起こす心配があったからだ。ヴェルナー・シュレーダーも飼育員と協力して、一部の水槽の水を冷却したり、両生類舎に湿地性のコケを植えたりした。非常に敏感な少数の個体を除いて、熱波の被害はほぼ回避できた。

シュレーダーの自慢は、ワニのコレクションだ。一つの水族館で二六種ものワニを展示しているのはベルリンだけだった。その点では、彼は東ベルリンの友人ダーテにも勝っていて、フリードリヒスフェルデのティアパルクはナンバー2の地位に甘んじていた。

ついこの間、ワニ舎の二人の飼育員が、砂山の中に中米産のアメリカワニの卵を発見した。一人の飼育員が、長い鉄の棒で二メートル半から三メートルある親ワニを牽制しているすきに、もう一人が卵三個を取り出して、人工孵卵器に入れた。ワニの飼育はけっして容易ではない。アメリカワニは一〇年から一二年でようやく繁殖可能年齢に達する。しかし繁殖が成功するには、環境や気候がすべてマッチしていなければならない。特に重要なのが化学的要因だ。メスワニはえり好みがはげしく、けっしてあわてたりしない。相手が気に入らないとメスワニはじっと待つ。

時間はたっぷりある。なにしろ長生きの個体は八〇年も生き、五〇年以上も繁殖が可能なのだ。それがうまくいったのだ。すべて順調にいけば、数ヶ月でヨーロッパ初のワニの赤ちゃんが生まれるかもしれない。

専門家の間では、シュレーダーは西ベルリンばかりでなく広くその名を知られている。カタリーナ・ハインロートと親しかったように、ハインリヒ・ダーテとも仲がよく、動物行動学者コンラート・ローレンツとも交友があった。ローレンツが訪ねてくると、二人は、四階の昆虫室のとなりにあるシュレーダーの自宅で夜遅くまで話し込む。お茶を飲みながら専門の話に興じ、意見が合わないといっしょに二階下の水族館に行って、実物で確認する。動物学ではすべてに独自の秩序があるのだ。西ベルリンの町がそうなのと同じように。

シュレーダーにとって、町は自分の大きなリビングルームのようなものだった。どこへ行っても彼を知る人がいる。画家のマックス・ペヒシュタインや俳優のハンス・ゼーンカー、ヴィクトル・デ・コヴァら有名人の友だちもいた。「ブビ」という愛称で親しまれていたボクサーのグスタフ・ショルツとはときどき卓球をする仲だ。そうやっていれば、陸の孤島西ベルリンの暮らしも、唯一の難点である壁をのぞけばそこそこ我慢できる。

シュレーダーはその日を楽しむという意味ではオプティミストで、将来を悲観しているという意味ではペシミストだ。彼は将来が今のようにいいものだとはとても思えなかった。だからこそ、今日を楽しむのだ。それに自分はもうそれほど長くないだろうという予感があった。

彼はしばらく若い女の子を眺めてから、残った紅茶を飲み干し、また水族館に戻った。帰り道の途中にカバレット劇場「シュタッヒェルシュヴァイネ」がある。オイローパセンターがオープンして以来、ここの一階にあるこの小劇場には、毎晩カバレットの一座が登場する。戦後の一九四九年に芸人たちが稽古場を探していたとき、誰も相手にしてくれなかった。若者はタバコを吸ってそこら中を汚すと思われていたのだ。自分もタバコを吸うシュレーダーは、部屋を汚さないという条件付きで、彼らに空いていた部屋を提供した。

もう三〇年も前の話である。彼は戦争も、戦後の復興も、ベルリン分断も経験してきた。言ってみれば、西ベルリンは一種の水族館、外からの供給に依存している小宇宙のようなものだ。水槽の動物が、濾過器とヒーターが作動していないと生きていけないのと同じで、西ベルリンも西ドイツと連合国の点滴注射で生きている。

西ベルリン市民は、この孤島暮らしと折り合ってきた。東側からの潜在的な脅威は、アメリカ軍とフランス軍とイギリス軍がそれなりに押し返してくれるだろう。動物園の飼育員もそう信じていた。ティアパルクの飼育員とは接触がなかったから、彼らの様子はわからなかった。ライプツィヒ、ヴロツワフ、ソフィア、プラハとは連絡を取り合っていたが、東ベルリンだけと没交渉だった。壁の向こう側では、何をやってもスパイ行為だと疑われるっていうじゃないか――そんなわけで、彼らがティアパルクの情報に接するのは、年に一度フリードリヒスフェルデのティアパルクを訪問するときと、ハインリヒ・ダーテ園長の噂話が伝わってきたときぐらいだった。クレースとダーテが会議で会ったあとは、どちらかが新しい動物を手に入れたので、もう一方が妬んで同じ動物を欲しがっているそうだ、といった類いの噂が飛び交う。ダーテは毎朝、全職員に軍隊のように直立不動の姿勢をとらせるという噂もあった。そんなことなら、うちのクレースのほうがまだましだ！

シュレーダーはダーテと親しかったために、クレースとの関係が微妙だった。クレース動物園園長とシュレーダー水族館館長がそろい踏みするのは、記者会見や公式レセプションなどそうせざるを得ないときだけで、プライベートのつきあいはまったくなかった。

クレースはかなり前からシュレーダーの後継者を探していた。シュレーダーは動物園と水族館を再建した功労者だから、かなりの権限をもっていた。だがクレースの目から見ると、その権限はあまりに大きく、彼は水族館には口出しできない状態だった。それでシュレーダーを追い出そうと画策していたが、後継者探しはそう簡単ではなかった。

アンテロープから水族館へ鞍替えする

この時期、ドイツ連邦食糧・農業・林業省の声がけで、動物園園長と有識者が協力して、動物園における一般的な飼育要件を定めることになった。その成果が一九七七年の「動物保護法に基づく哺乳動物の飼育に関する意見書」で、意見書では、気候条件、飼育場のサイズ、飼育施設、群れの構造、飼育、輸送などに言及している。この委員会にはハインツ－ゲオルク・クレースばかりでなく、キール大学の動物学者ヴォルフ・ヘレも加わっていた。委員会の会場は、各地の動物園が回り持ちで提供することになっていた。自分の影響力を拡大し、ベルリン動物園の立ち位置を強化するためにはどんなことでもするクレースは、進んで手を挙げた。ところが彼には、以前にドイツ哺乳類学会の会場を提供すると申し出て、直前にキャンセルした過去があった。ヘレはそのことを思い出し、「あいつはまたキャンセルするんじゃないか」と本省でつい言ってしまった。クレースにとって屈辱的な発言だ。当時、ヘレはドイツでもっとも名の知れた動物学者だった。だがクレースはまがりなりにもドイツ一有名な動物園の園長なのだから、ヘレも彼を怒らせるわけにはいかない。クレースは東ドイツにおけるダーテほどの影響力を西ドイツで発揮していたわけではないが、ベルンハルト・チメックが退職してからは、西ドイツの動物園園長の中心的存在だった。別にクレースに頼る必要はないが、うまくやっていくに越したことはない。そのすぐあとに、ベルリン水族館の新館長にふさわしい人材がいるだろうかとクレースに相談されたとき、ヘレの頭に浮かんだのは、かつて博士論文の指導をしたユルゲン・ランゲだった。

すぐにヘレはランゲに電話した。「ベルリンでシュレーダー博士の後継者を探しているんだが、クレース園長と一度会ってみてくれないか」

だがランゲはあまり乗ってこない。「どうしてもそのポストを引き受けなくちゃならない、ということじゃないよ」とヘレはもう一押しした。「でも会うだけ会ってもらえないかな。そうじゃないとまた厄介なことになるから」。ヘレはランゲに本省で口を滑らせてしまった話をした。

ランゲはベルリンを知らないわけではなかった。一九六〇年代半ば、博士論文を書くためにフンボルト大学〔訳注　一八九〇年にヴィルヘルム・フォン・フンボルトが設立した歴史ある大学。東ベルリン側に位置していたために、当時は東ドイツ政府の管轄下にあった〕で数ヶ月ほどアンテロープの頭蓋骨の研究をしていたのだ。当時、東ドイツの大学に西ドイツの学生がくることはめったになかった。この時期にランゲは西ベルリンの親戚の家に下宿し、動物園で飼育員の仕事もしていた。ベルリンを離れるときにクレースは彼に言った。「博士号がとれたら、うちにくればいい」。しかし空きポストがなかったので、この話は実現しなかった。

まもなく別の場所で仕事が見つかった。シュトゥットガルトのヴィルヘルマ動植物園（290頁：動物園の歩き方⑧「ヴィルヘルマ動植物園」参照）が、一九七〇年に付属水族館の新しい館長を探していたのだ。それまで館長をしていた主任助手が動物園園長になったためだ。この水族館は三年前にオープンしたばかりで、ヨーロッパでもっとも近代的な水族館だと言われていた。

魚類はランゲがもっともやりたくないジャンルだった。子どもの頃にグッピーを飼ったこともあるし、大学の副専攻は海洋生物学だったのだが、そもそも魚には関心がないのだ。これからも哺乳類、特にアンテロープに専念したいというのが彼の希望だった。「でもひとまず水族館につとめてみよう」と彼は単純に考えた。「いつだって路線は変えられるさ」

飼育員を先生がわりにして水中動物飼育法のいろはを学んだランゲは、すぐに、この分野はアンテロープやその他の哺乳類の飼育よりも扱う範囲がずっと広いことに気づいた。この時期に自然界で捕獲されてシュトゥットガルトに持ち込まれた水中動物の多くは、これまで人工飼育されたことがないものばかりだった。なんという名前なのか専門書をひっくり返して調べることもしょっちゅうで、すべてが未知の領域だった。さらに彼が夢中になったのは水槽のデザインだ。アンテロープの飼育場は多少の差はあるが、基本的にどれも同じだ。しかし長さ二メートルの水槽内で川岸を再現するには、単に自然界の二メートルの川岸をコピーするだけでは不十分で、川の流れをあらゆる観点からこの二メートルに集約して再現しなければならない。自然な印象を与え、入園者に「故郷の小川によく似てるね」と言ってもらえればしめたもの。こうした難題がかえってランゲのやる気をかき立てた。それにもっとも凶暴な魚でも、有蹄類やゾウのように飼育場を荒らしはしない。こうした動物の飼育場は規模が大きく、数ヶ月もすると土埃が舞う荒れ野に戻ってしまう。一方、水族館では精緻な技術が不可欠で、それなしには魚は生きていけない。しばらくすると、ランゲはこれほど面白い分野はないと思うようになった。

自由経済や産業界でもそうだろうが、動物園にも不文律がある。職場が変わると給料が上がるか、出世の駒を一つ進めたことになるのだ。

だがランゲは職場を変えたくなかった。すでにシュトゥットガルトにきて七年になるが、この町が気に入っていた。それでも博士論文指導教授のヘレの顔を立てるために、彼はクレースに連絡をとり、ベルリンで会うことになった。

　クレースは、動物園の管理事務所にある自分の部屋に面接にくるようにと彼に言った。行ってみると、すでにクレースの助手のハンス・フレートリヒと監査役もきていた。かなり長い間とりとめのない話をしたあと、ようやくクレースが例のポストの話を切り出し、その仕事の面白さをさかんに宣伝しだした。だがランゲは最初から、法外に高い要求を突きつければ、すぐに話し合いが決裂するだろうと考えていた。そうすればクレースは彼をあきらめるしかない。ランゲは無事放免されるというわけだ。

「水族館の職員は何人ですか？」とランゲは質問した。

「現在は一〇人だ」とクレース。

「私に言わせると少ないですね。あと五人か六人は新しく入れたいところです」とランゲはきっぱり言った。「それで、職員の平均年齢は？」

　クレースはちょっと考えてから言った。「四〇歳前後かな」

「それでしたら、二〇代になったばかりの新人を四人は入れないと。年のいった職員は仕事の進め方が決まっていて融通がきかないですから」

　その説明にクレースは納得した。彼自身、若い園長としてベルリンにきたときに同じことを感じたからだ。だがクレース一人でこうした決断を下すことはできない。「一度、監査役会と相談しないと」彼は我に返って言った。

「そうなさってください──ランゲは、してやったりと思った。

この日は、こういうやりとりが何回もくりかえされた。ランゲが新しい要求を出すたびに、クレースはちょっと相談するから外で待つようにと言う。クレースにふたたび部屋に招き入れられると、そのたびにちがう監査役が座っている。交渉は二日間にわたり、ランゲはこれで監査役会のメンバー全員と顔見知りになったのではないかと思ったほどだった。

「給料の話もしなければ」クレースが言った。

「いくらお出しいただけるのでしょうか?」ランゲは即座に返した。

クレースが金額を言うと、ランゲはこれ見よがしに眉をつり上げて、「もしも私がこちらにくるのでしたら、現在のシュトゥットガルトの給料より高い額をご提示いただかないと」と応じた。「それとインフレを考慮して、毎年七パーセントのベースアップをお願いします」

これはシュトゥットガルトの友人からの入れ知恵だった。テレビや劇場でフリーで仕事をしている友人は、この種の交渉のしかたを彼よりよく知っていた。

政治家や西ベルリンの財界の大物を相手に、巧みな交渉をすることで知られるあのクレースが、額に汗を浮かべている。これほど手強い交渉相手がいるだろうか。ランゲが、クレースが支払えないような額まで金額を引き上げようという魂胆だとは、彼も気づかなかった。

ユルゲン・ランゲはどんなことがあっても心の準備ができているつもりだったが、まさかクレースが自分の希望を全部聞き入れるとは思っていなかった。園長がこれほど切羽詰まった気持ちでシュレーダーの後継者を探していたとは。ランゲは賭けに負けた。

これ以上断れないのは明らかだった。動物園業界というのは狭い世界だから、こういう話はすぐに知れわたる。もしここで断ったりしたら、彼は永遠に怒りを買い、どこかに応募するたびに「あのランゲはだめだ。ベルリンのオファーすら蹴ったようなやつなんだから」と言われるだろう。

そこで彼は承諾し、重い心でシュトゥットガルトのヴィルヘルマ動植物園に別れを告げた。ランゲも一つだけ妥協しなければならなかった。水族館を任されはしたが、シュレーダーのように館長ではなく、身分上は助手として着任することになったのだ。クレースは目的を達したと悦に入っていた。シュレーダーが権力を失った以上、彼と競り合うライバルは、もう動物園内にいない。

シュレーダーも一連の動きを知ることになる。居たいだけ水族館に居ていいと確約されてからまだそれほど日がたっていないのに、ある日の監査役会で、彼は自分の契約が延長されず、すでに後継者が決まっていると告げられた。

その年の終わりにシュレーダーは七〇歳になる。そうなったら、望むと望まざるとにかかわらず水族館を去らなければならないだろう、とは思っていた。自分の引き際を考えていないわけではなかったのである。彼くらいの歳になれば、辞めることを考えるようになる。しかし彼は自分が予測していないような形で、辞めさせられてしまった。しかも最悪なのは、三〇年以上住んでいた家を明け渡さなければならないことだ。夜になると、名を名乗らぬ人物から電話がかかってきて、こんなことを言うようになった。「年末までに退去しなかったら、所帯道具を全部家の外にほっぽり出すぞ」

シュレーダーはカタリーナ・ハインロートの運命を思い出した。だが彼女とちがって彼は闘士ではない。彼はこうしたいざこざですっかり消耗し、病気になって何週間も入院してしまった。

シュレーダーは一九七七年の年末に退職の準備をしていたが、後継者ユルゲン・ランゲはすでに一〇月にベルリンで生活をはじめていた。水族館をはじめて見たランゲは、できれば契約を取り消したいと思った。水族館の職員には座右の銘がある。一〇年後には水槽を改修し、二〇年後にはぶっ壊せ。ベルリン水族館では、特に技術設備が老朽化していた。シュレーダーが五〇年代のはじめに建物を再建したときには、いい建材が不足していた。だから彼は、ともかく手に入るもので急場をしのぐしかなかったのだ。そうこうするうちにまずパイプの水漏れがはじまり、絶縁がだめになり――早い話が建物全体がぼろぼろになってしまった。

ベルリン動物園がドイツ最古の動物園だということは、毎日仕事をしていればランゲにもわかる。前世紀の遺物のようなものばかりだ。そればかりか人間関係や職場の雰囲気も、ヴィルヘルマ動植物園と比べると風通しが悪い。着任早々、彼はシュレーダーに警告された。「動物園のクレースが言うことは、全部信じちゃいかん。あいつは朝から晩まで嘘しかつかない」

翌日、管理事務所に顔を出したランゲは、クレースと出くわした。彼は「あ、きみ、水族館はどんなかかな?」と答えを期待するでもなくたずねてから、ランゲを脇に引っ張り込み、小さいが有無を言わさぬ声で言った。「いいか、あのシュレーダーの言うことは信じるな。あいつは朝から晩まで嘘をついているんだから」

ランゲの流儀はクレースとはちがっていた。たとえば彼は見習い期間が三年目に入っている者しか飼育員に雇わない。彼らが見習い期間を修了すると、動物園で予備要員として働かせたりせず、直接水族館に配属してしまう。しかもこの新人にすぐに昆虫室や両生類室の責任を負わせる。動物園では考えられないことだ。クレースのもとでは、原則として勤続一〇年でなければエリアの責任者にさせてもらえない。

夜になるとランゲはしばしば西ベルリンのディスコをはしごした。踊るのではなく、ステージライトやミラーボールをじっくり観察して、水族館の水槽をどうやったら効果的にライトアップできるかヒントを探しているのだ。彼はファッションフェアや芝居の上演といったイベントも、水族館で積極的に行った。

クレースはそれを見ると、どうしても四〇年代や五〇年代に動物園で開催したオクトーバーフェストのどんちゃん騒ぎを思い出してしまう。ランゲが休暇や出張で留守にすると、クレースはその機会を狙って水族館の締め付けを強化する。だが水族館の飼育員は、彼にものを言わせなかった。言い争いになることもしばしばで、こうなると売り言葉に買い言葉だ。「きみを明日解雇したっていいんだぞ！」とクレースが叱りつけると、「こっちから辞めてやる！」という答えが返ってくる。

ランゲが戻ってくると、たいてい彼のデスクの上に辞職届が一通か二通置いてある。すると彼は当人を呼び、何が起きたか聞いて、やれやれという表情になる。「きみたちは僕が帰るまで、たった二週間だけ口をつぐんでいることもできないのか？」結局、飼育員は機嫌を直し、辞職届を取り下げるのが常だった。

黄金のケージの中の黄金時代

西ベルリンは特殊なところだ。西ドイツの他の地域から孤立しているために、経済はもう何年も前から西ドイツの平均レベルと比べると遅れをとり、停滞したままだ。町の建物には、いまだに弾丸が貫通した穴があり、第二次世界大戦中の市街戦の痕跡を残している。町の片隅には、ついさっきまで戦闘があったのではなかろうかと錯覚しそうな場所もある。「赤い海に浮かぶ孤島」は、生命を維持するために西ドイツという「陸地」から補給を受けなければならない。封じ込められたこの町には、自由競争は存在せず、建設も文化もナイトライフも、動物園ですら、多くの補助金を得てはじめて成り立っていた。いたるところで身びいきや不公平が横行している。

こうした世界で、クレースは大きな権力をもつ存在になっていた。彼は人びとからもっとも愛されているレジャー施設を支配する絶対王者だったのである。どうやったら後援者、資産家、百貨店オーナーらを抱き込み、次に動物園に入れるゾウやライオンの資金を出してもらえるのか――そのテクニックを彼は心得ていた。さすがのランゲも、園長がどこからこれだけの資金を調達してくるのか驚くばかりだった。クレースが園長に就任した一九五七年当時は、大勢の人間が彼を過小評価したかもしれないが、それはもはや過去の話だ。今では人びとは彼と会う前からこそこそ耳打ちし合う。「クレースのおやじがくるぞ。またがっぽり持っていかれるだろうな」

地方政治でも、クレースとベルリン動物園の存在感は無視できない。ベルリン動物園と一悶着起こすと、ろくなことがない。なぜなら、「動物園党」というものがあるとすれば、ベルリン動物園園長はその党員ではなく、「動物園党」そのものを後ろ楯にしているからだ。しかもこの「政党」は他のどんな党よりも党員が多い。一九七八年一〇月に、彼は「私には世界でもっともすばらしい動物園客がついている」と『ツァイト』紙に書いている。西ベルリンの人口は二〇〇万人にすぎないのに、動物園と水族館の年間入園者数は約三〇〇万人で、しかも観光客は全体の一〇パーセントを占めるにすぎない。

西ベルリン市民は、クレースが非常に勤勉に、しかも抜け目なく動物園を運営していることに感心していた。彼の尽力があったからこそ、ベルリン動物園は、壁に囲まれた町の中で野生の息吹を感じられる唯一の場所になった。

クレースの影響力がおよぶ範囲は西ベルリンだけではなかった。西ドイツの大統領〔訳注　ドイツでは政治的実権は首相が握り、大統領は「国家の顔」の役割をはたす国家元首である〕が西ベルリンを訪問するときには、診療所の開所祝いといった公式行事と並んで、動物園の視察がかならずプログラムに組まれる。クレースは、歴代大統領が少なくとも一回はベルリン動物園を訪問するように仕向けたが、そのためには人知れぬ苦労もあった。

西ドイツの初代連邦大統領テオドール・ホイスは、ハインロート園長の時代に動物園を視察した。微生物学の研究が趣味の第二代大統領ハインリヒ・リュプケは、放っておいても自分からやってきた。だが彼はなかなか扱いにくい人物だった。オウムがケージの止まり木をボリボリかじって、伸びたくちばしを研いでいるところを見ると、彼はクレースに「オウムが木をかじるほど腹をすかせているとは、どういうことだ？」と質問する。クレースは愛想笑いを浮かべながらも反論しようとするが、リュプケの話はまだ先があった。「それにここのオウムは自分の羽をずいぶんむしっているな。微量元素のことを知らんのかね？〔２９０頁：動物園の歩き方⑧「微量元素」参照〕」クレースが異議を唱えようとしても、リュプケは「説明はいらない。私は元農業大臣なんだぞ」と封じてしまう。

リュプケの次のグスタフ・ハイネマン大統領は、最初は動物園にきたがらなかった。だが当日のスケジュールを管理している西ベルリン市長クラウス・シュッツに「大統領は行くことになっています」と押し切られ、しぶしぶやってきた。ところがハイネマンは思っていた以上に動物園が気に入ったらしく、シュッツが時計を見て、次の予定があるので切り上げないと、と促すと「ここはなかなかいい。もうちょっと見て回るとしよう」と言うではないか。クロイツベルク地区ウルバンハーフェン港の新しい病院の落成式にハイネマンと出席することになっていたシュッツ市長は、結局、彼が動物園を見終わるまで三時間も待ちぼうけを食ったのだった。

クレースの先祖は、ヘッセン州ミッテルヘッセンの農家だった。質実剛健な家長が自分の農園を経営するように、彼は自分の動物園を経営していた。突然怒ってどなりつけることもある。彼はHBの「ブルーノ」の金髪バージョン〔訳注　HBはドイツのタバコ。ブルーノはHBの宣伝アニメのキャラクターで、特に一九六〇年代に大人気を博し、ドジで直情型だが憎めないタイプの男。ちなみにブルーノの髪の色は黒に近い〕だった。烈火のごとく怒るが、すぐに何事もなかったかのように機嫌を直す。飼育員から「おやじ」と呼ばれて一目置かれていたクレースは、朝も昼も夕も夜も、いつでもそこにいた。彼はなんでも知っている。どういう臨時雇いスタッフが今どのエリアで働いているか、誰が結婚し、誰には子どもがいて、誰にはいないか、などなど。

だが自分の子どもにはめったに会っていなかった。ダーテの子どもと同じように、クレースの子どもも自分の父親がもっとも大切にしている子は動物園なのだと、幼い頃から心得ていた。彼は動物園を運営するのと同じやり方を家庭でも貫き、自分は家族のために最善のことのみをしていると固く信じていた。子どもたちが経済的に自立するまでの間は、いかなる反論も許さなかったほどである。娘のズザンネは自分の部屋のドアに、「ここに地獄」と書いたプレートを下げていた。

息子のハイナーは父と喧嘩すると、「パパみたいな人間には、ぜったいならないからね！」と言い返すのだった。

いつの日か息子が自分のあとを継ぐのが、クレースのいちばんの願いだった。彼は動物園の世界におけるクルップ王朝〔訳注　鉄鋼王クルップ一家のこと〕のようなものを夢見ていた。三世代、八〇年以上にわたってドイツの動物園界の重鎮だったヘック一族と同じように。

クレースは、ベルリン動物園の歴史は、途切れなくつづく伝統の歴史だと世間にアピールしようとした。東側のティアパルクは突如として手品のように生まれたが、一三〇年という歴史はそう簡単に真似できるものではない。ていねいに積み上げ、育まれた果実なのだ。そこで彼は、カタリーナ・ハインロートとの関係も修復しようと努力した。だがハインロートは、彼にはよこしまな意図があると考えた。彼女はヴェルナー・シュレーダーと彼の妻で女優のインゲ・ジーヴァース＝シュレーダーに向かって、「あのクレースは私の遺産を狙っているのよ」と切って捨てた。ハインロートもこの駆け引きをちゃっかり利用し、公衆の面前ではクレースや監査役会と仲がよいふりをして、運転手付きの動物園の公用車メルセデスを私用に使ったりしていた。友人には、「いつか私の遺産を相続できると勝手に思わせておけばいいのよ。どっちみち遺産は弟のロロが相続するんだけどね」と漏らしていた。これを自分の「小さな復讐」だと言って、満足げににやりとすると、彼女の顔の深い皺はひときわ目立つのだった。

クレースは、ハインロートの前任者ルッツ・ヘックもふたたび動物園に結びつけようとした。そのため一九七七年にはドイツ動物園園長連盟の会議の席で、ベルリン動物園元園長のヘックを名誉会員とすることを提案している。まるでヘックとヘルマン・ゲーリングとの友情がなかったかのように、動物園における強制労働と、ユダヤ人株主からの株券没収がなかったかのように、である。だがこの提案に対しては、複数の会員がクレースに、そんなことを言うなら連盟から脱退しろ、報道関係者に知らせるぞ、などと脅した。クレースはこの反応に驚いた。クレースはナチズムのシンパどころか、まったくその反対だったからだ。彼はルッツ・ヘックを、ベルリン動物園を世界的に有名にした偉大な動物学者ととらえていたのだ。だがヘックが戦争末期に動物園を見捨て、のちになって未払いの年金の支払いを恥ずかしげもなく求めたことを、わざと見逃そうとしていたのも事実だ。

政治に関しては、クレースは鉄のカーテンの向こう側のダーテと似ていて、あくまでも実を取る態度に終始し、深慮に欠けていた。動物園に益するのであれば、どうでもよかったのかもしれない。

動物園園長はきびしい階級構造の支配者であり、いかなる非難も聞き入れないという面があった。クレースは、誰かが自分の動物園に横やりを入れようとしていると感じると、容赦のない態度に出た。けっして見過ごしにできないのだ。ジャーナリストのヴェルナー・フィリップに対してもそうだった。クレースが動物園の広報担当にしようと画策したこともあったフィリップは、一九七〇年代半ばから『ターゲスシュピーゲル』紙の記者となり、特に動物園やサーカス関連の記事を得意としていた。

クレースはフィリップの仕事ぶりを長年追っていた。フィリップが書いた記事はすべて読んでスクラップする。あまりにも自分に対して批判的な記事を書かれると、クレースはベルリン動物園について書くことを禁止できればいいのにと思ったりもした。この間のフィリップの記事は、たしかに言葉が過ぎていた。それによると、フィリップは水族館の小さなガラスが二、三ヶ所破損しているのを見つけた。ところがガラスの交換はそれほどたいへんな作業ではないだろうに、なんの対策も講じられていない。これは西ベルリンでよくある話だ。今日がだめなら明日があるさ、という考え方ですべてをうやむやにしてしまうのがベルリン流だ、と彼は書いた。

そのすぐあとに自転車で動物園を巡回していたクレースは、フィリップの姿を見つけるとまっすぐ彼のところにきて、至近距離で道の砂利が跳ぶほどの急ブレーキをかけると、「また水族館のことをこき下ろしたな！」とどなった。

「ええ、そうですが」とフィリップはすかさず応じた。「でもその通りでしょう、ちがいますか？」

「それはそうだが」クレースの怒りはおさまらない。「あの書き方はないだろ。今後は出入りを禁じる！」

それはとうてい受け入れがたいと思ったフィリップは、すかさず一九〇〇マルクを投じて動物園の株券を四〇〇〇株買った。クレースは株主を動物園から締め出すことはできないからだ。こうして二人はすぐにまた動物園で出くわすことになった。

「こんなところで何してる？」驚いてクレースがたずねた。

「株主になったんですよ」とフィリップ。「次の株主総会では、新しい園長選任を提案します」

クレースはそれに対して何も言わなかった。だがフィリップはクレースの目が、「フィリップ、おぬしやるな！」と語っているような気がした。

帝国の支配者クレースは反論を許さない態度を貫いたが、一歩も引かないフィリップに感心したらしい。

シュミット首相の贈り物

クレースはベルリン動物園を世界でもっとも多くの種を飼育する動物園にするように求められ、事実、そうしてきた。だが彼のコレクションにはまだ欠けているものがあった。ジャイアントパンダである。ベルリン動物園では、第二次世界大戦前にほんの数週間だけオスパンダの「ハッピー」がアンテロープ舎で展示された。そのほぼ二〇年後に、壁の向こうのティアパルクではメスパンダの「チチ」がセンセーションを巻き起こした。クレースは当時、高価で、扱いがむずかしいパンダを受け入れることはしなかった。だがダーテに反対の判断をした。その結果、何一万人ものベルリン市民が大挙してフリードリヒスフェルデに押し寄せた。

だがクレースはパンダを飼う夢をあきらめたわけではなかった。一九六〇年代半ばにも、すでに市長から外務大臣に出世していたヴィリー・ブラントに提案していたが、残念ながら叶わなかった。当時は、北朝鮮行きが決まっていたペアのパンダ以外には、中国から輸入できる個体はいなかったからだ。

七〇年代になってから、中国は徐々に西側にも門戸を開くようになり、いわゆるパンダ外交が大きな役割を果たすようになった。パンダは、選ばれた相手国に対するとびきりの贈り物になったのだ。最初につがいのパンダを手にしたのは日本だった。一九七二年のことである。その翌年、リチャード・ニクソンにパンダ二頭が贈られ、ワシントン国立動物園で飼うことが決まった。その後、パリとロンドンに二頭ずつ寄贈された。一九七五年に就任したばかりのドイツのヘルムート・シュミット首相がはじめて中国を公式訪問したときには、クレースも希望を抱いた。だがまた期待は裏切られ、彼はメキシコシティとマドリードが先にパンダを手にするのを、指をくわえて見ていなければならなかった。

一九七九年一〇月に中国の華国鋒（かこくほう）首相がボンを一週間訪問するという情報をつかみ、クレースはシュミットの妻ロキ・シュミット〔訳注　ロキは愛称。正しくはハンネローレ・シュミット〕に手紙を書いた。ロキはクレースの妻ウルズラ・クレースと親しかったので、クレースは厚かましくもロキに向かって、「あなたのご主人は壺やシルクの絨毯ではなく、パンダを贈ってもらうべきだ」と進言した。

一一月はじめに、彼はボンの官邸から返事をもらった。首相からだ。

「あなただけに――ほんとうにあなただけですよ！――言っておきますが、もしもパンダを贈られたら、ベルリンに回しますから」

シュミットはこのことをぜったい他言しないように念を押した。複数の州議会選挙と一九八〇年総選挙を控えていたからである。パンダを欲しがっている動物園は他にもあった。そういう事情があるのに、脳天気なクレースは動物舎の設計に着手しようとして、自分で自分の首を絞めることになった。動物園の監査役会は、猛獣舎のとなりに総工費七五万マルクの総ガラス張りの動物舎をなぜ建てる必要があるのか、園長の真意を測りかねた。監査役会にも役員会にも、まして一般人になど、動物舎新築の理由を知らせるわけにはいかない。そんなことをしたらパンダをめぐる駆け引きは水の泡だ。それでも必要な財源を確保しなければならないので、クレースは適当な口実を考え出した。「動物の赤ちゃんが遊ぶためのケージです」と彼は監査役を煙に巻いた。「肉食獣が子育てを放棄して、人工飼育しなければならないケースがありますから、ぜひとも必要かと……」

監査役会はこの提案を妥当と見なし、同意した。皆が浮き足立つ大騒ぎになったのは、一九八〇年春に、シュミット首相がスポークスマンを通してパンダがベルリンにくると公式発表してからだった。

シュミットはこの決定で、明確な政治的なメッセージを出そうとした。ボン駐在のソ連大使ウラジーミル・セミョーノフもそれに気づいた。大使は侮辱されたと感じ、この決定に抗議した。西ベルリンはドイツ連邦共和国の一部ではなく、「特殊な政治単位」と考えていたからだ。

そんなことにお構いなく、ベルリンの町はパンダ・フィーバーで盛り上がっていた。クレースの助手ハンス・フレートリヒは世界各国の動物園に視察に行き、パンダは毎日二〇キロの竹以外に何を食べているのか調査した。その結果、チョコレート、挽肉、はちみつ、ホウレンソウ、米、オートミールが好物だとわかった。ベルリン動物園は、パンダのために南フランスから月に二回、竹を輸入し、動物園の倉庫にある冷却室で摂氏四度で保管する計画を立てた。二頭のパンダは野生のパンダだが、捕獲後に成都動物園で飼育されていた。ベルリンのジャーナリストの間では、パンダの名前をどう表記するのか、いろいろな憶測が飛び交った。メスパンダは新聞で「クァンクァン」、「チュアンチュアン」、「ティアンティアン」、「チェンチェン」などと報じられた。「無辜（むこ）の者」、「神のような者」、「天使」といった意味だ。オスパンダは「バオバオ」で、「いとしい人」、「宝物」を意味する。だが正確な発音は誰もわからなかった。

一九八〇年夏が過ぎ、もう秋になっていた。『シュテルン』誌は一九八〇年九月二五日に、パンダを乗せて北京からフランクフルトに飛ぶ予定だった飛行機が遅れるらしいと報じた。航空会社のルフトハンザが、パンダは飛行中ずっと世話をしなければならないと聞いて難色を示したのだ。ほどなく北京のドイツ大使館が介入してきた。中国政府がなぜこんなに遅れるのかといぶかしく思っているというのだ。それを聞いたシュミット首相は、すぐにドイツ空軍に、パンダ二頭をドイツまで空輸するように指示した。ところが今度は国防大臣のハンス・アーペルが異を唱えた。パンダ二頭の空輸費用一五万マルクは、高くて負担できないというのだ。そこでまたルフトハンザ社との交渉がはじまった。結局、中国の飼育員三名がパンダに同行するという条件で折り合い、一〇月一日に出発と決まった。だがまた横やりが入った。今回は中国当局からだ。一〇月一日は中国の祝日、国慶節（こっけい）なのだ。

こうしてさらに一ヶ月以上遅れ、一一月五日の一四時〇五分。ついにその時がやってきた。三時間遅れて輸送機はテンペルホーフ空港に着陸した。中国からの贈り物は、国賓のような扱いをうけた。ゲートの表示板に「ウェルカム・トゥー・ベルリン」と英語の表示が出て、数え切れないほどの報道関係者とカメラが並び、二頭のパンダが入った金属製の輸送箱が緑色のフォルクスワーゲン社のバスに積み込まれ、動物園に向かう様子を追った。動物園ではすでに数百人の来園者が強化ガラスの前に詰めかけ、「健康を祝って乾杯！」と、誕生日を祝う歌を高らかに歌っている。

首相のおみやげ。1980年11月。パンダの「バオバオ」と「チェンチェン」の引き渡し式に立ち会ったヘルムート・シュミット。

新しい飼育場は、ウィンターガーデンとドッグランを足して2で割ったような感じで、ライトブルーのタイルは、病院のような雰囲気もかもしている。だが『ハンブルガー・アーベントブラット』紙は、この新しい動物舎をセレブ幼稚園のようだとほめそやした。「人工の木に登り、ぶらんこでも遊べる。パンダはそれぞれに二〇平方メートルの寝室と一七〇平方メートルのリビングがあてがわれ、プレイコーナーと食卓も完備している」

三日間でパンダを新しい家に慣れさせたのち、ヘルムート・シュミットが引き渡し式のために来園し、動物園のゲストブックに記帳した。彼のサインの下にロキは冗談めかしてこう書き添えた。「後見人ロキ・シュミットもとても喜んでいます」

動物園内のレストランでひきつづき行われ

たパーティーで、記者にパンダのどこがいちばん気に入ったかと訊かれ、シュミットは「彼らは非常に口が堅いからね。党の幹部にしたいぐらいだよ」と答えた。

これまでもベルリン動物園の動物はそうだったが、パンダ二頭はたちまち町を代表するキャラクターに祭り上げられた。ほどなく「ベルリンいいとこ」と書かれた二頭のイラスト付きのステッカーがつくられた。

一九八四年春に「チェンチェン」の体調が悪くなった。日に日に弱り、臓器がつぎつぎに機能不全を起こしていって、獣医もなすすべがなかった。動物園が「チェンチェン」の死を発表すると、報道機関の反応は皮肉あり、同情あり、といったところだった。左寄りの『ｔａｚ』紙は、「エルンスト・ロイター〔訳注　在職中の一九五三年に急死した西ベルリン市長〕の死去以来もっとも悲劇的な事件」と悪意に満ちた書き方をした。大衆紙の『ＢＺ』は七ページを割いてくわしく報じたのに対し、自由ベルリン放送は皮肉まじりに、国を挙げて喪に服したらどうだろうと提案した。のちに西ベルリン市長を辞め連邦大統領になったリヒャルト・フォン・ヴァイツゼッカーまでが、死亡したメスパンダは「町が誇る偉大な〝人物〟の一人」であったとコメントした。ベルリンでは——おそらくベルリンだけの現象だろうが——こうしたことがごくふつうだった。なぜなら「壁に囲まれた町では、自然に対する憧れと動物への溺愛が広く見られるからだ」と『シュピーゲル』誌は一九八四年二月に報じている。獣医と病理学者がまだ死因を究明できずにいるのに、巷間(こうかん)では、このドイツと中国の友好のシンボルが抹殺されたのは、スモッグに汚染された「ベルリンの空気」のせいなのか、それともソ連のKGB（国家保安委員会）のせいなのか、という話でもちきりだった。ほどなくパンダはウィルス感染症で死亡したことがわかった。新しい個体が入る見込みはなかった。パンダ外交の時代はすでに終わったのだ。

東の石を西ベルリンに

リヒャルト・フォン・ヴァイツゼッカーにとって、「チェンチェン」の弔辞は、西ベルリン市長としての最後の職務行為だったと言えよう。一九八四年五月、彼はドイツ連邦会議で大統領に選出され、ボンに住まいを移してしまった。だが、戦後のベルリン動物園に最後まで残っていた仮設施設がようやくなくなったのは、彼の功績だった。

その二年前の一九八二年八月のある夜、ヴァイツゼッカー市長はクレース家の官舎を訪れていた。市長はしばしば動物園にやってきたが、視察が終わるとクレースが彼を自宅に招き入れ、赤ワイン一杯かチーズをのせたパンをふるまうのが常だった。そのあとでクレースが市長をブダペスト通りに面した出口まで見送りに出ると、すでに周囲は薄暗くなっていた。格子の門を挟むようにして二ヶ所ある入場券売り場は、コンクリートを吹き付けただけの灰色の地味な建物で、日中に見るよりさらに味気ない印象だ。

「昔はここにすばらしいゾウ門があったのに」――当時の石像の外観をなかなか思い出せないの

か、ヴァイツゼッカーは考えこみながら言った。

「ええ」とクレースも物思いに沈んでいる。「ここでしたよね」

ヴァイツゼッカーには、この門をめぐる特別な思い出があった。彼は一九三七年の高校卒業資格試験の前日に動物園にきて、その華麗な門をくぐったのだ。二体のほぼ実寸大のゾウの彫像が、赤いアーチと緑のかわら屋根を支えている。一八九九年にシャム様式でつくられたその門は、遠くからもよく見えて、「ここからエキゾチックな世界がはじまることを、人びとに告げている」と元園長のルッツ・ヘックは書いている。翌日の筆記試験に合格したヴァイツゼッカーは、のちになって動物園に行ったことを振り返り、ゾウ門が幸運をもたらしてくれたのだと考えるようになった。しかし六年後の一九四三年一一月に、門は爆撃で完全に破壊されてしまう。

クレースは門の周辺をどうデザインしようかと思案していた。モートだけでシティ・ウェストと仕切り、アフリカ産の有蹄類の放飼場にしようという案もあった。ドルフィナリウムの建設まで話題に上ったが、クレースはこれも却下した。財政的にペイしないからだ。彼はあれこれ考えをめぐらせながら、貧弱な入場券売り場を眺めていた。

「なぜ例の門を再建しないんだ?」――ヴァイツゼッカーが突然言い出し、彼は我に返った。

「動物園の目的にかなった用途でないと予算は出ません。出入口に金をかける余裕があるなら、まず動物舎を建設するのが筋です」

ヴァイツゼッカーは門をじっと見て、片手で格子の棒をつかんだ。「だがこんな格子の門のかわりに、昔みたいな壮麗な門があったらどんなにいいことか」

クレースはにやりとした。「それなら市長さん、そういう門ができるように力を貸してくださいよ。でも門だけの建設費用を宝くじから出してもらえるかどうか、私にはわかりません」

園内の多くの建造物の建設費用は、宝くじの収益でまかなわれていた。だがヴァイツゼッカーも、その資金は動物舎の建設にしか使えないことを知っていた。「いや、門だけのプランじゃだめだ。動物と関連づけないと。それなら多少予算が高くても通るだろう」

クレースはこれまで、ゾウ門によくマッチする飼育場は何だろうかと考えたことはなかったが、現在入口のすぐ近くにあるぱっとしない施設に手を入れないと、とは思っていた。

「よく考えてみます」彼は別れ際に市長に約束した。

数週間後、ヴァイツゼッカーの机の上は「アジア産動物飼育場および付属施設ゾウ門」というプランが広げられていた。予算は一六〇〇万マルク。門は付け足しではなく、むしろ眼目だということに誰も気づかなかったので、すべての関連委員会がプロジェクトの公示にゴーサインを出した。動物園の文書庫は戦時中に完全に破壊されたにもかかわらず、ゾウ門の当時の設計図も奇跡的に発見された。クレースがふたたび連絡をとるようになった元動物園園長のルッツ・ヘックが、大切に保管していたのだ。

西ドイツの二つの会社が入札した。だが一つだけ問題があった。かつてのゾウ門の柱には、エルベ砂岩が使われていたのだ。しかしこの砂岩は、東ドイツのピルナ近郊のエルベ砂岩山地にあるごく少数の石切場でしか採取できない。

クレースが二件の入札の一方を選ぼうとしていた矢先、動物園にザクセン訛りの男があらわれた〔訳注　エルベ砂岩山地は、旧東ドイツのザクセン地方にある〕。なんでもドレスデンの国営企業「エルベ自然石」の社長らしい。

「なぜ門を私どもに直接発注なさらないんですか？」と彼は単刀直入に切り出した。

「西ドイツの二社がもう入札しているのでね」とクレース。

「その会社もどっちみち下請けに出して、結局私たちにやらせるんですよ」と男は言った。「自分たちじゃ何一つしやしない。やつらは金を徴収するだけです」

その国営企業の社長は、西ドイツの二社よりはるかに低い金額を提示した。予算を節約することだけを考えたら、クレースはすぐにでも話に乗るのだが、今回は事情が少し複雑だった。東ドイツの国営企業との取引だからだ。

来客を送り出すやいなやクレースはヴァイツゼッカーに電話して、そのオファーについて説明した。「なにしろ半額なんです」

「そうか、じゃあ、決めようじゃないか」ヴァイツゼッカーは喜んで応じた。

「でも血を見るのはごめんですよ」とクレースは言った。「おわかりでしょう？　政治的な揉め事になったりしたら」

だがヴァイツゼッカーは、「いや、そんなことは心配しなくていい」とだけ言った。

結局、そのドレスデンの国営企業が受注し、西ベルリン市政府は東ドイツと契約を締結した。一九八六年一〇月、再建されたゾウ門の落成式が行われた。オリジナルの門を忠実に再現したザクセンの石工たちも、式に招待された。だがリヒャルト・フォン・ヴァイツゼッカーの姿はなかった。彼はすでに西ベルリンからボンに居を移していたのだ。クレースは当初、新市長が東ドイツとの契約に何かケチをつけるのではないかと心配した。だが新任のエーベルハルト・ディープゲン市長も特に異議は唱えなかった。それどころか彼は、落成式のスピーチで「全ドイツが一丸となって尽力したことにより、私たちの町の中心部がこのように豊かなものになりました」と述べたのである。

東ドイツとの取引は、ゾウ門の建設に問題を投げかけはしなかった。石造りの彫像に時おり影がさすとすれば、それは隣接するオイローパセンターの存在ぐらいだった。午後の太陽がゆっくりとシティ・ウェストのビル群のうしろに沈む時間帯に、ゾウ門が日陰になったからである（291頁：動物園の歩き方⑧「ゾウ門について」参照）。

島が沈む

その二年後、西ベルリン市民は大好きな動物と別れなければならなかった。カバの「クナウチュケ」だ。「クナウチュケ」は自分の息子「ナンテ」との縄張り争いで重傷を負い、一九八八年六月二〇日に安楽死の処分がとられた。

「クナウチュケ」の死により、ベルリン動物園は戦後期を生き抜いたもっとも有名な動物を失うことになった。数世代の子どもたちが「クナウチュケ」とともに育ち、市民の多くは彼を仲間のように思っていた。「クナウチュケ」は四五年の生涯で、三五頭の子孫を残した。そのほとんどが近親交配の産物だったが、ベルリンっ子はあまり気にしなかった。ハラルト・ユーンケ〔訳注 ベルリンの町を代表する大衆的なエンターテイナーだった。酒好きでアルコールをめぐる失敗は数知れず〕がサヴィニー広場の居酒屋にいつも入り浸っていたように、「クナウチュケ」は動物園の一部だったのだ。

ユーンケと同じく「クナウチュケ」も生粋のベルリンっ子で、一九四三年に生まれた戦争の落とし子だ。どっちみち動物園の動物には他の選択肢はなかったのだが、「クナウチュケ」は西ベルリンという陸の孤島に取り残されてしまった。だが西ベルリン市民の動物に対する極端な愛情とローカルなパトリオティズムが混ざり合って、ミーハー的な英雄崇拝の対象となり、「クナウチュケ」は寂しがるひまもなかった。ベルリンではカバも町のシンボルになるのである。

「クナウチュケ」の死が発表されてから数日後、大衆紙『BZ』の投書欄に次のような詩が掲載された。読者ミヒャエル・クラインによるこの詩は、「クナウチュケ」がどんな存在だったかをよく示している。


「今日、きみのプールの前に立ってわかった。

もうきみは目を覚まさないって。
きみが十分に生きたのはわかるけど
別れはやっぱりつらすぎる。

四〇年前のあの日、よく覚えているよ。
きみを見に、父さんと動物園にきたあの日。
ぼくはお腹がぺこぺこ、足は冷え切っていたけれど、
きみはたった一人でここにいた。
きみのカバ舎はぽかぽか暖かい。
だれもすぐには出ていこうとしなかった。

今きみは行ってしまった、ずっと向こうへ――
きみと一緒にベルリンの一部がなくなってしまった」

「島」でいちばん愛されていた動物がいなくなってしまった。だが「島」そのものが沈むまで、それほど長くはかからなかった（292頁：動物園の歩き方⑧「いまも愛されるクナウチュケ」参照）。

ヨウム（256頁）　アフリカ西海岸の森林地帯に生息するオウムです。とても頭がよくヒトの言葉も話せることから人気があります。近年、ペットにする野生のヨウムの密猟により生息数が激減しています。

ドイツの水族館事情（256頁）　ヴェルナー・シュレーダーが館長を務めたベルリン水族館はベルリン動物園の敷地内にあります。歴史の重みを感じる、ドイツを代表する水族館です。動物園とは別料金で入場でき、魚類や両生爬虫類の水槽がたくさん並んでいます。ベルリン動物園同様、ケルンやライプツィヒなどの動物園にも水族館が併設されています。2017年に訪れたニュルンベルク水族館の大水槽兼展示プールにはイルカやマナティが、デュースブルク動物園ではイルカが飼育されていました。また、日本の水族館のように大型水槽を設置し、水中のトンネルを通るかのように設計された、館名に「シーライフ」と付く水族館も数ヶ所あります。ハンブルクのハーゲンベック動物園に隣接した熱帯水族館や北ドイツのバルト海に面したシュトラールズントの水族館が大水槽で展示しています。数でいえば、日本のほうがドイツよりもはるかに多くの水族館があります。

ヴィルヘルマ動植物園（262頁）　南ドイツのシュトゥットガルトにあるとてもきれいな約30ヘクタール（30万平方メートル）の動植物園です。ネッカー川沿いにあり、園内の庭園も見事です。朝8時過ぎから開園しています。ゴリラなど類人猿の飼育も有名です。

微量元素（271頁）　飼育下のオウムインコなどの鳥類は、ビタミンやミネラルといった微量元素のメスが卵の孵化や飼育繁殖に大きな影響を与えるといわれています。このため細かいところまでエサの管理が重要です。いまではこれらのサプリメントもあります。

ゾウ門について（287頁）　ドイツのベルリン動物園には「ライオン門」（Löwentor）と「ゾウ門」（Elefantentor）の二つの入口があります。特に「ゾウ門」は2頭のゾウが立っていてとてもエキゾチックな建物です。外を歩いていてもその存在感が半端じゃありません。最初にできたのは１８９９年、建築家のウイリアム・ベックマンらによって作られましたが、残念ながら空襲により破壊されてしまいました。本文にあるように、ベルリン市長とクレース園長にはゾウ門に強い思い入れがあり、１９８６年には再建することができました。実はこのゾウ門と似ているのが東京・多摩動物公園の正門です。高さ5メートルとベルリンより大きめのゾウが1頭います。ベルリン動物園のゾウ門の柱には旧東ドイツのエルベ砂岩が使われ、１９９３年にできた多摩動物公園の正門の石は中国福建省の青御影石が使われています。ベルリン動物園の園内の片隅には最初にゾウ門をつくったベックマンの銅像がいまでも立っています。［写真・上：ベルリン動物園のゾウ門／写真・下：多摩動物公

園の正門〕

いまも愛されるクナウチュケ（289頁）　カバの「クナウチュケ」もいまはいませんが、新しくできたカバ舎の入り口に像として立ち観客を待っています。子どもたちがよくこの像に乗って遊んでいます。彼の大きさなどがわかるかと思います。いまはベルリン動物園には、ケルン動物園と並んで世界でもとても立派なカバ舎があります。日本では大阪市・天王寺動物園のカバ舎前にも大きなカバの銅像が立っています。〔写真：立派な「クナウチュケ」像〕

第8章

灰色の巨人、倒れる

Der Sturz des grauen Riesen

本章の時代（1980年代〜1991年）

1984年【テ】カモメが飛び回るケージ建設
1986年【テ】ゾウ舎の建設工事開始
1987年【テ】4月：ダーテの妻死去／8月：ワニ舎オープン／9月：国際会議「動物園と環境」のホストを務める
1987年【東・西】ベルリン市750周年
1989年【テ】9月：ゾウ舎オープン／入園者数320万人（過去最大）を記録　**【東】**6月：天安門事件の中国政府の対応を擁護／7月：東ドイツ市民の西ドイツ脱出がはじまる／8月：市民の殺到で西ドイツ政府がブダペスト、プラハの各大使館閉鎖／9月：ハンガリー、東ドイツ市民に国境を開放／10月：ハンガリー経由、またはプラハ、ワルシャワからの特別列車で市民が西ドイツに脱出／10月7日：東ドイツ建国40周年／11月9日：ベルリンの壁崩壊
1990年【テ】4月：ゾウの「ドンボ」が転落死／11月：ダーテ80歳の誕生日式典／12月：ダーテ解任
1991年【テ】1月6日：ダーテ死去　**【東】**旧東ドイツの動物園園長が「ドイツ動物園園長連盟」に復帰

本章の主要な登場人物

◉**ハインリヒ・ダーテ：【テ】**園長。ベルリンの壁崩壊後もティアパルクの権威維持に努める
◉**ハインツ＝ゲオルク・クレース：【ベ】**ベルリンの壁崩壊後、ベルリン動物園がティアパルクの優位になるよう尽力
◉**ハインツ・グラフンダー：【テ】**ゾウ舎の建築責任者。かつてアルフレート・ブレーム館を手掛ける
◉**パトリック・ミュラー：【テ】**飼育員見習い。ゾウ担当
◉**ヨルク・アドラー：【東・ライプツィヒ】**出世し、霊長類キュレーターに
◉**ジークフリート・ザイフェルト：【東・ライプツィヒ】**動物園園長
◉**ローター・ディトリヒ：【西・ハノーファー】**園長。ダーテの友人

一九八六年になると、ハインリヒ・ダーテの帰宅時間はさらに遅くなった。妻がもう夕食は食べたのかとたずねると、「食べている時間がぜんぜんなかった」と答える。食事より重要なことを片づけなければならなかったのだ。熱帯室二棟を建設するために、農業分野のお偉方をどうしても説得する必要がある。東ドイツではガラス温室用の資材が不足していた。国民に野菜を供給するために温室が緊急に必要だったからだ。だがダーテも、長年計画していたワニの熱帯館のために資材が必要だった。当時、ワニはまだヘビファームのテラリウムで飼育されていた。アルフレート・ブレーム館の奥にある物置小屋のようなところだ。多くの個体が成長しすぎて、ガラスの水槽にすき間がないほどで、体が水槽の形に合わせて変形してしまっているワニまでいた。鼻が垂直に立っていて、自分では噛み切れないので、餌を食べさせてやらなければならない個体もいる。

新しい施設をつくるためのダーテの努力は、並大抵ではなかった。東ベルリンでは他の工事現場が優先されるようになっていたからである。一九八〇年代初頭には、高層のシャリテ病院が建設された。壁からあまり遠くない場所にあり、西ベルリンから見えるので、東ドイツの威信を保つためにやたらに壮大な建物になった。リヒテンベルク駅では新しいロビーがオープンしたばかりで、ジャンダルメンマルクト広場ではフランス大聖堂の修復工事中だった。

それでもダーテは、数年前から予告していた計画の一つを実現した。一九八四年に彼はトラクターを収納するエアドーム〔訳注　通常スポーツ施設などとして使われる空気注入型のドーム〕用の格子枠を手に入れた。どんなものでも何かの役に立つから、彼はこういう機会を逃さない。これを使って作業班が何ヶ月も夜なべ仕事をして、ついにできあがったのが、中でカモメが飛び回れるケージだった。

だがティアパルクの改修工事が遅々として進まないことが、彼をいらだたせた。もう何年もそういう状態がつづいている。バク舎は廃墟と化し、ずいぶん前に取り壊された。新しいゾウ舎は本来ならとっくに完成しているはずだが、アイディア満載の設計図は、引き出しのどこかで埃をかぶっていた。ゾウはいまだに仮設の動物舎で暮らしている。ティアパルク最初のメスゾウ「ドンボ」と「バンビ」を一九五五年にここに入れたのは、あくまでも一時的な措置だった。だがこの「一時的措置」がすでに三〇年もつづいている。来年はベルリン七五〇周年の節目の年だ。それまでに新しい動物舎ができていなかったら、面目丸つぶれだ。ダーテは、周年行事をしないほうがいいのでは、とまで思い詰めていた。職員も計画がいっこうに進まないことにいらだちを見せている様子が、シュタージの非公式協力者の報告書にもうかがえる。

「ベルリン七五〇周年までに、少なくともアルフレート・ブレーム館の改修工事とワニ舎の新築工事が終了し、既存の飼育場のメンテナンスには、塗装工および機械工同業組合の協力が得られることが期待されている」

ダーテのビジョンのほとんどは人手と資材不足のために頓挫したが、一つだけ生き残っているプランがあった。長年彼はティアパルクの北東側にある瓦礫の山を、なんとかしたいと考えていた。何を建てるか、綿密な計画も練ってあった。一九八四年にライバルのクレースが代表団とともにティアパルクを視察したときに、ダーテは彼らをすでにある施設には案内せず、ぬかるんだ道を通ってこの瓦礫の山に連れていった。強い風が吹き下ろして耳をなで、ダーテが将来の計画についてしゃべっている間に土砂降りになった。派手なジェスチャーで彼は斜面の下の方を示した。「あそこにはまもなく山地の動物のための広大な飼育場をつくる予定です」。クレースはびっくりして目を丸くした。シラカバと藪だらけの荒れ果てた岩場の斜面が、魅力ある飼育場になるとはどうしても思えなかったからだ。彼が口を挟む前に、ダーテはさらに上にのぼり、でこぼこの高台をずんずん歩いて、濁った汚い水たまりのへりでついに立ち止まった。「ここにカフェを建てます。テラスにゆったり座って、町全体を見渡せるように！」（332頁：動物園の歩き方⑨「カフェテラス『オウム』」参照）

もっとも、この計画がこれまで進まなかったのは、隣人のせいだった。丘のふもとには、打放しコンクリートの灰色の塀に囲まれたシュタージの地区管理事務所があるのだ。シュタージの役人にしてみれば、ティアパルク入園者にコーヒーを飲みながら見下ろされるなんて、迷惑千万な話だ。

だがシュタージも、ダーテがそう簡単に計画をあきらめるタイプでないことを知っている。何人もの非公式協力者を得て、シュタージはこの件の最新情報を収集していた。しかし一九八六年春の報告書によれば、時間がシュタージに味方してくれた。たとえダーテがカフェの建築を許可されたとしても、着工までに少なくとも五年かかり、オープンまでにさらに五年かかるというのである。

さすがの「党の盾と剣」〔訳注　シュタージのこと〕も国の動きの鈍さにあきれ、成り行きにまかせて特別な介入はしなかった。

だがティアパルクの国際的な評価にかかわる問題となれば話は別で、シュタージも必死に聞き耳を立てる。外との交渉があるティアパルクは、利用のしがいがある存在だからだ。シュタージが得た情報によれば、西ベルリンの動物園園長が、東ベルリンが提案した「動物園動物および野生動物の疾病に関する国際シンポジウム」を、西と東で毎年交代で実施しようと尽力しているらしい。しかしティアパルクの幹部レベルの情報提供者から、西ドイツの他の動物園の園長たちがクレースにこれを思いとどまらせた、との報告があった。「ベルリンのティアパルクは、米国を含む多くの国々に友人をもち、これらの友人から、クレース博士の行動について情報を集めている」からだ。

贈り物とひそかな企み

ダーテが広大な敷地の工事のために資材を手に入れようと必死になっている間に、壁の反対側のクレースは、いずれは動物舎の収容能力が動物の増加に追いつかなくなることに頭を悩ましていた。彼に足りないものはスペースだった。敷地を三ヘクタール〔訳注　三万平方メートル〕だけ広げ、手狭だった「動物種の寄せ集め動物園」に多少の余裕はできたのだが、それでもいくつかのエリアでは、園長の収集癖のせいで工夫が必要になった。「入れ替え制」を導入した飼育場もある。たとえばハイエナは、ライオンがケージに入って寝ている夜しか猛獣舎の大きな放飼場に出してもらえなかった。

それでもクレースは、目前に迫っている市の周年行事を利用して、さらに動物を手に入れようとしていた。少し前から彼はエーベルハルト・ディープゲン市長にしつこく頼みこんでいた。「招待する賓客が私たちの動物園のために何か動物を持ってきてくれるといいのですが」と彼はディープゲンに伝え、希望する動物のリストまで送りつけた。オーストラリアからはツルとペリカン、デンマークからはダマジカとアカシカ、エクアドルからはメガネグマ、ザイールからはオカピ、タイからはゾウ、インドネシアからはスマトラサイ、ネパールとアメリカ合衆国からはインドサイ。

クレースは、ベルリンの姉妹都市のロサンジェルスの動物園にはインドサイの群れがいることを知っていた。ベルリンのインドサイの群れがまた活気づくように、彼はメスサイ一頭が欲しかったのだ。

だが結局、彼の希望はほとんど叶わなかった。一も二もなく断る国も多かったし、輸出制限があるとして断ってきた国もあるし、返事すらよこさない国もあった。ロサンジェルス市長は一九八七年五月の訪問時に、また二頭を携えてきた。もっともそれはインドサイではなく、北アメリカの西海岸ではおなじみのフィッシャー〔訳注　テンの仲間〕のペアだった。

クレースは希望とはちがうこの贈り物を内心喜ばなかったが、嬉しそうな顔をして受け取るよりほかに方法はなかった。結局のところ、アメリカの動物園は自分たちが飼育する非常に価値がある動物を手渡す気はなくて、別にいなくても困らない動物をプレゼントするのだということがわかった。というのも彼自身、ヴィリー・ブラントが市長だった頃にまったく同じことをしていたからである。

ブラントには、外遊するときにつねに若いヒグマを行き先の動物園にプレゼントして回るというとっぴな習慣があった。受け取る側がヒグマを欲しがっているかどうかはおかまいなしだ。ブラントは、どうせプレゼントするなら、ベルリンの紋章のモチーフになっているクマを、生きた代理人として贈るのはなかなかいい考えだと自負していた（332頁：動物園の歩き方⑨「ベルリンの語源はクマ？」参照）。出発前に彼はかならずクレースに電話してきて、例の少ししわがれた特徴的な声で、「またクマが必要になったんだが」と言うのだった。

園長としては、これは願ったり叶ったりだった。ベルリン動物園ではヒグマが繁殖しすぎて、避妊薬を飲ませることもあったほどだった。なにしろクマの飼育はそれほどむずかしくない。ただ子グマは成長がはやく、すぐに愛らしい外見ではなくなり、そのかわりに場所ばかりとるようになる。ブラントの思いつきがワンパターンだったおかげで、クレースは成長中の、人間で言えばティーンエージャーぐらいの個体をどうしようかと悩まずにすんだ。どっちみちまたすぐに新しい子グマが生まれ、ふたたびベルリン市民を動物園におびき寄せることができるのだから。

ヒグマと比べてフィッシャーを飼育するヨーロッパの動物園は非常に少なかった。ただ問題なのは、フィッシャーはまったく姿をあらわさないのだ。この夜行性の肉食獣は、日中はたいてい奥のほうで寝ている。クレースですらほとんど見たことがないほどだ。飼育員にたずねると「園長がくるときは、いつも連中は奥で仲よくやってるからですよ」と短い答えが返ってくるばかりだ。

数週間がたち、その間に姿を見せたのは一頭だけだった。その一方、鳥類のエリアでは事故がたびたび起きるようになった。ガチョウ数羽、オウム一羽、希少種のツル二羽が食い殺された。飼育員には思い当たる理由がなかったが、いずれにしても犯人はキツネではなく、もう少し大きな動物らしい。クレースはすぐにフィッシャーの動物舎を調べさせた。飼育員が木箱のふたを開けると、眠そうな顔で見上げたのは、一頭だけだった。

クレースはかんかんだ。「どんな方法でもいいから」と彼は飼育員にどなりつけた。「もう一頭のくそフィッシャーを探して戻せ！」

幸いしばらくして逃亡したもう一頭のフィッシャーは見つかった。「ふれあい動物園」の近くの納屋に忍び込んで眠っていたのである（333頁：動物園の歩き方⑨「クレース園長が上野動物園に」参照）。

一方のティアパルクでは、建設計画が少しだけ進んでいた。ダーテは、温室二棟分の資材をようやく手に入れた。ワニを飼育する熱帯館をつくるためだ。それに新しいゾウ舎を建設する許可もようやく出た。設計を担当したのは、かつてアルフレート・ブレーム館を手がけた建築家のハインツ・グラフンダーである。彼はその後も東ドイツで着々と実績を上げていた。一九七〇年代には共和国宮殿（訳注　東ベルリン中心部に東ドイツの威信をかけて建設された壮大な近代建築。コンサートホール、美術館、ディスコなどの文化・娯楽施設があった。解体されて今はない）の設計を依頼された。要するに彼は、人間という「大型動物」の「飼育舎」を建設するベテランだった。

一九八六年にゾウ舎の建設工事がはじまった。敷地面積六〇〇〇平方メートルで、猛獣館よりもさらに大きく、アフリカゾウとアジアゾウの繁殖集団、サイとコビトカバが入居する予定だった。

だがダーテにとってこうした計画すべてが吹っ飛ぶような大事件が起こった。一九八七年四月一六日に妻エリザベートが心臓病で急逝したのである。六八歳だった。少し前から体調が悪かったのだが、病院に行くほどの病気だとは本人も思っていなかったらしい。彼女なしにはダーテ家は回らない。エリザベートは夫を支え、家事をこなし、夫の原稿のタイプまでして、彼が完全に研究とティアパルクの仕事に集中できるようにしていた。その彼が突然一人きりになってしまったのだ。子どもたちはとうに成人して家から出ていた。しかも彼は一人ですべてこなせるような人間ではなかった。心の痛みを気取られないように、彼は自分がもっとも得意とすることに集中した。つまり仕事に没頭したのである。

幸いにも彼にはやることがたくさんあった。八月にはワニ舎がオープンし、九月には全世界から動物園園長が集まる会議のホスト役が待っている。五日間、国際会議「動物園と環境」の議長をつとめるのだ。まるで何事もなかったように、彼はゲストを案内してティアパルクを見せ、いくつもの講演をこなした。自分が負った決定的な痛手を、彼は必死に隠そうとした。まもなく七七歳になるのに、仕事をやめることはできなかったし、そのつもりもなかった。市当局も、そろそろ仕事をセーブする時期ではないかと彼に示唆したりはしなかった。退職したら何をするか、彼も考えていなかった。デスクの上には、いつか出版しようと考えている原稿が山をなしている。幕引きを考えることなど、まったく彼の念頭にはなかった。引退をするにはまだやることがありすぎたのだ。

ゾウ舎の骨組みはみるみるその形をあらわしている。ジンバブエから四頭の若いアフリカゾウが到着し、モスクワ動物園からアジアゾウ二頭がフリードリヒスフェルデに向かっていた。古いゾウ舎はますます狭くなり、飼育員もそのうち手が回らなくなる。見習いでもいいから人手が必要だった。パトリック・ミュラーのように修行中の身であってもだ。

一六歳の彼は、一九八六年に飼育員見習いになり、ティアパルク内のほとんどすべてのエリアを経験した。彼が当初からいちばん好きだったのはゾウだ。経験のある飼育員は、ミュラーが扱いのむずかしいゾウに対処するこつを心得ていることにすぐ気づいた。飼育員なら誰でもゾウとうまくやっていけるわけではない。慎重さが足りない者は多いし、重さ三トンで五歳の子どもと同じくらいの知能をもつゾウに、実権を握っているのは誰かをきっちりわからせる権威がある飼育員も、そうそういない。ゾウはしばしばフェイント攻撃をしかけてくる。それが単なる見せかけの攻撃だったことは、飼育員は――もしもまだ生きていれば――あとからようやくわかる。ミュラーは、ともかく踏みとどまらなければと思った。不安のあまり仕事を投げ出すのは簡単だ。とは言え、彼もときどき恐ろしくて膝ががくがくすることがあった。ゾウは軽く触れたつもりでも、人間は下手をすると死にかねないからだ。一九六三年八月に、ベルリン動物園の一一歳のオスゾウ「サリム」が入園客の目の前で飼育員を牙で突き刺すという事故があった。だからゾウの担当者は飼育員の間では一種のエリートだ。いちばん危険な仕事に携わっているからである。肉食獣の飼育員は、ライオンやトラやヒョウを放飼場に出すには引き戸を開くだけでいい。だがゾウの場合には、どうしても直に接触せざるをえない。

当時、飼育員は毎日ゾウと練習していた。入園客が夕方になってティアパルクから引き上げたあとで、飼育員はゾウの背中に乗って、ティアパルクを横切り、新しいゾウ舎の工事現場まで行くのである。ゾウ舎の完成後に、ゾウがスムーズに引っ越しできるように慣れさせているのだ。ミュラーはゾウ舎の工事にも加わっていた。いわば一石二鳥を狙ったのである。彼は協同組合の寮に住んでいて、入居者は一定時間ボランティア作業に参加することが義務づけられていたのだ。その作業中に彼と彼の同僚はゾウ舎の欠点に気づいた。扉の開口部が、飼育員が手押し車を押しながら通り抜けられるようになっていない。これでは日々の作業に支障が出る。だがさらに心配だったのはゾウ舎の遮断の問題だった。

1989年９月、ついに新しいゾウ舎がオープンした。パトリック・ミュラー（右から２人目）ら飼育員が放飼場でゾウのお披露目をしているところ。

ゾウと入園者の間は、急勾配のモートだけで隔てられている。ゾウの放飼場は若干高めに設計されていた。そのほうが見物客に印象的だからだが、そのために高低差がさらに大きくなってしまった。柵やロープは入園者の視界の妨げにならないように設置していないので、ゾウは夜間は鎖で固定しなければならない。

ダーテはライプツィヒ動物園のやり方でモートを設計させた。彼がライプツィヒ時代に知り、ティアパルクのオープン時に使った舞台のような旧式のタイプだ。だがこの配置は、あまりにも危険なのでとっくに採用されなくなっていた。モートは断面が漏斗のような形で、転落したゾウを飼育員が救出するための斜路もない。だが飼育員たちがダーテにこうした問題点を直訴するのは容易ではなかった。ゾウの群れと同じように、ティアパルクにはきびしいヒエラルヒーがあったからである。そこで飼育員は検査官と担当の専門スタッフにこの問題を伝えた。だが小さな欠点は修正されたが、モートは設計通りにつくられた。ゾウが夜に鎖を引きちぎったらどうなるか、飼育員たちは想像したくもなかった。だが彼らはそれがどんな結果をもたらすか、まもなく思い知ることになる。

一九八九年の晩夏にゾウは入居した。大きなヤシの木、イチジク属のオオイタビ、ゴムとユーカリの木が建物の中央に茂り、ジャングルのような雰囲気をかもしている。一つだけ欠けていたのが扉だった。安全のために、飼育員はシフト制で夜も当直した。パトリック・ミュラーは夜勤のときに、これ幸いと新しいガールフレンドを誘った。「おいでよ、今晩はジャングルで寝よう」。ゾウの飼育員というだけで点を稼げるが、この誘いがさらに彼女を感心させた。ヤシの木の下で寝られるなんて、東欧圏にそんな場所があるだろうか？　ブルガリアに休暇に行ければいいけれど、そんな体験が東ドイツ国内でできるなんて、またとないチャンスだ。もっともその夜はミュラーが思い描いていたほどロマンチックではなかった。ゾウは干し草の束をガサゴソさせたり放屁したりで、つねに騒々しいのだ。

高さ一六メートルの屋根と灰色の壁とだだっ広い内部空間からなるパネル工法のゾウ舎は、温室と工場をミックスしたような建物だ。六〇年代のアルフレート・ブレーム館とちがうのは、このゾウ舎がオープニングの時点ですでに時代の先端をいく知見から取り残されていたということだ。計画策定から施工開始までが無駄に長いのは、東ドイツのみならず動物園の世界ではよくあるジレンマだ。動物舎がようやく完成するまでに、飼育基準がさらに進化していることがしばしばある。完成時には時代遅れになっている可能性だってあるのだ。西側では計画策定から完成までに六年から七年かかる。東側では建築資材と専門技術をもつ作業員の不足で、もっと時間がかかる。それでも古い動物舎と比べれば改善されているにはちがいはない。ダーテはこの新動物舎が完成するまでに約一五年待たされた。待ちぼうけの新記録樹立と言えるだろう。着工から三年の一九八九年九月末にゾウ舎はオープンした。東ベルリンのイルハルト・クラック市長、ティアパルクの熱心な支援者のドイツ社会主義統一党のギュンター・シャボフスキーら多数の同志を前にして、ダーテは誇らしげに言った。「この建物はこれからティアパルクで建設される中でも最大級の建物となるでしょう」

そしてこれはダーテと建築家グラフンダーの最後の共同作品でもあり、ダーテ園長が率いるティアパルクで誕生した最後の建物となった。新しい建物の評判はたちまち広まり、この年はティアパルク開園以来最大の入園者数を記録し、一九八九年末時点で三二〇万人となった。この記録はもう破られそうになかった。と言うのも、国内がじわじわと騒がしくなり、大型獣の動物舎以上に重要な出来事が迫っていたからである。

大きな変化

例年通り、一九八九年夏にも大勢の東ドイツ市民がハンガリーに旅行した。だが今回は事情がまったく異なっていた。この夏、人びとの目的は休暇ではなく逃亡だったのである。

すでに五月にハンガリー政府は、オーストリアとの間の鉄条網の撤去を命じた。鉄のカーテンに最初の穴が開いたのだ。東ドイツ政府がハンガリーへの旅行を禁止すると、人びとはポーランドとチェコスロバキアに流れ、ワルシャワとプラハの西ドイツ大使館に詰めかけた。

ベルリンのティアパルクの飼育員は、あいかわらず毎日動物に餌をやり、動物舎の掃除をしていた。だが彼らの多くは、心ここにあらずだった。

「飼育員たちは、プラハとワルシャワの西ドイツ大使館経由で東ドイツ脱出をはかるという話題で持ちきりである」――これはシュタージが一九八九年一〇月二日にある非公式協力者から聞き取った内容だ。

三日前に、西ドイツの外相でハレ出身〔訳注　ハレは旧東ドイツの都市〕のハンス＝ディートリヒ・ゲンシャーが、プラハにある西ドイツ大使館のバルコニーに立った。スポットライトを浴びた彼は、逆光のために影絵のシルエットのようだった。ゲンシャー外相はいつも話が長く、これといって目新しい内容がないこともしばしばだった。ところがその日のゲンシャーのスピーチはとびきり短かった。彼は大使館の庭でじっと待っている数百人もの人びとを見下ろし、「本日、みなさんの出国は……」と言っただけで、それ以上話せなくなってしまった。残りのスピーチはものすごい歓声にかき消されたからである。

自国にとどまっている者たちも、これ以上は待ちきれなかった。抵抗の声は大きくなるばかりだった。そうした運動拠点の一つが、東ベルリンのゲッセマネ教会だった。ここに集まった反対派は、政治囚のための無言のデモ集会を官庁前で行い、電話で全国の抵抗運動に関する情報を集めた。ティアパルクのゾウ飼育員の一人もここにいた。彼がトラブルに巻き込まれないように、ミュラーら同僚は彼を陰で支援し、協力した。

ライプツィヒでは、数ヶ月前から毎週月曜の夜に集会が開かれていた。改革と旅行の自由を求めるデモを協力して行うためだ。一年間で集会に集まる人は、数百人から数千人に膨れあがった。ヨルク・アドラーもその中にいた。彼はライプツィヒ動物園で一介の飼育員から霊長類のキュレーターに出世し、大学で獣医学と農学の研究もしていた。ベトナム出張も経験した。ライプツィヒ動物園のライオンを運んでいき、そのかわりにゾウを連れて帰ってきたのだ。彼の上には高学歴の助手が三人もいたが、それでも彼はジークフリート・ザイフェルト園長の右腕として信頼されていた。

だが動物園の塀の外では、身の危険が迫っていた。アドラーは教会での活動に積極的に参加している。一九八〇年代のはじめからライプツィヒのニコライ教会で行われていた月曜日の祈祷会に出席し、シュタージと人民警察が人びとをその場で逮捕する場面にも出くわした。彼の愛車トラバントのリアウィンドウにはプレートが下がっていて、後続車にも読めるほど大きな字で、「ライプツィヒ＝グリューナウ〔訳注　ライプツィヒ西部に位置する町〕——東ドイツ最初の新設教会」と書かれていた。これを下げて走っていると、アドラーはいつも警察に呼び止められ、あれこれ理由をつけて検査される。ベルリンに向かって走行中に、停車を命じられたこともあった。自分の娘が政治的な理由から音楽大学の入学を認められなかったと知り、彼はついに家族と自分自身のために出国申請を出した。

それから三年が経過した一九八九年九月、アドラーはようやく内務局に呼び出された。名称こそ内務局だが、これはライプツィヒ市役所にあるシュタージの別名だった。当時、そこには出国を希望する多数のライプツィヒ市民が詰めかけていた。しばらく待たされてから、アドラーは一室に呼び入れられた。灰色のデスクの向こう側に座っている灰色の制服の係官が言った。「一〇月七日に積極的な政治活動を行わず、公式な場に顔を出さなかったら、あなたとあなたの家族は、今年中にも東ドイツから出国することが許可されるでしょう」

一〇月七日は東ドイツ建国四〇周年の記念日だった。それが最後の記念日になろうとは、まだ誰も予想していなかった。アドラーもそうだ。彼は帰宅し、妻に「さあ、はじまるぞ」とだけ言った。彼女は夫が何を言っているのか理解した。その日はいつきてもおかしくなかったのだ。二人は出国の準備をはじめ、トランクと箱に所帯道具を詰めこんだ。持っていけないものは友人に分けた。だがヨルク・アドラーにはいちばんの難題が残っていた。これまでの人生にとってとても大きな影響を与えてくれた人物、ジークフリート・ザイフェルトに事情を説明することだ。

気持ちの整理がつかないまま、彼は翌朝ライプツィヒ動物園の園長室に向かった。「園長」とアドラーはかすれた声で言った。「ちょっとお話があるのですが」

「ここではまずい」ザイフェルトはすぐに彼をさえぎり、壁のほうを指さした。二人は外に出て園内をぶらぶら歩き、誰からもじゃまされずに話ができるように、道から離れたところにあるベンチに腰かけた。

アドラーは自分が裏切り者になった気分だった。ザイフェルトほど彼の業績のために力を貸してくれた人はいない。彼がいなかったらこれほど出世できなかっただろう。ザイフェルトは彼がもっと上をめざして学ぶように励ました。まるでアドラーの中には一介の飼育員以上の資質が眠っていると見抜いていたようだ。

一九八〇年代のはじめ、ザイフェルトはアドラーがドイツ社会主義統一党（ＳＥＤ）に入党しなくてすむように手を回してくれた。ある日、党の代理人二人がザイフェルトのところにきて、なぜあのアドラーは党員にならないのかと問い詰めた。ザイフェルトはびっくりした顔をして見せ、「残念ですが遅すぎましたね。アドラー君は、ついこの間、ＣＤＵ〔訳注　ドイツ最大の保守政党「キリスト教民主同盟」のこと〕に入党したようですよ」と言った。

二人は怪訝な顔をして帰っていった。彼らがいなくなるとザイフェルトはしばらく電話で何やら相談をしてから、最後にアドラー本人に電話し、彼の計画を説明した。「全部手配しておいたよ。ここにきて署名すれば、時期を遡って今年のはじめからCDUの党員だったことになる」

アドラーは一年間、CDUの平の議員としてライプツィヒ市議会にも出席した。だがもともと黙ってすわっているだけで満足するような男ではなかったから、彼は女性の権利を考えるグループに参加し、さらに前代未聞だったのは、町のひどい大気汚染を痛烈に批判した。するとあろうことか、同じ党の仲間たちが、積極的な政治活動から身を引いたほうがいいだろうと彼に忠告してきたのである。この顛末には、SEDも厄介者を追い払えてほっとしたらしい。

出国申請が受理されたことをザイフェルトに告げようとした彼の脳裏には、こうした出来事が走馬燈のように浮かんでいた。「この国を出ようと思います」と彼は小声で言った。

ザイフェルトは政権に対する忠誠心をそれほど持ち合わせてはいなかったが、アドラーの決断に失望したことは、隠せなかった。しばらく沈黙してから彼は「きみを後継者にしたかったのに」と言った。

アドラーは悪い気はしなかったが、自分はライプツィヒ動物園には向いていないとも思っていた。それに気持ちはずっと前に固まっている。どうしてもここから出なければ。

彼はこのようなことがあっても、平気で今まで通りに活動していた。おとなしくしているようにというシュタージの警告も無視した。一九八九年一〇月七日、彼は妻と約四〇〇〇人のデモ参加者とともに、ライプツィヒのカール・マルクス広場〔訳注　現在のアウグストゥス広場〕とグリマーイッシェ通りが交わる角で放水車の水を浴びていた。この日は国中で市民が通りに出た。ライプツィヒだけで二〇〇人以上が逮捕された。だがヨルク・アドラーはその中に含まれていなかった。

そして一九八九年一〇月九日月曜日の夜がきた。これから何が起きるのか誰も知らなかった。ライプツィヒでは、市の中心部で射撃命令が出たらしいという噂が広がった。病院は保存血液を増やすように要請されたらしい。市民は新聞で見た北京のあの光景を思い出した。この夏、中国の天安門広場で民主化を求めていたデモ隊に対し、人民解放軍が武力で鎮圧したために多数の死傷者が出た。東ドイツでも「中国式解決」の噂が流れていた。

それでもこの晩、七万人がデモに参加し、ロウソクを手に持って、インターナショナルの歌〔訳注　労働革命歌〕をうたいながら町を歩いた。これほどの群衆が集まると予測していなかった当局は、何もせずに見ているしかなかった。ライプツィヒの道路には、銃声ではなくデモ参加者のシュプレヒコールがこだましていた。この夜、もはや押しとどめることができない何かが動き出したと感じたのは、ヨルク・アドラーだけではなかった。だが一ヶ月後にベルリンで起こることになる事件は、誰も予想していなかった。二八年の歳月をへて、壁が崩壊したのである。

アドラーにはわかった。彼の申請が認められたのは、そうした背景があったからだ。国は許可を出す時期をさらに遅らせる理由を、もはや持ち合わせていなかった。なぜならもうアドラー一家はベルリンにも行けるし、壁によじ登ることだってできるだろうから。

その後数日で東ドイツ市民が大挙して西ドイツ、西ベルリンになだれ込んだ。それまで閉じ込められていた八〇万人は、新しく手にした自由を利用して、ベルリン動物園に閉じ込められている動物を見に出かけた。二週間にかぎり、彼らは無料でベルリン動物園に入園できたのだ。ほとんどの入園者は、ベルリン動物園の話を両親や祖父母から聞かされたことがあった。ハルデンベルク広場に面した中央入口には、三〇〇メートルもの長い列ができ、後方はブダペスト通りにまで達した。動物舎の前は賛嘆の声であふれていたが、その中には不満げな子どもの声も混じっていた。「ぼくたちのゾウ舎のほうがもっと大きいじゃないか」

一五キロ東のティアパルクでは、各エリアには最小限度の要員しかいなかった。壁が崩れたというのはほんとうか、誰もが自分の目で確かめたかったのだ。

その間もダーテはティアパルクをどうするか考えていた。一九八九年の年次報告書には、特別な業績で表彰された職員、繁殖の状況、入園者数、焼ソーセージやローストチキンの売上が事細かに書かれている。その最後のページの最後の段落に、彼はこう書いている。

「わが国の社会情勢の変化は、ティアパルクのチーム全員に、考え方の一新を求めているだけでなく、新しい視点に基づく職業活動に各個人がいっそう専念することも求めている。これをティアパルク・チームの一九九〇年およびそれ以降の年次の約束とする」

これは挑戦的にも聞こえるし、職員の団結を求める最後の懇願のようでもある。ダーテは一つの都市に二つの動物園があることのむずかしさを認識していた。ティアパルクが開園した当時は、この「未来の動物園」は西側の狭くて古い動物園より勝っているように見えた。それに、壁があったことで何十年も明白な棲み分けができ、確実な入園者数も期待できた。

しかしいまやハインリヒ・ダーテとハインツ＝ゲオルク・クレースは、ふたたび一つの町で角突き合わせるライバルになってしまった。どちらかが落後してしまうかもしれない。ダーテは、もともといずれ引退するつもりだったが、その時期までは考えていなかった。だが今は任にとどまることを望んでいた。それが自分の義務だ。自分以外の誰がこの難局を乗り切れるというのか？

しかし、ライプツィヒでいっしょに仕事をしたこともある古い知り合いのローター・ディトリヒは、彼に辞めるようにアドバイスした。「もうやるべきことはやったでしょう」と彼は自分より二〇歳以上も年上なのに、友だちのような仲のダーテに言った。「ティアパルクの将来を他の人間に託す願ってもないタイミングじゃないですか」

ダーテの考えはまったくちがっていた。「いやいや、それはちがう。非社会主義国家で動物園を経営した経験があるのは、ここじゃ私だけだから」

ディトリヒは彼の言い分に驚くと同時に、ちょっと面白がった。「だって今の体制は、あなたが三〇年前に経験した資本主義とはぜんぜんちがうんですよ」

ダーテは聞く耳をもたなかった。彼は自分のライフワークであるティアパルクから離れることができないのだ。

一九八五年に亡くなった前ベルリン水族館館長ヴェルナー・シュレーダーの妻、インゲ・ジーヴァース＝シュレーダーも警告した。「あのクレースって男は、あなたをほっぽり出しますよ。うちの夫にやったみたいに」。ダーテはその言葉を信用しなかった。「いや、私にかぎってそんなことはないさ」

彼はこれまであまりクレースとはかかわりたくないと思っていた。だが壁崩壊から数日後、両動物園の今後について話し合うために、ダーテは彼と会っていた。ベルリン動物園は西ベルリンの州財務局の管轄だったのに対し、ティアパルクは東ベルリン市役所の文化局の管轄下にあったからだ。

「私を信用してください」クレースは、今後は両動物園が州政府財務大臣の所轄になると説明した。「ベルリン動物園はこれまでそれでうまくやってきました。この方法が関係者全員にとって最善ですよ。あなたにとってもね」

「あなたの経験ではそうだろうが」とダーテは答えた。「動物園は文化施設だ。私は今もそう考えている」

変化があったのはベルリンの二つの動物園ばかりではなく、他の都市の動物園もそうだった。ドイツ動物園園長連盟は、旧東ドイツの動物園とどのようにかかわっていくべきか話し合った。

一九六八年に彼らは東ドイツ政府の圧力に屈し、連盟から脱退した。その園長たちをまた受け入れなければならない。だが東ドイツの動物園園長、特にダーテに対して警戒する会員は多かった。東ドイツ一の動物園の園長として君臨するダーテは、政権に非常に忠実だったにちがいない。そうでなければあれほどの地位に上り詰めるはずはない、と考えたのだ。

そこでクレースは、新たに動物園園長を連盟に受け入れる際に、彼らがドイツ社会主義統一党とどういう関係だったのか個別に審査することを提案した。だが誰よりもダーテを知っているローター・ディトリヒと、クレースの提案には原則として反対することにしているヴォルフガング・ゲヴァルトなど数名がこれに反対した。「ダーテのように非常に複雑な人生を歩んできた人物を裁きたくはありません」とディトリヒは述べ、「全員を例外なくいったん受け入れ、それから個々によく調べても遅くはないのでは」と提案した。

こうして一九九一年に旧東ドイツの各動物園園長も連盟に復帰した。東ドイツのマグデブルク動物園のヴォルフガング・プッシュマン園長が役員に選ばれたが、ロストック動物園のディーター・シュヴァルツ園長は、シュタージの非公式協力者だったことが発覚し、連盟から除名された（333頁：動物園の歩き方⑨「旧東ドイツの動物園はいま」参照）。

フリードリヒスフェルデのティアパルクでは状況が変わってきた。飼育員は、自由ドイツ労働総同盟〔訳注　略称FDGB。東ドイツで唯一の労働組合中央組織だった〕の代議員は自分たちの利益を代弁していないと感じるようになった。そこでゾウ飼育員のパトリック・ミュラーは、他の飼育員と協力して一九九〇年一月に旧東ドイツで最初の職員組合を設立した。旧東ドイツ時代の労働組合員はそれを妨げることなく、あっさりと道をゆずった。おそらく飼育員の問題に取り組むのが面倒くさくなったのだろう。きみたちがやりたいなら、どうぞ、どうぞ、という感じだった。彼らはその後の展開を予見していたのかもしれない。新しい時代がはじまり、旧体制の代表者は表立つことはできないとわかっていたのだ。

飼育員たちは、ティアパルクの改革ではなく、共同決定権と簡単な変更事項に関心を示した。ミュラーたちは個々のエリアで、日々の作業で何を改善したいかを聞き取り、要望をリストアップした。飼育員は飼育動物に関する共同決定権を要求した。以前は動物が売られても、飼育員はその動物がいなくなってからはじめて知らされていた。そうしたことはもうやめてほしいというのである。

ダーテはすぐにかっとなる直情径行型の人物だと言われており、通常その怒りの矛先が向かうのは彼の助手たちだった。思い描いていたように日常の作業や建設工事が進まなかったりすると、ダーテは怒り出す。しかしミュラーは園長のちがう面も知ることができた。ダーテは彼と建設的な話し合いをして、彼の意見にも耳を傾けた。ダーテは職員の要求をきちんと受け止めているように見えた。ミュラーはティアパルクにきてはじめて、同じ目の高さで意見を述べることを許されたように感じた。

だがそれも長くつづかなかった。たった半年で、西ドイツの労働組合が東側にもその組織を拡大してきたからである。

アドラーの旅立ち

ライプツィヒではヨルク・アドラーの国籍離脱がついに公式に承認された。一九八九年のクリスマス直前に、彼は妻と娘と二人の息子とともにまずはギーセンの緊急難民収容所をめざし、そこからさらにミュンスターラント地方にあるシェッピンゲン支所に向かった。支所では、行き先を自由に選んで列車の乗車券の支給を受けられた。こうして一家はまずバスでシェッピンゲンからミュンスター中央駅に向かった〔訳注　ギーセンはフランクフルトの北に位置するヘッセン州の町。シェッピンゲンとミュンスターはそこから北西方向のヴェストファーレン地方に位置する〕。列車の出発時刻までにまだ時間があったので、彼らはミュンスターの旧市街を散歩した。

ヨルク・アドラーがミュンスターについて知っているのは、新しくオープンしたミュンスター動物園のモノクロ写真だけだった。当時も強い印象を受けたが、実際に家族とプリンツィパルマルクト地区で目にした光景は、そのときとは比較にならなかった。その日はクリスマスマーケットの最終日だった。中世末期の切妻造りの家々が、クリスマスのイルミネーションの光を受けて輝いている。人びとはクリスマス前の最後の買い物をすませようと、彼らの脇を忙しげに通りすぎていく。その雑踏の中で、アドラー一家は、何一つ欠けたものがない未知の世界にいるような気分で立ち尽くしていた。クリスマスシーズンでも2サイクルエンジンと褐炭の臭いがする、彼らがいた灰色のライプツィヒとはまったくちがう。

友人といっしょにクリスマスを過ごすため、一家はミュンスターからアルゴイのケンプテン〔訳注 ドイツ南部のバイエルン州に位置する町〕に行った。大みそかがすぎ、彼らはシュトゥットガルトのヴィルヘルマ動植物園に移動して、サル舎の職員宿舎に泊まった。壁一枚隔てたとなりはゴリラの飼育場だ。アドラーは新しい職を探していた。幸いにも彼には西側の動物園仲間がいる。そして今彼を助けてくれそうな人物は、デュースブルクのヴォルフガング・ゲヴァルトだった。

一九八〇年代の終わりのデュースブルク動物園は、東ブロックの動物園園長と飼育員にとってまさに仮収容所だった。ゲヴァルト園長は東ドイツの市民に友好的で、特に共産主義に背を向けたすべての人びとに手を差しのべた。アドラーにとって、彼は「連帯協定の化身」だった。この動物園のサル舎にはすでにエルフルト動物園の元園長のフリッツ・ディートリヒ・アルトマンが住んでいた。彼はハンガリー経由でオーストリアに逃げたのだ。それ以外にも東欧出身の二人の飼育員が動物園の敷地内に泊まっていた。ゲヴァルトはアドラー一家のために――受け狙いだったかどうかはわからないが――鳥類舎の飼育員宿舎を提供し、すぐにそのことを地元の報道機関にしゃべった。数日後の新聞に「東からきたアドラー一家、鳥類舎にかくまわれる」〔訳注 「アドラー」はドイツ語でワシを意味する」という見出しが踊った。

ゲヴァルトは動物園の外での公的なアポイントメントにもアドラーを連れていった。CDUの催しでは、アドラーを当時のヘルムート・コール首相に紹介したりもした。首相はアドラーの運命に驚いて、すぐに自分の係官を呼び寄せて力になろうとした。だがそのときは、それ以上の進捗はなかった。

結局デュースブルクでもアドラーは自分の居場所を見つけられず、彼は妻と子どもたちを連れて、ふたたび放浪の旅に出た。一九九〇年一月、彼らはベルリンにやってきた。ハインツ＝ゲオルク・クレースはライプツィヒ時代からの知り合いだ。クレースは彼の役に立てなかったが、ふと思い立って何人かに電話をしてくれた。そしてついにハノーファーのローター・ディトリヒから、ミュンスター・アルヴェッター動物園でキュレーターを募集しているという決定的な情報がもたらされた。

アドラーが一ヶ月程前に旅を開始したまさにその町での仕事だとは、なんという偶然だろう。しかも彼がライプツィヒのぼろぼろのサル舎で働いていた当時、がっしりしたコンクリート建築の写真を見て、その技術に驚嘆したあの動物園だったとは。

アドラーが西で新しい生活をはじめていたとき、ダーテはティアパルク園長としていつものように陣頭指揮にあたろうと努力していた。だが一年もたたないうちに、東ドイツという国は過去の歴史になろうとしていた。それが、ダーテがティアパルクですごす最後の年になろうとは、当時は誰も想像していなかった。ところがその前に別の犠牲者が出た。

四月七日早朝、ダーテはゾウ舎に呼び出された。彼が行くと、何人もの飼育員が、アジアゾウの屋内施設の前に立っていた。興奮して足の鎖を引っぱっているメスゾウをおちつかせようとしている飼育員もいる。近づいたダーテは、群れのリーダー格のメスゾウ「ドンボ」がモートに仰向けに横たわっているのを見た。

「夜中に鎖を引きちぎって転落したんだと思います」と飼育員。彼らが工事中に恐れていたことが起こってしまった。ロープで「ドンボ」を引き上げようとあれこれやってみたが、うまくいかない。モートが狭すぎるのだ。そのためにゾウは向きを変えることができず、自重で窒息してしまった。

二日後、『ノイエス・ドイッチュラント』紙の三面左下に写真が掲載された。亡くなったゾウがロープでゾウ舎のモートから運び出されるところだ。脇に立ち、巨大なゾウの亡骸を正しい方向に位置調整している二人の飼育員は、茫然とした表情だ。

ダーテも大きな衝撃を受けた。ゾウを死なせたあとのダーテの様子を見て、息子のファルクは、これほど打ちひしがれた父親を見たことがないと感じた。そうでなくてもこの時期、ダーテは自分のライフワークであり、四〇〇人以上の職員を抱えるティアパルクの存続を危惧して心を痛めていた。それに追い討ちをかけるような「灰色の巨人」の転落は、間近に迫っている凶事の予兆のようだった。

将来に対する大きな心配を抱えていたにもかかわらず、公の場のダーテは自信に満ちた印象を与えた。一九九〇年九月八日の『ノイエス・ドイッチュラント』紙のインタビューでは「ベルリンという町は、このような二つのタイプの文化施設を必要としているという点で、私と西ベルリンの同輩ハインツ＝ゲオルク・クレース博士は同意見です。それぞれ特徴がちがうのですから、なおさらです」と述べている。引退は考えているのかという問いに対しては、「ええ考えてはいますが、今はまだやらなくてはならないことがたくさんあるのでね」と答えた。一ヶ月後、『ベルリーナー・ツァイトゥング』紙にベルリンに二つの動物園がある意義を問われた彼は、「構造も性格もちがいますから」と、またくりかえししている。

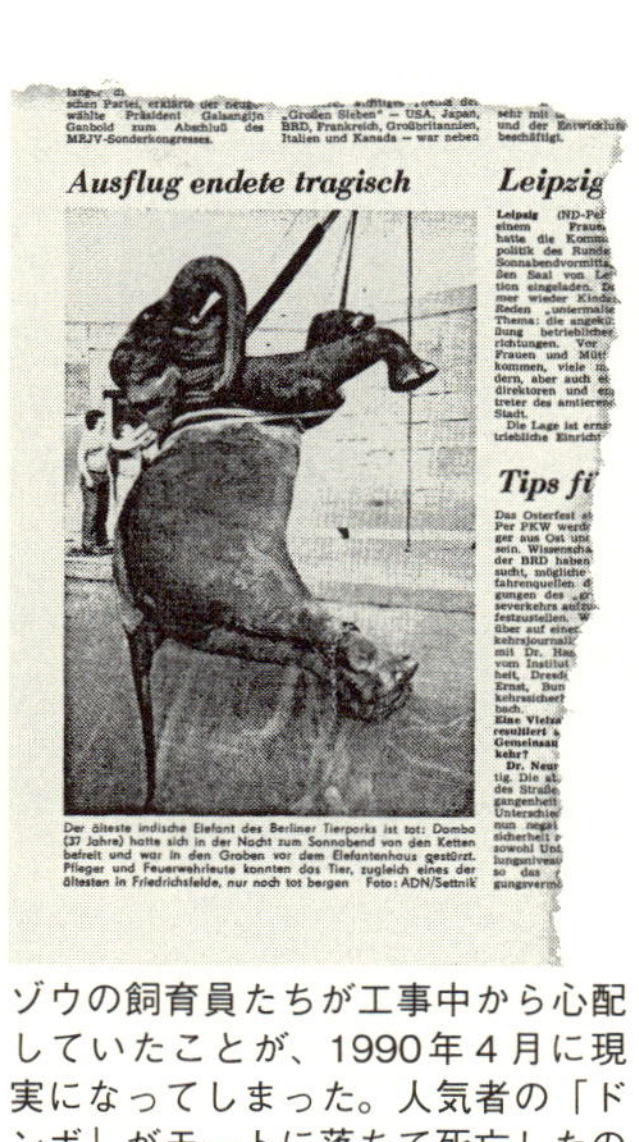
schen Partei, erklärte der neuge-
wählte Präsident Galsangijn
Ganbold zum Abschluß des
MRJV-Sonderkongresses.

„Großen Sieben" – USA, Japan,
BRD, Frankreich, Großbritannien,
Italien und Kanada – war neben

Ausflug endete tragisch

Der älteste indische Elefant des Berliner Tierparks ist tot: Dombo (37 Jahre) hatte sich in der Nacht zum Sonnabend von den Ketten befreit und war in den Graben vor dem Elefantenhaus gestürzt. Pfleger und Feuerwehrleute konnten das Tier, zugleich eines der ältesten in Friedrichsfelde, nur noch tot bergen　Foto: ADN/Settnik

Leipzig

Tips fü

ゾウの飼育員たちが工事中から心配していたことが、1990年４月に現実になってしまった。人気者の「ドンボ」がモートに落ちて死亡したのだ。

ベルリンでは、西と東に分かれていた町を一体化しなければならなかった。何年間も分断されていたことによって、この町にはすべてが二重にあり、政府も二つあった。五月に行われた地方選挙で、西ベルリンの州政府（ゼナート）〔訳注　ベルリン市は都市州であるため、ゼナート（Senat）という単語を州政府と訳す場合と市政府と訳す場合がある）と東ベルリンの市政府（マギストラート）が共同で統治することになった。政治家はシェーネベルクの市庁舎とアレクサンダー広場の赤の市庁舎を行ったりきたりするようになった。

世間一般ではこの二重構造を「マギゼナート」という合成語で呼んだ。合理化も取りざたされるようになる。ベルリンに動物園は二つ必要なのか、両方に資金を出すことができるのかも議論された。

ハインリヒ・ダーテは、ティアパルクを今後も経営していくことが自分の義務であると考えていた。彼は四〇年近くもフリードリヒスフェルデのティアパルクとともに成長し、老い、一心同体となっていた。自宅には論文や本から未完成原稿まであらゆるものが集まり、いまだに彼のデスクの上に山をなしている。「仕事をするために生きる」というのが過去も現在も彼のモットーだった。

一一月七日にティアパルクでもう一度祝典が催された。ハインリヒ・ダーテの八〇歳の誕生日である。彼は馬車に乗って、殺風景な白い平屋の管理事務所に向かった。となりには、一年前にノイブランデンブルクで行われた鳥類学者の会議で知り合った新しい妻がすわっていた。ティアパルクの職員が待ち受けていて、彼のためにセレナーデを歌い、さらに楽団の演奏もあった。飼育員が若いポワトゥーロバを連れてきて、ダーテは居ならぶカメラマンの前でロバをなでて見せた。しかしその頬はかなりこけていた。数ヶ月前から体調を崩していたのである。ダーテが胃がんを患っていることは、公表されていなかった。彼は順番に質問を受けた。ティアパルクはこれからどうなりますか？　あなたは今後どうなさるんですか？

「私はこの仕事が好きでやってきましたし、これからもやりますよ」――ダーテはテレビカメラに向かって弱々しい声で答えた。「さまざまな困難がある今だからこそ、ティアパルクを静かな水域に導くまで、水先案内人としてもう少しがんばらなければなりません」

多くの祝賀客がやってきた。ライバルのクレースも、「敬愛する同僚」にお祝いのスピーチをするとしゃしゃり出た。

「私を知る人は、私が野心家で、一日二四時間、一年三六五日にわたって、つねに自分の動物園のために最善を尽くしているのをご存じでしょう。今日、この晴れの日にご同僚のあなたに告白させていただきますが、フリードリヒスフェルデのティアパルクにおける多くの出来事に熱中するあまり、私はクーダムとラントヴェール運河の間〔訳注　ベルリン動物園は、クーダム（クーアフェルステンダム）とラントヴェール運河に挟まれた場所にある。なおベルリン動物園とティアパルクとは、一五キロほど離れている〕にいても、それが見えるほどです。これは最大級の尊敬の表現とお考えください。」

この祝辞は脅しのようだった。クレースを知る者は、彼があちこちに一枚噛んでいることを知っている。できれば彼は、ここベルリンのすべてを完全に取り仕切りたいのだろう。

ティアパルクはベルリン州政府の決定により維持されることになったが、ダーテは誕生日からちょうど一ヶ月後に郵便を受け取った。ティアパルクを所轄する文化担当市会議員イラーナ・ルスタの代理人リヒャルト・ダールハイムからだ。ダーテはこれまでいろいろな手紙を受け取ってきたが、こんな手紙ははじめてだった。最初、彼はそこに書かれたことが信じられなかった。


「……すでにご存じのように、統一条約〔訳注　東西ドイツ間で、再統一に関して一九九〇年八月三一日に調印された条約〕では、旧ドイツ民主共和国の公共サービスで働いていたすべての従業員のうち一〇月三日に年金受給年齢に達している者は、この時点で自動的に退職すべきことが定められています。貴殿の場合、ティアパルクに対する絶大な業績と八〇歳の誕生日の祝賀行事があったことを勘案し、暫定的解決案を適用します。ただしルスタ博士が私に説明したところによりますと、この暫定措置が適用できるのは一九九〇年一二月までとのことです。

ティアパルクを法人組織に速やかに移行させなければならないことを考えると、これに付帯する諸問題の対処には若い人材が当たり、貴殿に大きな負担をかけないようにすることが肝要であると考えます。そこで一九九〇年一二月一〇日（月）をもって、貴殿の職務を、ティアパルク園長代理に任命されたグルムト氏に委譲してください。貴殿のオフィスは、一二月一四日（金）までに明け渡すようお願いする次第です。

また残念ながら、一二月末までに官舎を引き払っていただかなければなりません。貴殿と奥様は家をお持ちとのことですので、その点は問題ないものと考えます。

長年にわたり、すぐれた学識と能力と献身をもって仕事に当たってくださったことに心より感謝し、今後の生活が幸多きものであるよう祈念します。」


ダーテは七日間で自分のオフィスを明け渡さなければならなかった。オフィスには本の山と書類の山のほかに、八〇歳の誕生日にもらったたくさんのプレゼントが塔のように積み上がっていた。文化担当市会議員の代理人ダールハイムが急いでいたのは、一二月一五日からベルリン州の財務機関が、ベルリン動物園だけでなくティアパルクも管轄することになるからだった。クレースはみずからの意志を貫徹したのだ。ダーテは三〇年以上住んできた家を明け渡すのに三週間の猶予しかなかった。もちろん持ち家でないことは承知の上だったが、いずれ追い出されることになると一九五〇年代の時点で想像できただろうか。

ダーテは早晩引退しなければならないことはわかっていたが、これほど急な解任は衝撃だった。なぜ急いで退去しなければならないのか。少なくとも彼はこのような最後は想像していなかった。

さらに担当が東ベルリンの文化局から州政府の財務局に変わったことが、混乱を引き起こした。一二月はじめに文化局からティアパルクに通達が出た。それによると四三九人の職員は、

「待機扱いとなり、どうしても必要な作業領域にかぎり、期限付きで雇用される」ことになったと、一九九〇年一二月一四日の『ノイエ・ツァイト』紙は報じている。つまり職員の雇用関係はいったん終了し、今後も仕事をつづけられる者、配置換えになる者、年金生活に入る者、解雇される者がこれから決まるということだ。激昂した職員が開いた集会に呼ばれてきた役人は、財務局自体がティアパルクの担当になったことを一週間前に知らされたばかりなので混乱しているのだ、と弁解した。フリードリヒスフェルデでは、東ドイツの他の企業であったように、ティアパルクが清算されるのではないだろうかという不安が渦巻いていた。

何千人もの市民が一二月中旬にフリードリヒスフェルデに集結して抗議した。ティアパルクの存続を求めて、約七五〇〇人の支援者が署名し、ダーテとの連帯を表明した。新聞の投書欄には、彼の解任を怒る旧東ベルリン市民の意見が掲載された。『ベルリーナー・ツァイトゥング』のある女性読者は、「ダーテがゾウにマルクス・レーニン主義を吹き込んだから解任されたのですか?」と挑発的な問いを発している。

すべての政党の政治家が、ティアパルクの閉園は「議題にも上っていない」と請け合っているにもかかわらず、現場の人間は態度を硬化させた。ティアパルクの職員の多くが「ヴェッシー」〔訳注　旧東ドイツの市民が旧西ドイツの市民を揶揄して使う呼び名で、「西のやつ」「西の連中」といった意味。その逆が「オッシー」（東のやつ）〕のクレースとベルリン動物園に対して腹を立てていた。だが同時に仕事を失うのではないかという不安も膨らんだ。誰もがくびになるのではとおそれるあまり、口をつぐんでいた。草の根民主主義の時代はとうに終わっていたのである。パトリック・ミュラーは、再統一前よりも得体の知れない沈黙が支配していると感じていた。

ダーテも希望を失っている様子だった。「ティアパルクはこれからも存続するでしょう。でもそれはおそらくシカ公園のようなもので、とても動物園とは言えない代物です」と彼は一二月二九日に『ノイエス・ドイッチュラント』紙で述べ、悲観的な結論を引き出している。「西ベルリンがショー型の動物園だったとすれば、私たちはつねに学術的な動物園をめざしてきました。でも学問は退場しなければならないようです」

退職したダーテは、引っ越しを半年だけ引き延ばすことに成功したが、それ以上は無理だった。

一九九一年一月六日、八〇歳のハインリヒ・ダーテはティアパルクで亡くなった。罷免が彼にとどめを刺した、と国内外の人びとは言い合った。折しもその日はハインツ＝ゲオルク・クレースの六五回目の誕生日だった。

ダーテとの別れ

一九九一年一月一七日の朝、たくさんの人がバウムシューレ通りの火葬場に集まった。「ベルリンは一人のザクセン人に別れを告げました。彼はおそらくツィレ〔訳注　ベルリンの庶民的な暮らしを表現した画家・版画家・写真家）に次いでベルリンでもっとも名前を知られた人物でしょう」と東ドイツ放送の子ども向け番組「ｅｌｆ９９」はその翌日に報じた。参列者は数千人にのぼり、ダーテの棺が安置されていたホールがたちまち超満員になってしまうほどだった。

葬式がはじまる直前にハノーファーから到着したローター・ディトリヒも座る席がなくて、あふれ出た数百人の人とともに弔辞を建物の外でスピーカー越しに聞くほどだった。その一方で、ハインツ＝ゲオルク・クレースが花輪をダーテの棺に手向けようと、ホールの中にむりやり入っていくのを目撃した者もいる。

少し前から、クレースは裏で糸を引いてダーテの罷免に力を貸していたのではないかという噂が広まっていた。葬儀の前日、『ベルリーナー・ツァイトゥング』紙が、『ノイエ・ベルリーナー・イルストリールテ』誌の記事の一部を先行して掲載したことで、この疑惑はさらに強まった。

「『ノイエ・ベルリーナー・イルストリールテ』が明日発行予定の紙面で報じるように、同誌記者は、ダールハイムがベルリン動物園園長ハインツ＝ゲオルク・クレースと電話をしている場に居あわせた（ちなみにクレースは、一一月のダーテの八〇歳の誕生日で、ダーテをさんざん褒めそやしていた）。ダールハイムは『私は墓掘り人のようなものです。でもあれは一種の慈善行為だったんですよ。あの人を引退させるためのね』と切り出し、クレースに向かって『我々は彼の亡骸の重みを分け合っているわけです』と言った。またダールハイムは記者に対して、『ダーテは完全にもうろくして、殉教者どころかティアパルクのチャウシェスク〔訳注　ルーマニアの政治家。一九六〇年代から八〇年代にかけて、独裁的指導者として君臨。民衆裁判で処刑された〕のようだった』と述べた。ただダールハイムは、ダーテが『完全に不適切なタイミングに亡くなった』ことだけを残念がっていた」

二ヶ月後の『ベルリーナー・ツァイトゥング』紙にダールハイムの反論が載り、引用の内容を否定した。それでも『ノイエ・ツァイト』紙の投書欄に掲載された投書のように、ティアパルクの園長が、クレースの力を借りて「厄介者のように」排除されたという印象は拭いきれなかった。

ドイツの再統一に際して多くの事後処理が行われたが、ハインリヒ・ダーテの罷免ほど人びとを憤慨させた出来事はなかった。市民の怒りの声が高まったのは、彼とともに自分自身の歴史とアイデンティティーの一部がないがしろにされたからだろう。のちになってロータール・ディトリヒは、かつての上司であり友人でもあるダーテに対する追悼文でこのように書いている。

「たとえ壁の向こう側であっても、世界から注目される業績を達成し得た、天分豊かな人物がいたということを、今のベルリンの人びとは認めたくないのかもしれません」

しかもダーテのケースは、悪い敗者は困った存在だが、悪い勝者はもっとずっと始末が悪いことを示している。一九九一年一月に掲載された上記の『ノイエ・ツァイト』紙の読者の手紙には、「今、起こっているようなことは、私たちには受け入れがたい」とある。
こうした受け止めはその後もつづいている。ベルリン動物園と、東のカウンターパートのフリードリヒスフェルデのティアパルクの関係は、今もそのようなイメージだ。

動物園の歩き方⑨

カフェテラス「オウム」(297頁) 本文でダーテ園長がオウムを意味する単語「カカドゥス」(Kakadus)をザクセン地方出身なのを隠しもせず、「ガガドゥス」と訛り丸出しで話していました。それが職員の潜在意識にあったのかはわかりませんが、ティアパルクの園内には立派なカフェテラスが二つあり、「テラスカフェ・カカドゥ」では私もおいしいドイツビールを味わいました。一方、ベルリン動物園にも大きく立派なレストランがあります。

ベルリンの語源はクマ?(300頁) ベルリン市長のブラントが外遊の時にヒグマをプレゼントしようとしたように、ベルリンの紋章は「クマ」ですが、ベルリン(Berlin)という言葉の語源はいまでも正確にこれと断定できません。クマはドイツ語でベーア(Bär)またはベーリン(Bärin)といい、発音が似ていることからベルリンの語源という説もあります。しかし、遠いむかしそこに住んでいたバルト・スラヴ系の人たちがこのあたりの名前をつけたという説がいまでは一般的です。13世紀ぐらいからワシに代わって紋章にクマが出てきます。その後にベルリンの象徴として、多くの場所でクマが登場するようになりました。ベルリン中央駅にも大きなクマの置物が立っていて、いまでは市のイメージがクマになっています。

クレース園長が上野動物園に（302頁）　動物園の国内外の会議には、動物の会議もたくさんあります。たとえばゾウ会議とか、ペンギン会議とかいろいろあるのですが、ジャイアントパンダのことを話し合おうと、1987年、国際パンダシンポジウムが東京・上野動物園で開かれたことがあります。当時の時代背景として、上野動物園では「カンカン」、「ランラン」以来第二のパンダブームが来ていて「トントン」、「ユウユウ」と2頭のパンダが生まれ人気を博していたころでした。そのころ海外ではベルリンのほかにロンドン、パリ、マドリッド、ワシントン、メキシコシティといった大都市でパンダを飼育していました。このパンダ会議には中国を含めこれらの飼育動物園の人たちが上野の森に集まりました。そのときベルリンからはクレース園長とハンス・フレートリヒ氏（動物園ナンバー2）が参加してベルリンの「バオバオ」たちの話をしてくれました。［370頁：写真参照］

旧東ドイツの動物園はいま（317頁）　ベルリンの壁崩壊後、ベルリン・ティアパルク以外の東ドイツの動物園はどうなったでしょうか。古いライプツィヒ動物園は2020年までの長期計画で未来型動物園を目指しており、2017年の時点ではヨーロッパ最大の熱帯館「ゴンドワナランド」、「キヴァラ・サバンナ」、そして世界的な類人猿施設「ポンゴランド」、ほかにもユキヒョウ舎が完成していました。近くの進化人類学研究所との共同研究も盛んでした。戦争で壊滅的被害を受けたドレスデン動物園は、戦前から類人猿など霊長類の飼育で有名で、いまでも古い施設が多く残っていました。

ドイツでは数少ないコアラを飼育しています。新しいものとして、ナマケモノが観客のほうへ出てくる小獣館があり、コロブスやウーリーモンキー、シシオザルなどのサル類も飼育していました。また、ペンギンが見られるレストランと新しいゾウ舎を建設中でした。10ヘクタール（10万平方メートル）に満たないハレ動物園は視察できませんでしたが、クロコダイル舎や、アフリカゾウの飼育で有名です。

エピローグ——古い男たちと新しい時代

それなりの専門家になるには、当の専門の犠牲者になるという代償を払わされるのだ。

フリードリヒ・ニーチェ『愉しい学問』より（講談社学術文庫、森 一郎訳）

ダーテの死から三年もたたない一九九三年秋、ベルリン動物園の経営協議会（訳注 従業員の代表によって構成される会）は、エーベルハルト・ディープゲン市長に次のように伝えた。「ベルリン動物園とティアパルクの間の協力関係は、最悪のところまできています」

もともとこれまでもすべてがうまく運んでいたわけではない。試行錯誤の時期が半年ほどつづいてから、ティアパルクは一九九一年三月にベルリン市所有の有限会社（訳注 ドイツ法における有限会社（GmbH）は、有限の間接責任を負う社員のみから成る会社。ドイツでは大企業でも株式会社ではなく有限会社のことが多い）になった。東西ドイツが再統一された当時は四三九人いた職員は二八五人に減ったが、ティアパルクが完全に清算される心配はなくなった。ベルリン動物園とティアパルクの間には、平和的な共存が可能になったように見えた。動物の交換も行われた（347頁：動物園の歩き方⑩「日本とベルリンの動物交換」参照)。ティアパルクの類人猿がベルリン動物園のサル舎に移った一方で、アカシカ、イノシシ、ワシミミズクがフリードリヒスフェルデにやってきた(348頁：動物園の歩き方⑩「サル舎に日本の研究者が」参照)。一九九三年九月に、ベルリン動物園は、ティアパルク有限会社のベルリン州(訳注 ドイツは一六の州から成るが、そのうちベルリンとハンブルクとブレーメンは「都市州」である)の持株を引き継ぐことになっていた。「州政府は、営業損失、割引された入園料による収入減、投資補助金のみを負担する」と九月半ばに『ノイエ・ツァイト』紙は報じた。

しかし旧東ベルリンの市民が過敏に反応したのは、小さな欄外の書き込みだった。スネークファームの爬虫類二〇〇〇匹とカフェテリアの水槽が、ひそかにベルリン動物園の水族館に輸送されたというのだ。スネークファームの古い施設は補修が必要だったが、ティアパルクはその費用を負担できなかったのでとられた措置だった。だが騒ぎが大きくなり、ティアパルクが売り払われるのでは、という不安がまた広がった。テレビには、自分のライフワークが奪われてしまうのではと嘆くスネークファーム館長の泣き顔が映し出された。憤激の声が上がり、抗議の手紙がポツダム大学やサンディエゴ動物園や、いたるところからベルリンに届いた。ティアパルクの職員はスネークファームの存続を求めて三万筆の署名を集めた。なにしろここは一九五六年からある施設で、種の豊富さは他に類を見ないほどなのだ。東ドイツ時代には、ティアパルクの入園者は、血清を開発するためにヘビから毒を採取する様子を見学することもできた。

クレースが一九九一年にベルリン動物園を退職してからティアパルク監査役会の会長になった

ことも、ティアパルクの熱狂的ファンの怒りを買った。彼が議員たちとフリードリヒスフェルデを訪問したとき、スネークファームのことで腹を立てていた入園者が彼を問い詰めた。するとクレースは、「この問題は、元をたどればダーテに責任がある」と言ったのである。それがティアパルクのファンをさらに激怒させた。「金が足りないなら、ベルリン動物園を閉園にしろ」。彼らはクレースに罵声を浴びせた。

何週間も揉めたあげく、一一月はじめにようやく結論が出た。スネークファームはフリードリヒスフェルデに残り、ベルリン動物園はベルリン州の持株を取得して、ティアパルクは「ベルリン動物園株式会社」の子会社になったのである。

先見の明があるクレースは、万一ティアパルクが立ち直れなかった場合には、これを返却する権利を有することを、契約によって確約させた。彼にとってティアパルクは「底のない樽」のようなものだったからだ。西側から新しい人材を呼んで、経営の立て直しを図らなければならない。最終的に三七歳のベルンハルト・ブラスキーヴィッツが園長になることが決まったが、それまでに断ってきた候補者はかなりの数に上った。身長が二メートルほどあり、横幅も同じくらいあるような印象のブラスキーヴィッツは、一九七四年にベルリン動物園の飼育員となり、その後、生物学を学び、博士号を取得して学術スタッフとしてベルリンに戻ってきた。「あの大男はやるぞ」とクレースは言って、彼をティアパルクに送り出した。

ブラスキーヴィッツはまずダーテの負の遺産に取り組み、柵と格子を適当に寄せ集めた中途半端な設備を交換した。物資不足の時代には、ダーテはいろいろ工夫せざるをえなかったのだ。有蹄類放飼場の柵の一部は、鉄道のまくら木だった。ダーテは広い敷地を十全に管理するところまではいかず、ティアパルクの周囲が完全に塀で囲まれたのは、一九九七年のことだった。

だがブラスキーヴィッツは囲いをつくることに熱心すぎた。彼は機能的で大がかりな囲いを建設させたが、緑色の胸の高さの柵と、ドイツのホームセンターでよく売っている木製ガーデンハウスのような飼育舎は、単調すぎる印象だった。

二〇〇七年からブラスキーヴィッツはベルリン動物園の園長にもなった。ベルリン動物園とティアパルクの園長が兼任になるのははじめてだったが、それでもライバル関係はつづいた。ライバル意識は職員よりも入園者の側にあった。ベルリンの市民の頭にいまだに壁の記憶が残っていることがよくわかるのが、二〇一四年に入園者に対して行われたアンケートだ。それによると、ドイツ再統一から四半世紀たったあとでも、旧西ベルリンの市民はベルリン動物園へ、旧東ベルリンの市民はティアパルクへ行く傾向があった。動物園の競争はベルリンの内部だけに限らない。ベルリン中央駅で乗り換えをすると、ドイツの動物園の新事情がよくわかる。この駅のいやでも目につく大きなボードに、ハノーファー動物園とライプツィヒ動物園が大きな広告を出しているのだ。両動物園は、過去二〇年間でそれぞれ一億ユーロ以上を投資して、完全に生まれ変わった。どちらも一九九〇年代のはじめには閉園の危機に瀕していたが、最近はベルリンの二つの動物園の縄張りで、果敢にも入園者を呼び込もうとしている。列車の接続がいいので、いずれの動物園に行くにもベルリンから一時間半しかかからない。

ティアパルクは再統一後、不振がつづいた。子ども用の遊び場が少なく、園内が広すぎるために、家族連れは週末には四〇キロほど離れたエーバースヴァルデに行くようになった。かつて郷土動物園だったエーバースヴァルデは、小さいながらもファミリー向けの動物園に生まれ変わっている。最近ではベルリン市民、特に新しく転入してきた市民の中には、ティアパルクそのものを知らない人や、ベルリン動物園に隣接するティアガルテン公園とまちがえている人もいるほどだ。

ベルリン動物園はそれでも三〇〇万人もの入園者がいるために毎年黒字となり、公的な援助を得ずに運営できるようになった。だがティアパルクは依然として補助金に頼らざるを得ない状況だ。二〇一四年四月にアンドレアス・クニーリームが新園長に就任し、今後一五年でベルリンの二つの動物園を近代化する意思を表明した。その彼も、ベルリンに動物園は二つも必要だろうかと考えていた。

ベルリン動物園は世界一豊富な種を誇るが、その狭さのために古い西ベルリンの遺物のような印象で、休日には人で超満員になってしまう。徐々に限界が近づいている感は否めない。クニーリームが就任後に確信したのは、「もしもベルリンの動物園を一つだけにするのなら、まったく新しい別の動物園を建設しなければならないだろう」ということだ。

壁の崩壊と冷戦の終結によって、動物園は政治的な駆け引きの場ではなくなった。国家間の動物のプレゼント外交はまれになった。ドイツのヘルムート・コール首相は、一九八四年と一九九一年にコモドオオトカゲをインドネシアから贈られ、ベルリン水族館に持ち帰った。二〇〇七年には、ホルスト・ケーラー大統領がベルリン動物園にマダガスカル産でキツネザルに近く、非常に珍しい夜行性のアイアイを贈られた。パンダ外交はもう行われなくなった。パンダは現在では選択基準にかなった動物園に中国が貸与する形になり、中国は年間約一〇〇万ユーロのレンタル料を受け取っている。

政治のかわりに重視されるようになったのがエコシステムだ。現代の動物園には、園内の飼育動物を、自然界にいる同種の動物の代表として展示する役割がある。動物園は、危機に瀕している動物の生息域をのぞき見られるショーウィンドウだとも言える。したがってパンダのような希少動物は、一九五八年のティアパルクやその二〇年後のベルリン動物園がやったように、簡単な円形ケージやガラス張り飼育舎に入れて展示するだけでは不十分だ。今日では、パンダがどのような外見なのかは誰でも知っているが、パンダの生息地がいかに危機的な状況にあるかは知られていない。

今日の動物園は、他の動物園と広く協力するようになっている。動物の売買はほとんど行われておらず、動物園間で血統登録書をつけて委託し合い、繁殖させる。捕獲は廃止されたも同然だ。動物商は原則として、動物輸送時の物流担当者にすぎない。現代の動物園は、絶滅種を飼育するだけではなく、可能であればこれをふたたび適切な保護区域に戻して野生復帰を試みている。モンゴリアのモウコノウマもアルプスのヒゲワシもだ。とは言え、新しい収入源の開拓や魅力的な動物飼育の見せ方といった点では、今日でも動物園はそれぞれライバルとして競い合っている。それは政治的なものではなく、入園者によかれと工夫する、これまでにないような経済的な競争である。

人間でもなく、クマでもなく

ハインリヒ・ダーテは、動物園は「まず第一に人間のためにある」と確信していた。その点では、ハインツ＝ゲオルク・クレースと考えが一致していると言えるだろう。今日では、入園者は動物園で楽しい気分を味わうと同時に、環境破壊と自然保護についても学ぶことが求められる。ドイツ動物園連盟の統計によれば、二〇一四年には六五〇〇万人以上がドイツの動物園、動物公園、野生公園を訪れており、一番人気のレジャー施設と言える。これまで動物園は、動物園反対論者や動物保護論者の強い批判にさらされることはなく、ダーテとクレースはこうした問題に対処せずにすんだ。彼らの時代に非難の声が上がるとすれば、餌やり禁止や入園料の値上げといった措置に腹を立てた入園者からだった。

「クヌート」のケースほど、昨今の動物園が直面している問題と課題をはっきりと示している事例はないだろう。ベルリン動物園では、三〇年以上にわたってホッキョクグマの赤ちゃんが生まれなかった。やっと生まれた「クヌート」の命も、最初から風前のともしびだった。母グマが二〇〇六年一二月の出産直後から育児を放棄してしまったからだ。そこで飼育員のトーマス・デルフラインが「クヌート」を人工哺育することになった。

一九八六年から一九九四年の間に、ベルリン・ティアパルクでは七頭ものホッキョクグマの赤ちゃんが生まれているが、ベルリン動物園の「クヌート」ほど注目を集めなかった。ところが「クヌート」はインターネットの普及と相まって、動物園で最初のネットアイドルになった。メスパンダ「チチ」をひと目見ようと、ベルリン市民がティアパルクのケージの前に殺到したように、今度は全世界のホッキョクグマのファンとジャーナリストがベルリン動物園のホッキョクグマ飼育場の岩のまわりに集まった。「クヌート」に殺到する入園者の波は何ヶ月たっても途切れることなく、ベルリン動物園の入園料収入は、通常よりも約五〇〇万ユーロ増加したほどだった。動物園側では氏名権を確保し、同時にこのブームをちがった形で利用しようとした。「クヌート」を自然の中で生きるホッキョクグマを代表する大使と位置づけ、地球温暖化が進む中で、北極圏にある生息地が脅かされている現実を訴えようとしたのだ。当時の環境大臣ジークマー・ガブリエルは、自分も黄土色のアノラックを着て登場し、観衆の前で「クヌート」をなでてみせた。白い子グマを見ると、入園者はそのかわいらしさにめろめろになるだけでなく、溶け出した北極圏の凍土の問題も思い出すというしくみだ。

時がたって「クヌート」は成長し、思春期の人間と同じように、残念なことに幼い頃のかわいい面影が失われていった。純白だった毛皮は、ガブリエル大臣のアノラックのような色に変化した。それでもファンの熱狂はあいかわらずで、特に担当飼育員のデルフラインが心筋梗塞で突然亡くなってからは、人びとの関心がいっそう高まった。「クヌート」が悲しげな目をしていると主張する入園者も多かった。メスホッキョクグマがいる大きな飼育舎で、「クヌート」が歯をむいて威嚇されると、放飼場の外にいる女性客らが興奮して叫び声を上げ、「いじめの犠牲」になっている「クヌート」を保護するように係員に要求する始末だった。二〇一一年三月、「クヌート」は入園者の目前で、突然死亡した。研究者グループが四年もの間、死因を調査した。結果発表の記者会見で、「たいへんなプレッシャーでした」とライプニッツ動物園・野生動物研究所のアレックス・グリーンウッドは振り返ったが、いじめが原因だという説は否定した。

「クヌート」の短すぎる生涯でもっとも悲劇的だったのは、彼の死に方だ。このホッキョクグマは、まるで人間のスターのように広く愛されたが、その死因も、これまで人間にしか起きないと考えられていた脳疾患だったからだ。（348頁：動物園の歩き方⑩「ホッキョクグマのクヌート」／「黒いクマと黒いネコ」参照）

もしも市民から昨今のような批判があったら、ハインリヒ・ダーテもハインツ＝ゲオルク・クレースも手を焼いたにちがいない。彼らのような独裁者的、家長的な存在は、今日の動物園にはいなくなった。

クレースの最期

クレースにとって、二人の間の対抗心――もしもそういう言葉がふさわしければの話だが――は、最初の瞬間から決定づけられていた。二一世紀になってからも、彼はベルリン動物園とベルリン・ティアパルクの監査役会の黒幕でありつづけた。「父はああいう生き方しかできなかったのでしょう」と、息子のハイナー・クレースは言っている。「父には動物園しかありませんでした」。この発言は、父親を弁護しているようにも、非難しているようにも聞こえる。

何年か前に監査役会から確約を得ていたにもかかわらず、結局クレースは息子に園長のポストを継がせることはできなかった。ヘック一族を範とした「王朝」実現の夢は叶わなかった。ヘック王朝では、枢密顧問官ルートヴィヒ・ヘックと息子ルッツがベルリン動物園を六〇年以上も率いていた。だが時代は変わったのだ。

クレースの影響力は弱まり、晩年にはエネルギーも低下していった。彼のまわりは静かになった。昔からの知り合いでフンボルト大学の獣医学の教授をしている人物が、二〇一四年春にクレースを訪問したが、歩いている人間の靴下を脱がせ、ポケットから寄付をむしり取ると言われた往年の彼の姿はもういなかった。年齢を重ねてもどこか少年のような雰囲気を漂わせていたクレースだったが、ついに実年齢に追いつかれてしまったようだ。一生懸命に客人を思い出そうとして、ようやく誰なのかわかり、「てっきり小学校の友だちかと思ってね」と必死に言い繕うのだった。

クレースと動物。動物園人のハインツ＝ゲオルク・クレースには動物がよく似合う。

二人は彼が好きなサイについて話した。話題がいつの間にかまたそこに戻る。こうしてかなり長くおしゃべりしたが、最後にクレースは「そろそろ疲れたよ」とつぶやいた。

それから半年後の二〇一四年七月二八日、ハインツ＝ゲオルク・クレースは八八歳で没した。

ライバルのダーテは労せずして世間から認められたのに対し、クレースはつねに自分の実績が評価されるようにと肩肘を張っていた。結局彼は年上のダーテより一三年長く生きた。しかしその死は新聞の片隅で報じられたにすぎず、彼が動物園園長になったときの扱いには遠くおよばなかった。動物園と市長の短いコメントと、形ばかりの追悼文が載っただけだった。

クレースは三〇年以上もベルリン動物園園長を務め、この動物園をふたたび世界でもっとも多くの種を展示する動物園にしたにもかかわらず、歴代園長の一人でしかなかった。動物園を第二次世界大戦後にふたたび大きく育てたのに、動物園の大きさに彼自身はなれなかったし、ましてベルリン動物園以上の存在になることは叶わなかった。

それがハインリヒ・ダーテとの大きなちがいだ。彼はゼロからはじめた。だからこれからもずっとティアパルクの初代園長で、歴代園長の一人というだけにとどまらない。ダーテはすべてのはじまりで、それからほぼ四〇年にわたってティアパルクを育て上げた。

彼の死を人びとは嘆き悲しみ、その悲劇的な最期を知り、彼こそ沈みゆく東ドイツの殉教者だと理想化する向きもあった。有名なティアパルクの園長を長年住み慣れた家から追い出したのは、たしかに見過ごしにできない恥ずべき措置だ。だがそこまで事態がこじれたのは、ダーテが勇退するタイミングを逃してしまったせいもある。

マネージャーとしてのクレースは、東西ベルリン動物園間の競争を権力政治で押し切ろうとしたが、人びとの記憶には、教育者としてのダーテのイメージのほうがしっかり刻み込まれた。ベルリンには彼の名を冠した高等学校と広場がある。クレースの名がついているのは彼自身が興した財団だけだ。ダーテは「東のチメック」、「動物園のネストル〔訳注　ネストルはギリシャ神話の英雄。

トコイ戦争に参加したギリシャ軍のもっとも賢明な老将)」と言われていた。だがクレースは西ベルリンの動物園園長であり、それ以上でも以下でもなかった。

二人を公正に評価するには、彼らが生きた時代を考えなければならないだろう。動物園同士の政治的な対立が、ベルリン市内を通る国境線を越えて広く知られていた時代に、彼らは偉大な動物園園長だった。だがこの二人の小男がいかに偉大であったとしても、知らないうちに時代は彼らを追い越していった。そして、ベルリンの二つの動物園がまだ政治の舞台であり、お互いがお互いにとって「もう一つの動物園」だった時代の記憶だけが残った。

動物園の歩き方⑩

日本とベルリンの動物交換(335頁) 動物園はいまや国境を越え、世界中の動物園とも協力して希少動物などの繁殖に力をいれています。最近ベルリンの動物園と日本の動物園が力を合わせている実例を2例紹介します。一つは2015年6月、ベルリン動物園から、全面開園したよこはま動物園ズーラシアの「アフリカサバンナ」へメスのクロサイがやってきました。ベルリンから担当者のユルゲン・ヤールも同行しました。もう一つは2017年1月、ベルリン・ティアパルクから東京・多摩動物公園に若いオスのアムールトラがきました。どちらも国外から新たな血統の動物を入れることによりペア形成や繁殖を目指すためです。動物園では国際間の移動も多く、よく調べてみると意外とドイツ生まれの動物がいたりすることがあります。

サル舎に日本の研究者が（336頁）　動物以外でも注意して見ていると、ベルリン動物園のサル舎のところに「偉大な生態学者　ドクトル　キンジ・イマニシ」というタイトルで日本の霊長類学の礎を築いた京都大学の今西錦司博士の研究業績を説明している解説板があります。アメリカなど他の海外動物園でも、日本の研究者の業績を記した解説板を目にしたことがあります。

ホッキョクグマのクヌート（343頁）　日本でも愛媛県のとべ動物園で1999年に生まれたホッキョクグマの「ピース」の人工哺育が話題になりましたが、ベルリン動物園でも2006年に生まれた「クヌート」が世界的に大変人気になりました。「クヌート」も飼育員の献身的な飼育によりすくすくと育っていきました。しかし、彼が5歳を待たず突然亡くなり、その後いままで育ててきた担当者も後を追うように亡くなったニュースは衝撃的でした。このときドイツでは人工哺育の賛否が問われるまでに、議論が発展しました。いまでも動物園の片隅に「クヌート」の名前が刻まれたメモリーが残されています。

黒いクマと黒いネコ（343頁）　ベルリン動物園ではホッキョクグマの「クヌート」とは別に、2000年、黒いヒマラヤグマの「モイスヒェン」がいました。その飼育舎の囲いの中に、野良ネコである黒ネコの「マウジー」が入り込みあわやと思われました。ところが「マウジー」は怖がるどころか、そこに住み着き2頭は仲良くなりました。なんと8年もの間一緒に寄り添い暮らしていたことが話題になりました。

その後

カタリーナ・ハインロート

ハインロートはベルリンの壁崩壊をぎりぎりのところで見ることができず、一九八九年一〇月二〇日にベルリンで亡くなった。壁崩壊のほんの数週間前だった。その遺志により、彼女は動物園内の夫オスカーの骨壺の横に埋葬された。

「チチ」

「チチ」は、ロンドンに移ってから、一九六〇年代半ばにもう一度全世界に注目された。「チチ」は生殖可能な年齢に達していたが、中国と北朝鮮を除けば、ヨーロッパで父親候補となるオスパンダはモスクワ動物園の「アンアン」だけだった。しかしほとんど例のないパンダの繁殖を成功させたいという願いは、政治的な制約よりずっと強かったので、双方の動物園は、「チチ」を一九六六年三月にモスクワに輸送することで一致した。「チチ」は七ヶ月滞在したが、「アンアン」にひっかき傷がいくつもできただけで、それ以上は何も起こらなかった。一〇月に「チチ」はロンドンに戻り、一九七二年に一六歳で死亡した。

ローター・ディトリヒ

彼は一九九三年に、定年を前にしてハノーファー動物園を依願退職した。経済的な危機が迫っている動物園をもはや自分では救えないと感じ、かつて父親に言われた忠告を思い出したのだ。「何も動かせなくなったら、自分が動かなきゃいけない」。ディトリヒの念頭には、退職のタイミングを逃したまま亡くなったハインリヒ・ダーテのこともあったのだろう。彼も家族もそれは避けたかったった。長年にわたって支援してくれた妻に、今度は自分がやりたいことをしてもらいたかったのである。こうして二人は『一四世紀から一七世紀の絵画における象徴としての動物』という事典を共同執筆した。

「トゥッフィ」

一九六八年にアルトホフ・ナーカスが解散し、メスゾウ「トゥッフィ」はフランスのアレクシス・グリュス・サーカスに迎えられた。一九八九年、サーカスの冬営地で四三歳で死亡。

「コスコ」

「コスコ」は一九九四年にオスゾウ「アングコール」に尾を噛まれ、その傷が炎症を起こして手術が必要になった。しかしティアパルクで最高齢だったゾウの「コスコ」は麻酔から覚めず、三八歳で世を去った。

ラルフ・ヴィーラント

一九六六年から二〇〇五年までベルリン動物園のサイ飼育責任者を務めた。この時期に一六頭のサイが生まれた。同僚は、彼がオスサイより先にメスサイの発情に気づくと陰でからかっていた。ヴィーラントはいつもそれを笑顔で聞き逃していたが、実際、彼の予言は何度も的中した。動物園最年長の飼育員になっていた彼は、勤続四八年の二〇〇五年に引退した。自分が担当したエリアを彼は今でもしばしば訪れる。そのたびに元同僚たちは「きてくれて嬉しいよ」と声をかける。けっして「また何しにきたの?」などとは言わない。

ファルク・ダーテ

ドレスデンの動物園園長のポストを断り、ベルリン・ティアパルクの爬虫類キュレーターの職にとどまることを選んだ。その後、二〇一六年までティアパルクの園長を勤め上げて引退。

「マオ」

一九五七年にティアパルクにきたヨウスコウアリゲーターの「マオ」は、ダーテ時代と変わらず、今でもフリードリヒスフェルデのワニ舎で暮らしている。

ベルント・マーテルン

西ドイツに逃亡後、獣医学を学んだ。一九七〇年代の半ば、フランクフルト動物園の無給の助手として仕事をはじめ、のちにキュレーターと獣医になる。一九九一年、ハインツ＝ゲオルク・クレースが彼のもとにきて、ティアパルク園長のポストをオファーした。しかしマーテルンはこれを断った。まだ多くの飼育員がフリードリヒスフェルデ時代の彼のことを知っていたからである。

ヴォルフガング・ゲヴァルト

一九九三年に退職。一一年後にデュースブルク動物園の最後のシロイルカがサン・ディエゴに移った。二〇〇七年四月二六日、ゲヴァルトはシュヴァルツヴァルトで死去した。七八歳だった。自宅内での事故死とされている。二〇一〇年に彼を記念してデュースブルク動物園に展示されていた胸像が盗まれた（356頁：動物園の歩き方⑪「日本では銅像を盗めなかった」参照）。二年後、掃除人が偶然にもこの胸像をルール川沿いにあるミュールハイムの男子寮の掃除用具置き場で発見した。胸像の原料を狙った盗難なのか、ゲヴァルトに対する遅すぎた抵抗なのかはわかっていない。専門家の間では広く尊敬されていたが、一般の人びとには敵視されていた動物学者ゲヴァルトをめぐる謎の一つだ。ちなみに、となりにあった彼の前任者のハンス＝ゲオルク・ティーネマンの胸像は、難を逃れている。

ハイナー・クレース

クレースは父親のあとを継いで動物園園長になる予定で、監査役会もすでに承認していたが、突然却下される。それでも彼はベルリンに残った。子どもたちに引っ越しを強いたくなかったからだ。彼は現在もベルリン動物園で肉食動物のキュレーターとして働いている。

ヨルク・アドラー

ミュンスターのアルヴェッター（全天候型）動物園のキュレーターになりたてのある日、彼はオフィスで驚きのあまり飛び上がった。自分の周囲が徐々に静かになっていたのに、まったく気づいていなかったのだ。彼は時計を見上げた。午後五時一五分。他の職員はどこに行った？ 重要な会議があったのを忘れていたのだろうか。胸騒ぎがして他の部屋を見て回ったが、どこにも人はいなかった。

ライプツィヒでの一日は、列があったら何を買う列かわからなくてもとりあえず並んで、ある物を買うことからはじまり、夜まで仕事をしていた。だがミュンスターでは全員がこの時間に帰宅してしまうのだ。アドラーは、最初こそ、「おれ・おまえ」の仲だった東側の同僚たちを懐かしんでいたが、ドアの握りが三つに一つは壊れ、あちこちで雨漏りがしていた東側の暮らしとのちがいがわかるようになった。一九九四年にアドラーは園長になり、二〇一五年に年金生活に入るまでその任にとどまった。

「バオバオ」

一九九一年にロンドン動物園に新婚旅行に行ったが、そこのメスパンダと折り合いが悪く、二年後にすっかり太ってベルリンに戻ってきた。一九九五年に新しいパートナーの「イェンイェン」がやってきた。だがこのベルリンでの繁殖の試みもうまくいかなかった。「イェンイェン」が二〇〇七年に死亡してから「バオバオ」は一頭のみになり、二〇一二年に動物園で飼育されているパンダとしては世界最高齢の三四歳で没した。二〇一七年にベルリン動物園は、ふたたびパンダ二頭を迎える予定になっている。（356頁：動物園の歩き方⑪「ベルリンにも新しいパンダが来園しました」参照）

パトリック・ミュラー

一九九二年までティアパルクのゾウ飼育員として働いていたが、新園長のベルンハルト・ブラスキーヴィッツとたびたび対立した。新園長は彼を有蹄類担当に異動させ、ゾウ舎への立ち入りを禁じた。ミュラーは結局、ハンブルクのハーゲンベック動物園に移り、そこでさらに二年間ゾウ飼育員として勤務した。現在は動物専門学校の教師として、ベルリンのペーター・レンネ学校で動物飼育員の教育にあたっている。

動物園の歩き方⑪

日本では銅像を盗めなかった（353頁） 2010年にデュースブルク動物園に展示されていたヴォルフガング・ゲヴァルトの胸像が盗まれた事件がありましたが、胸像の原料を狙った盗難なのかいまだわからないようです。上野動物園では、戦時下、鉄不足のおり、初代上野動物園園長の銅像下のレリーフから金属部分を取ろうとして断念したあとがいまだに大きく残っています。いまのゾウ舎の近くにある銅像なので近くで見るとすぐにわかります。［写真：恩賜上野動物公園初代動物園主任の黒川義太郎氏］

ベルリンにも新しいパンダが来園しました（355頁） 2017年6月にしばらく不在だったジャイアントパンダが5年ぶりにベルリン動物園にやってきました。場所はゾウ門をまっすぐ進んだ正面で、まだでき立ての新しい施設です。今回来園したのはオスの「チャオチン」とメスの「モンモン」で、貸出期間は15年間です。式典ではなんとG20首脳会議に出席していた中国の習近平国家主席とドイツのメルケル首相が参加しました。ひと昔前なら考えられないことです。メスの「モンモン」はほかのパンダには見られない後ずさりして歩く癖があります。私もその様子を見てびっくりしました。動物園でもなんとか直そうとするのですが難しいようです。どこも同じ、ベルリン動物園でもパンダは人気で大賑わいでした。（写真・

上：後ずさりする「モンモン」／写真・中：「モンモン」／写真・下：チャオチン）

動物園のバイブル『国際動物園年鑑』（補足） 日本では『ズーイヤーブック』（International Zoo Yearbook）と呼ばれ、イギリスのロンドン動物園協会の発行です。どこの動物園でも保管されているバイブル的な年鑑です。特集も組まれ、最近では生物多様性、教育、種や生息地の保全における動物園の役割、などの情報も収録されています。1巻がずっしりと重く、どの内容も世界の動物園から集められた充実したものです。１９５９年の第1巻からはじまり、２０１７年にはすでに51巻にまでなっています。

おもしろい矢印看板（補足） どこの動物園でも、通りには動物名と矢印が示された標識が立っていて、それを頼りにお目当ての動物のところへ行くことができます。ベルリン動物園では変わった標識を見ました。いろんな動物の標識に混ざって、「ロサンゼルス動物園9684キロ」という標識です。なぜ？　ジョークなのでしょうが、ベルリンとロサンゼルスは姉妹都市であり、ベルリン動物園とロサンゼルス動物園はよきパートナーシップ関係にあります。遺伝的多様性を改善するための動物交換を目的としたパートナーシップですが、ティアパルクを含めた3園でスタッフ同士が短期間の交換研修を行っていました。［写真：ロサンゼルス動物園までは9684キロ！］

動物園のロゴを知ってますか？（補足）　多くの動物園にはロゴがあり、時代によって変わることもあります。ベルリン動物園のロゴはクマではなく「ゴリラ」で、ティアパルクは「バイソン」です。ロゴはその動物園にとって思い入れがある動物だったり、力を入れている動物だったりするときもあります。ドイツの動物園では「ゾウ」が多く、オスナブリュックやミュンスターやケルンがそうです。イルカで有名なデュースブルクはもちろん「イルカ」で、小動物ではドルトムントの「オオアリクイ」やヴッパータールの「ペンギン」などもあります。日本の動物園のロゴもいろいろとあるので注意してみると面白いかもしれません。

謝辞

最初にファルク・ダーテとハイナー・クレースに心より感謝したい。お二人には、父であるハインリヒ・ダーテとハインツ＝ゲオルク・クレースについてくわしく話してもらった。また、ベルリン動物園とティアパルクの園長であるアンドレアス・クニーリームにも謝意を表したい。氏は、この本の出版プロジェクトを最初から快く支援してくれた。

真実というものはつねに一つではない。話題性が高く、今日にいたるまでさまざまな感情が渦巻いているベルリンの二つの動物園の話となれば、なおさらだ。そこで私がめざしたのは、両動物園の関係と主要人物を、できるだけ多面的で多彩なモザイクとして描き出すことだった。さまざまな記憶、評価、ヒントについて話してもらった方々の名前を以下に記し、感謝したい。

ヨルク・アドラー、ラルス・ブラント、ラインハルト・コッペンラート、ローター・ディトリヒ、ヴァルター・エンケ、テオドール・ヒーペ、ヘルムート・ヘーゲ、ユルゲン・ヤール、マンフレート・コッファーシュレーガー、ユルゲン・ランゲ、ベルント・マーテルン、レジ・モーンハウプト、ゲルト・モルゲン、パトリック・ミュラー、ヴェルナー・フィリップ、ミーケ・ロッシャー、カルステン・シェーネ、ウルリッヒ・シューラー、インゲ・ジーヴァース＝シュレーダー、マルティン・シュトゥマー、ハインツ・テルバッハ、フランス・ヴァン・デン・ブリンク、ラルフ・ヴィーラント、ライナー・ツィーガー。

またベルリン動物園とティアパルクの文書保管所の写真資料を用意してくれたマルティーナ・ボルヒェルトとクラウス・ルートロフに感謝する。ベルリンの壁記念館のカトリン・パッセンスにはシュタージについて、クレーメンス・マイアー＝ヴォルトハウゼンにはベルリン動物園がナチズムに対して果たした役割について情報を提供してもらった。ブルーノ・トロイには、東ドイツの日常生活と動物飼育について示唆をもらい、校正と手直しの提案もしてもらった。インタビューの準備と連絡に際しては、クリスティアーネ・ライス、ボド・ヘンゼル、ディルク・ペッツォルトのお世話になった。

ベルリンの図書館と公文書館で何日も調査をつづけていた私が、ホテルの部屋で寂しい生活をしなくてすんだのは、グリット・テーンニッセンとクラウス・フェッターのおかげだ。彼らは私を家に迎え入れてくれただけでなく、公文書館で資料を探す手伝いもしてくれた。

ハンザー出版の編集者ニコラ・ボドマン＝ヘンスラーとクリスティアン・コートは、私を信頼し、つねに支えてくれた。エージェントのトーマス・ヘルツルはそのすぐれた眼力で、本の筋書きとテキストに対して批判的な意見を与えてくれた。そのおかげで文章が何倍もよくなったと感じている。またアンネッテ・ケーゲルは、同業のよしみで私心を捨てて『ターゲスシュピーゲん』紙に動物園について書くチャンスを与えてくれた。そして、このテーマで本を一冊書くというアイディアを出してくれたイェンス・ミューリングに特に感謝している。

一四歳の頃から私はベルリン動物園とティアパルクによく出かけた。行く回数も多かったが、どの動物舎もくまなく見るので、滞在時間も長かった。家族がそれをがまんしてくれたばかりでなく、いっしょにつき合ってくれたことは、ほんとうにありがたく思っている。

最後になってしまったが、ユリアーネ・クーンズの支えと助言とセンスと批判に謝意を表したい。特に彼女がまだ（動物園に）うんざりしていないことに感謝している。

訳者あとがき――「もう一つの動物園」だった時代の記憶

翻訳家　赤坂桃子

本書は二〇一七年にミュンヘンのカール・ハンザー出版社から刊行された、ヤン・モーンハウプト著"*DER ZOO DER ANDEREN*"の全訳である。原題は「もう一つの動物園」という意味で、この表現は、エピローグの最後の文章「そして、ベルリンの二つの動物園がまだ政治の舞台であり、お互いがお互いにとって『もう一つの動物園』だった時代の記憶だけが残った」に登場し、本の締めくくりとなっている。

訳者の私がこの本を知ったのは、東京のゲーテ・インスティトゥートでドイツ語を学んでいた時代に知り合った古い友人、黒鳥英俊さんを通してであった。早速取り寄せて読んでみて、暗くて重い東西ドイツの戦後史・冷戦史が、動物園とその園長を通して、ちょっとシニカルで人間くさい視点から描かれていることに興味をもった。とはいえ、動物園関連の用語をきちんと訳出する自信はなかったので、専門家の黒鳥さんに監修をお願いしたが、「動物園の歩き方」を読めばすぐわかるように、共同作業の過程で彼にしか語りえない貴重なエピソードが次々に出てきたこここ、本当に驚かされた。今回お蔵入りになった原稿も含めると、これだけで一冊の本になるような内容の濃さと面白さで、彼が本書の内容を裏書きする同時代の生き証人だということがよくわかる。

えてして翻訳書というものは、ノンフィクションであったとしても、あいだに薄皮が一枚挟まったような、モノクロの世界になってしまいがちだが、長年の体験と知見をもつ黒鳥さんの筆により、登場する人物と動物の息づかいが聞こえるような、色彩豊かで生き生きとした本になったことをとても感謝している。この本を読んで、今すぐにでも動物園に行きたくなった読者も多いのではないだろうか。

私自身の東西ドイツ体験は、中学生時代に文通を開始し、いまだに交流がある東ドイツのチューリンゲン州在住の友人とのつきあいからはじまる。冷戦時代の一九七五年と一九七九年に、東ベルリンに行ったこともある。学生のグループ旅行で行ったときは、朝に西ドイツのハンブルクを貸し切りバスで出発し、ベルリンまで三〇〇キロ弱の移動にほぼ一日を要した。東ドイツ国内ではバスは原則として停車できず、トイレ休憩もなし。宿泊している西ベルリンから東ベルリン側に入る際には、カメラ、写真、手紙、西側の印刷物などすべて持ち込み禁止。グループを引率していたドイツ人神父は西ドイツ国籍だったので通過する検問所が異なり、日本人学生のみの別行動はひどく心細かった（東西ベルリンを隔てる境界線上に設けられた検問所は、数ヶ所あった。チェックポイント・チャーリーは外国人および外交官のための検問所で、西ドイツ・西ベルリン市民は別の検問所を通過しなければならなかった）。古い日記を読み返してみたら、検問所でのパスポートチェックに一時間から二時間かかったと書いてあった。検問所では西ドイツマルクを東ドイツマルクに換金することが義務づけられていた。二四時間ビザのため、警察官や兵士がびっしりと立っているチェックポイント・チャーリーを、行きと帰りで一日に二回通るときの恐怖感をあらためて思い出した。その後、私は西ドイツの中でも距離的に東ドイツに近いハノーファーに住んだのだが、東ドイツ国営テレビの人気番組「ザントメンヒェン」（砂を撒いて子どもたちを寝かしつける妖精ザントメンヒェンが登場する帯番組）は受信できても、両国はやはり近くて遠い関係だった。

もしも読者の皆さんがベルリンに行く機会があったら、ベルリン動物園を訪れるついでに、冷戦時代のベルリンを体験するために、本書にも登場する大通り「クーダム」に面した「ザ・ストーリー・オブ・ベルリン」博物館に行ってみたらどうだろう。この博物館が入っている建物の地下は、核戦争に備えて一九七三年に建設された核シェルターがあり、ツアーに申し込むと見学できるからだ。私も二〇一六年に見学したが、何でもない商業ビルの1F駐車場の一隅にある目立たない階段を降りると、三五九二名（プラス警備員一六名）が二週間生活できるという、自家発電機や給水装置を備えた物々しいシェルターがあることに強い衝撃を受けた。このシェルターは、現在でも稼動できる状態だということになっている。一読するとあっけらかんとした筆致で書かれた本書の背景には、核戦争を想定してこうした大規模施設を設置するほど緊迫した時代があったことを心に留めたい。

本書は、著者ヤン・モーンハウプトが精力的なインタビューと緻密な文献調査をもとにして再構築した、群像ドラマでもある（もちろん実話だが）。ちらっと出てきた人物があとからまた登場し、からみ合い、いろいろなドラマが同時に進んでいく。しかし東西ドイツの激動の時代を生き抜いた人間と動物の運命は、私たちの想像を絶するほど数奇で、話の筋を追っていくのは容易ではない。ベルリンの壁と東西ドイツ、東西ベルリンの位置関係もイメージしにくい。こうしたわかりにくさをできるだけ解消し、親しみやすい本にするために、ＣＣＣメディアハウスの担当編集者、田中里枝さんが尽力してくださった。本の企画を聞き、「やってみましょう」と胸を叩いてくださったことも含め、心から感謝している。

監修者解説――上野動物園から見た東西ベルリン動物園

元上野動物園職員／ボルネオ保全トラスト・ジャパン　黒鳥英俊

２０１７年春、本書の原書である〝*DER ZOO DER ANDEREN*〟が、ドイツの書店から届いた。東西ベルリンの二つの動物園について書かれた本が刊行されると知ってから、ずっと楽しみに待っていた1冊だ。急いで目次を開いて、どんなことが書いてあるのか覗き込んだ。知らない単語もあってずいぶんと時間がかかった。

以来、私は原書のタイトルを『となりの動物園』と勝手に訳し、辞書を片手に何が書いてあるのか知ろうと、むかし習った単語を思い出しながら格闘することとなった。秋に、３年ぶりにドイツに行くことになっていたからだ。ズーラシアの石和田研二職員ら８名が予定していた、ドイツにある13の動物園を視察する12日間のツアーに途中から便乗させてもらう計画だった。

弾丸ツアーの目的は、本書についての調査をすること、そして、ベルリン動物園のユルゲン・ヤール氏ら、ドイツ各地の動物園にいる旧友たちと再会することだった。ユルゲンは２０１６年9月に夫人とともに、しばらく横浜に滞在していたことがある。横浜のズーラシアにベルリン動物園からメスのクロサイがやってきたのだ。クロナイが新しい環境に慣れるまで、担当していたユルゲンが様子を見たのである。

『となりの動物園』の読解は複雑で思うようにはいかなかった。しかし、救世主が現れた。それが、かつてゲーテ・インスティトゥートでご一緒した翻訳家の赤坂桃子さんである。

私は、2015年に退職するまで上野動物園と多摩動物公園に勤務して約30年、類人猿の飼育を担当していたのだが、まだ動物園に入りたてのころ、ドイツ連邦共和国の公的文化機関であるゲーテ・インスティトゥートのドイツ語コースに通っていた時期がある。職場での連日の飲み会から逃げる口実で通いはじめたのだが、5年ほど真面目に勉強した。そこで知り合って以来の友人である赤坂さんが、本書に興味を持ってくださった。おかげで念願かなって、『となりの動物園』は『東西ベルリン動物園大戦争』として日本語で読むことができるようになった。

『東西ベルリン動物園大戦争』は、戦中、戦後を必死で生き抜いたベルリンの二つの動物園――西のベルリン動物園と、東のティアパルクをめぐるノンフィクションだ。何度も吹き出し、すっかりとりこになってしまった。いまとなってはおかしく映る昔の話が次から次へと出てくる。また、動物園関係者として、ベルリンの二つの動物園と日本の動物園、とりわけ上野動物園とを比較しながら読んでみることで、新たな知見も得られた。これまで、日本語で戦時下のベルリン動物園の様子を知る資料はほとんどなかったので非常に貴重だった。

ドイツも日本も同じ敗戦国だ。戦前から戦後という特殊な時代を背景に、個性的な園長のもとで動物園や動物たちが歩んできた歴史がよく似ていることを知った。ゾウもパンダもよく似た運命をたどっていて驚くばかりだ。

上野動物園は1882年の開園以来今日まで、2011年3月の東日本大震災で一時閉園した期間を除き、いちども閉園した年がない。太平洋戦争が終戦した1945年でも、入園者が29万人もあった。とはいえ、戦時中は「国益のための動物園」のイメージが色濃かった。

毎年8月15日の終戦記念日が近づくと、上野動物園で子どもたちに『かわいそうなぞう』（土家由岐雄著、金の星社、1970年）の話を聞かせる機会が増える。悲惨な史実を通じて、私も日本の動物園は世界でいちばん戦争の犠牲になっていたと思っていた。しかし本書を読めば、ベルリン動物園やドレスデン動物園も空襲で壊滅的な被害を受けていたことがわかる。ベルリン動物園では「戦争を生き抜いた動物は九一頭だけだった」（36頁）のだ。もちろん戦争で動物たちが犠牲になったのは敗戦国だけではない。連合国や、戦争に巻き込まれた近隣諸国でも、人と同じように多くの動物が犠牲になった。

戦後、連合軍司令部が動物園の文化的価値を公式に認め、歴史あるベルリン動物園の存続が決まったことはベルリン市民にとっても、世界中の動物園関係者にとっても幸運だったと言わざるを得ない。食糧が不足していたにもかかわらず、ベルリン市民が自分の食べる分を切り詰めてまで、彼らのスターだったカバの「クナウチュケ」にキャベツを提供したシーンには心打たれた。

市民たちの動物に対する愛と、「自分たちの動物園」という意識が動物と動物園を守ったのだ。

一方の東ベルリンでも、ティアパルクの建設に際して、多くの市民ボランティアが協力したという。社会主義国家への参画義務があったとはいえ、動物園のために寄付を集め、エサにする木の実を集める人たちがいたのである。ティアパルクのダーテ園長は「動物園は専門家のためではなく、入園者のために建設しなければならない」という動物園哲学を持ち、「教育と保養」という目的を決定的な基準として園を発展させてきた。この考えはいまにも通じる新たな動物園ビジョンであり、同時に、東西のベルリン市民にずっと根づいていた意識だったのである。


さて、本書の主役である二人の園長――ベルリン動物園のクレース園長と、ティアパルクのダーテ園長についても触れておきたい。

ハノーファー動物園のローター・ディトリヒ園長はプロローグで、東西ベルリンの両園長が入れ替わったらうまくいかなかったと指摘している。しかし、私は空想してしまう。動物収集にあれほどの力を発揮した二人のどちらかが、もし仮に上野の園長だったら、どうだっただろう？展示する動物の種類はもちろん、何か面白いことが起きたのではないか。

私にとって、二人の園長は、学識があり経営能力にすぐれた神のような存在だった。

東のダーテ園長の偉大な功績は、早くから飼育員の研修制度を整え、動物園人の育成と組織の活性化に取り組んだことだし、動物学者として動物園研究誌「ツォーローギッシャー・ガルテ

1987年、上野動物園で開催された「国際パンダシンポジウム」にて。クレース園長＝前列左から５人目、私＝前から２列目右から２人目

ン」の発行人も務めていらっしゃった。上野動物園の資料室にも送られてきていたその雑誌の類人猿に関する記事を私はいつも楽しみに待ち、大切にスクラップしていた。当時はまだ、動物園研究の分野で、日本とドイツとの間には大きな隔たりがあった。

また、クレース園長は１９９１年に退職するまで、希少動物の繁殖など、種の保全に大いに貢献なさった。政治的な面でも人脈が広く、動物園にとって大切な資金づくりに長けていた。ゾウ門で宝くじを売るアイデアまであったと聞くが、本書で書かれているように、出資者を身ぐるみはがし、その靴下まで脱がせるような人だとは、まさか思いもよらなかった。私は、上野でのパンダ会議とベルリンでクレース園長と実際にお会いする機会があった。物静かな威厳のある方で、緊張してしまったのを覚えている。

この二人のカリスマティックな園長は、それぞれの園内で絶対的な立場だった。著者のヤン・モーンハウプト氏は本書の執筆にあたり、かなりのインタビューを重ねているが、血の気の多い動物園職員と個性的な園長との間には、本には書かなかったさまざまな軋轢もあったのではないかと推測している。当時からドイツの動物園の園長やキュレーターは博士号をもっている人が大半で、在籍期間も長かった。この点は園長が職員の名前を覚える前に入れ替わる、いまの日本の動物園事情とはだいぶ違う。

一方で、現場にいる飼育員の社会的地位は高くなかった。「飼育員」は動物園の飼育作業をする職員で、「飼育係」といわれることが多い。最近はＮＨＫなどでも「飼育員」という言葉を使うことが多いので本書ではそれに倣った。飼育員と園長やキュレーターとは絶対的な立場の差があったので、現場の不満も想像に難くない。そういう意味で本書には「動物園という職場」を垣間見る面白さもある。

職場環境の視点から見ると、ドイツでも戦前から戦後にかけての動物園は、男性中心の世界だったことがわかる。女性でベルリン動物園園長になったカタリーナ・ハインロートも、女性であるためにずいぶん苦労している。日本の動物園もかつてはどこも男社会で、女性職員は数人いるだけだった。男性職員用の浴場はあったが、女性職員用の浴場や更衣室はないような現場だった。そして、上野動物園の場合、上司や先輩とのコミュニケーションは夕方からの飲み会が主流だった。私が知るかぎり、大酒飲みとは言わないまでも、酒好きの園長も多かった。

いまでは、むかしよく言われた「飼育係のおじさん」という言葉も死語になりつつあり、日本の動物園には優秀な若い女性職員が増えている。ドイツでは女性職員も最近多く見られるようになったが、いまだに男性のほうが圧倒的に多い。アメリカでは飼育員の7割ぐらいが女性で構成されている。動物園の職場環境も時代とともに変わってきている。

2013年、まだ若いアンドレアス・クニーリーム博士が過去の動物園園長たちからベルリン動物園とティアパルクを引き継いだ。「未来を形作るためには、過去を振り返る必要がある」とは彼の言葉だ。クニーリーム博士は学際的なチームと協力し、多額の資金を投入することで、2030年までにベルリン動物園とティアパルクの近代化を進める目標を掲げている。

激動の戦中と冷戦時代を経て、いまベルリンの二つの動物園は、欧州を代表する世界的な動物園になった。かつての陸の孤島にも、いまでは世界中の動物園からの情報がすぐに伝わるし、外からの意見も山のように寄せられる。近くて遠かった「となりの動物園」よりも、「世界中の動物園」のほうがずっと近くなっている。世界中の動物園が「種の保存」や「動物の福祉」をいちばんに掲げる時代になった。かつてのように動物の種類や頭数を誇るのではなく、「教育」「研究」「野生の保全」にどれだけ力を入れているかがその動物園の評価につながる時代となった。

動物園を取り巻く状況は、これからも時代とともに変わっていく。

しかし、変わらない光景もある。たとえば、こんな光景だ。

勤続48年を経てベルリン動物園を引退したラルフ・ヴィーラントはいまも、担当していたサイのエリアを訪れる。

「きてくれて嬉しいよ」

現役のユルゲンたちが、そう挨拶する。そんな光景を想像し、私はうらやましく思う。

最後になりますが、今回、本書を翻訳してくださった旧友の赤坂桃子さんと、刊行の機会を与えてくださった、株式会社CCCメディアハウスの編集者、田中里枝さんに心からの感謝と敬愛の意を表します。

写真提供

18頁 ©Klaus Rudloff　28頁 Archiv Zoo Berlin / Heinroth　43頁 Archiv Zoo Berlin / Lassberg
45頁 bpk / Friedrich Seidenstücker　85頁 Archiv Tierpark Berlin / Gerhard Budich
87頁 Archiv Tierpark Berlin / Mielast-Bade　90頁 Archiv Tierpark Berlin / Hans Meissner
119頁 Landesarchiv Berlin / Gert Schütz　136頁 Archiv Tierpark Berlin / Gerhard Budich
145頁 Archiv Tierpark Berlin / Zimmer　175頁 Landesarchiv Berlin / Johann Willa
175頁 Berliner Zeitung 1962年5月12日　180頁 Archiv Tierpark Berlin / Günter Henning
201頁 Stadtarchiv Duisburg　239頁 akg-images　241頁 Landesarchiv Berlin / Herbert Kraft
245頁(上) Archiv Tierpark Berlin / Werner Engel　245頁(下) Archiv Tierpark Berlin / Martin Mosig
281頁 picture alliance / AP Images; Fotograf: Edwin Reichert
305頁 Archiv Tierpark Berlin / W. Scherf　323頁 Ausschnitt aus Neues Deutschland 1990年9月4日
345頁 Landesarchiv Berlin / Thomas Platow　動物園の歩き方①〜⑪全て＋370頁 黒鳥英俊

[著者]

ヤン・モーンハウプト Jan Mohnhaupt

1983年、ドイツのルール地方に生まれる。フリージャーナリストとして、『シュピーゲル・オンライン』、『ツァイト・オンライン』、『フランクフルター・アルゲマイネ日曜版』などさまざまなメディアに寄稿している。『ターゲスシュピーゲル』には、東西ベルリンの動物園に関する記事を数年にわたって定期的に書いた。本書執筆のためには、シュトゥットガルトからケムニッツまで、ドイツ各地の動物園を一年かけて体当たり取材し、公文書館をしらみつぶしに調べて回った。スポーツ(特にサッカー)も得意ジャンル。

[監修者]

黒鳥英俊 くろとり・ひでとし

1952年生まれ、北海道函館市出身。京都大学大学院理学研究科後期博士課程単位取得退学。1979年から上野動物園と多摩動物公園でゴリラ、オランウータン、チンパンジーなどの類人猿の飼育を担当。2015年、37年間勤めていた動物園を退職。2010年より上野動物園で学芸員として教育普及や広報の仕事を行う。同年より、京都大学野生動物研究センターで動物園のオランウータンの研究を継続し、2015年より日本オランウータン・リサーチセンター代表を務める。また、2007年よりNPOボルネオ保全トラストジャパンの理事として国内外でボルネオに生息するゾウやオランウータンなどの野生動物の保全活動を行っている。さらに、茨城大学農学部で動物園学の非常勤講師も勤めるかたわら、多方面にわたって類人猿の保護、啓蒙活動を行っている。著書に『オランウータンのジプシー』(ポプラ社)、『モモタロウが生まれた!』(フレーベル館)、翻訳書に「どうぶつの赤ちゃんとおかあさん」シリーズ『オランウータン』『ゴリラ』(共にスージー・エスターハス著、さえら書房)などがある。

[訳者]

赤坂桃子 あかさか・ももこ

ドイツ語・英語翻訳家。上智大学文学部ドイツ文学科および慶應義塾大学文学部卒。ノンフィクション、人文・思想、文芸など、さまざまなジャンルを手がける。主な訳書に『ピーター・ティール 世界を手にした「反逆の起業家」の野望』(トーマス・ラッポルト著、飛鳥新社)、『ドローンランド』(トム・ヒレンブラント著、河出書房新社)、『ピネベルク、明日はどうする!?』(ハンス・ファラダ著、みすず書房)、『人生があなたを待っている——〈夜と霧〉を越えて 1・2』(ハドン・クリングバーグ・ジュニア著、みすず書房)など多数、共訳に『ゲッベルスと私——ナチ宣伝相秘書の独白』(ブルンヒルデ・ポムゼル+トーレ・D. ハンゼン著、紀伊國屋書店)など。

東西ベルリン動物園大戦争

2018年9月13日　初版発行

著　者　ヤン・モーンハウプト
監修者　黒鳥英俊
訳　者　赤坂桃子
発行者　小林圭太
発行所　株式会社 CCCメディアハウス
〒141-8205　東京都品川区上大崎3丁目1番1号
電話 販売 03-5436-5721　編集 03-5436-5735
http://books.cccmh.co.jp

装　幀　國枝達也
校　正　株式会社円水社
印刷・製本　豊国印刷株式会社

ISBN978-4-484-18108-0